Schwarze

Grundlagen der Statistik

Band 1: Beschreibende Verfahren

NWB Studium Betriebswirtschaft

Grundlagen der Statistik

Band 1: Beschreibende Verfahren

Von
Professor Dr. Jochen Schwarze

12., vollständig überarbeitete Auflage

Kein Produkt ist so gut, dass es nicht noch verbessert werden könnte. Ihre Meinung ist uns wichtig! Was gefällt Ihnen gut? Was können wir in Ihren Augen noch verbessern? Bitte verwenden Sie für Ihr Feedback einfach unser Online-Formular auf:

www.nwb.de/go/feedback_bwl

Als kleines Dankeschön verlosen wir unter allen Teilnehmern einmal pro Quartal ein Buchgeschenk.

ISBN 978-3-482-**59482**-3
12., vollständig überarbeitete Auflage 2014

© NWB Verlag GmbH & Co. KG, Herne 1986
www.nwb.de

Alle Rechte vorbehalten.

Dieses Buch und alle in ihm enthaltenen Beiträge und Abbildungen sind urheberrechtlich geschützt. Mit Ausnahme der gesetzlich zugelassenen Fälle ist eine Verwertung ohne Einwilligung des Verlages unzulässig.

Druck: medienHaus Plump GmbH, Rheinbreitbach

Vorwort zur 12. Auflage

In Lehrveranstaltungen über Statistik an Universitäten, Fachhochschulen, Berufsakademien oder anderen Bildungseinrichtungen wird die deskriptive oder beschreibende Statistik im Vergleich zu Wahrscheinlichkeitsrechnung und Stichprobenverfahren häufig nur verhältnismäßig knapp behandelt, obwohl der beschreibenden Statistik in der Anwendung durchaus eine große Bedeutung zukommt. Diese Diskrepanz spiegelt sich auch in der Lehrbuchliteratur wider. In diesem Buch werden deshalb ausschließlich Verfahren der beschreibenden Statistik, für die im Gegensatz zu Stichprobenverfahren keine Wahrscheinlichkeitsrechnung benötigt wird, und die Möglichkeiten und Probleme der Anwendung dieser Verfahren behandelt. Dabei wird von der Tatsache ausgegangen, dass zahlreiche Verfahren der Statistik, die sonst nur innerhalb der Stichprobenverfahren erörtert werden, auch rein deskriptiv behandelt und vor allem auch angewendet werden können.

Das Buch richtet sich sowohl an Studierende als auch an Praktiker. Es ist so abgefasst, dass es zum Selbststudium geeignet ist. Dazu sind jedem Kapitel Übungsaufgaben mit im Anhang enthaltenen Lösungen beigefügt. Ergänzend sei auf die ebenfalls im NWB-Verlag erschienene *Aufgabensammlung zur Statistik* verwiesen. Das ausführliche Stichwortverzeichnis und das Layout unterstützen eine Verwendung als Nachschlagewerk.

Trotz verschiedener Anregungen konnte ich mich auch für die 12. Auflage nicht entschließen, unmittelbare Hinweise auf den Einsatz von Statistiksoftware in den Text einzubinden, da das nur fragmentarisch hätte erfolgen können. Der Leser sollte grundsätzlich wissen, dass verschiedene Statistik-Softwarepakete existieren, die teilweise sehr umfangreiche Funktionalitäten enthalten. Auch Tabellenkalkulationsprogramme sind für die Bearbeitung statistischer Fragestellungen geeignet und bieten im Regelfall auch spezielle Statistikfunktionen. Alle Programme erfordern intensive Einarbeitung und setzen für eine richtige und problemadäquate Verwendung in jedem Fall solide Kenntnisse statistischer Methoden voraus, wie sie in den beiden Bänden *Grundlagen der Statistik* vermittelt werden.

Für die 12. Auflage wurde der Text, ohne das Gesamtkonzept zu verändern, erneut kritisch durchgesehen und revidiert.

Monticiano (SI), April 2014 *Jochen Schwarze*

Hinweis

Innerhalb der Abschnitte wurde eine fortlaufende Nummerierung für Anmerkungen, Beispiele, Definitionen, Figuren und Regeln verwendet. So gehört z. B. in Abschnitt 3.1 Nummer 3.1.1 zu einer Definition, Nummer 3.1.2 zu einer Übungsaufgabe, Nummer 3.1.3 zu einem Beispiel und Nummer 3.1.4 zu einer Figur. Die Nummerierungen wurden am linken Rand ergänzt durch

- **A** für Anmerkung,
- **B** für Beispiel,
- **D** für Definition,
- **F** für Figur,
- **R** für Regel und
- **Ü** für Übungsaufgabe.

Inhaltsverzeichnis

1	**Einführung**	**11**
1.1	Zum Begriff Statistik	11
1.2	Entwicklung und Bedeutung der Statistik	14
1.3	Zum Missbrauch der Statistik	15
2	**Grundbegriffe der deskriptiven Statistik**	**19**
2.1	Statistische Einheiten, Massen und Merkmale	19
	a) Statistische Einheiten und statistische Massen	19
	b) Merkmale	23
2.2	Datenerhebung und Datenquellen	24
	a) Formen der Datenerhebung	24
	b) Erhebungsumfang und Herkunft der Daten	26
	c) Datenquellen für Sekundärerhebungen	27
2.3	Messbarkeitseigenschaften von Merkmalen und Skalen	28
	a) Messskalen und ihre Eigenschaften	28
	b) Skalentransformation	32
	c) Häufbarkeit	34
	d) Diskrete und stetige Merkmale	34
	e) Klassierung von Merkmalsausprägungen	35
2.4	Reihen, Häufigkeiten und Verteilungen	38
	a) Statistische Reihen	38
	b) Häufigkeiten	39
	c) Verteilungen	40
2.5	Tabellarische und grafische Darstellung von Daten	42
	a) Aufbau einer Tabelle	42
	b) Grafische Darstellung von Daten	44
3	**Statistische Analyse eines einzelnen Merkmals**	**52**
3.1	Eindimensionale Verteilungen und ihre Darstellung	52
	a) Verteilung der absoluten und der relativen Häufigkeiten	52
	b) Summenhäufigkeiten und Resthäufigkeiten	55
3.2	Lageparameter	59
	a) Mittelwerte als charakteristische Kenngrößen einer Verteilung	59
	b) Häufigster Wert oder Modalwert	60
	c) Zentralwert oder Median	61
	d) Arithmetisches Mittel	64
	e) Geometrisches Mittel	67
	f) Harmonisches Mittel	71
	g) Mittelwertzerlegung	74
	h) Mittelwerte transformierter Merkmale	75
	i) Zusammenfassung zu den Mittelwerten	76
3.3	Streuungsparameter	76
	a) Zum Streuungsbegriff	76
	b) Spannweite	77
	c) Mittlere absolute Abweichung	78
	d) Varianz und Standardabweichung	80

  e) Streuungszerlegung 85
  f) Variationskoeffizient 86
  g) Streuung transformierter Merkmale 87
  h) Zusammenfassung zu den Streuungsmaßen 88
3.4 Weitere Parameter eindimensionaler Häufigkeitsverteilungen 89
  a) Momente 89
  b) Symmetrie und Schiefe 90
  c) Wölbung 91
  d) Schiefe und Wölbung linear transformierter Merkmale 92

4 Mehrdimensionale Häufigkeitsverteilungen 93
4.1 Zweidimensionale Häufigkeitsverteilungen 93
  a) Das gemeinsame Auftreten von Merkmalen 93
  b) Zweidimensionale Häufigkeitstabellen 96
  c) Grafische Darstellung zweidimensionaler Verteilungen 98
  d) Randverteilungen 98
  e) Bedingte Verteilungen 99
  f) Parameter zweidimensionaler Verteilungen 101
4.2 Abhängige Merkmale 103
  a) Abhängigkeit und Unabhängigkeit von Merkmalen 103
  b) Zweidimensionale Verteilung unabhängiger Merkmale 105
  c) Zur Interpretation statistisch nachweisbarer Abhängigkeiten 106
  d) Arten von Abhängigkeiten 107
  e) Abhängigkeit metrisch messbarer Merkmale 109
4.3 Regressionsfunktionen für zwei metrisch messbare Merkmale 110
  a) Aufgabenstellung der Regressionsrechnung 110
  b) Das Kriterium der Kleinsten Quadrate (KQ-Kriterium) 111
  c) Bestimmung einer linearen KQ-Regressionsfunktion 112
  d) Interpretation einer linearen KQ-Regressionsfunktion 117
  e) Nichtlineare KQ-Regressionsfunktionen 119
  f) Residuen und Residualvarianz 125
  g) Andere Kriterien zur Bestimmung von Regressionen 126
4.4 Zusammenhangsmaße für zwei metrisch messbare Merkmale 128
  a) Aufgabenstellung 128
  b) Korrelationskoeffizient eines linearen Zusammenhangs 128
  c) Streuungszerlegung 133
  d) Bestimmtheitsmaß und Bestimmtheitskoeffizient 134
  e) Andere Zusammenhangsmaße für metrisch messbare Merkmale 135
  f) Scheinkorrelationen 136
4.5 Zusammenhänge bei mehr als zwei metrischen Merkmalen 137
  a) Gemeinsame Häufigkeitsverteilungen von drei und mehr Merkmalen ... 137
  b) Abhängigkeiten zwischen mehr als zwei metrisch messbaren Merkmalen ... 138
  c) Mehrfachregression 138
  d) Multiple Korrelation 143
  e) Ergänzungen 144
4.6 Zusammenhangsmaße für ordinal messbare Merkmale 144
  a) Grafische Darstellung von Zusammenhängen ordinal messbarer Merkmale ... 144
  b) Rangkorrelation 146
  c) Konkordanz und Diskordanz zweier Paare von Beobachtungswerten ... 149

		d) Zusammenhangsmaße, die auf der Konkordanz bzw. Diskordanz von Beobachtungspaaren aufbauen 151
4.7		Zusammenhangsmaße für nominal messbare Merkmale 153
		a) Das Problem der Zusammenhangsanalyse bei nominal messbaren Merkmalen 153
		b) Die Hilfsgröße χ^2 154
		c) Kontingenzkoeffizient nach PEARSON 155
		d) Kontingenzkoeffizient nach CRAMÉR 156
		e) Andere Zusammenhangsmaße unter Verwendung von χ^2 157
		f) Ein Maß für den Grad der funktionellen Abhängigkeit 157
4.8		Ergänzende Bemerkungen 160
		a) Beziehungen zwischen Zusammenhangsmaßen und Messbarkeitseigenschaften von Merkmalen 160
		b) Zur Interpretation des numerischen Wertes von Zusammenhangsmaßen 160
		c) Inhaltliche Interpretation von Zusammenhangsmaßen 161
5	**Zeitabhängige Daten** **162**	
5.1	Aufgaben bei der Untersuchung zeitabhängiger Daten 162	
5.2	Bestandsanalyse 164	
	a) Grundlegende Begriffe 164	
	b) Bestandsermittlung 166	
	c) Kennziffern zur Beschreibung von Bestandsentwicklungen 170	
	d) Ergänzende Bemerkungen 175	
5.3	Zeitreihenanalyse 175	
	a) Komponenten einer Zeitreihe 175	
	b) Trendermittlung mit Hilfe gleitender Durchschnitte 177	
	c) Bestimmung einer Kleinste-Quadrate-Trendfunktion 182	
	d) Ergänzende Bemerkungen zur Trendermittlung 187	
	e) Einfache Verfahren zur Ermittlung periodischer Schwankungen 188	
5.4	Einfache Prognosetechniken 193	
	a) Aufgabenstellung und Grundbegriffe 193	
	b) Naive Prognoseverfahren 194	
	c) Prognosen auf der Basis von Zeitreihen 195	
	d) Zuverlässigkeit von Prognosen 196	
5.5	Exponentielle Glättung 197	
	a) Vorbemerkungen 197	
	b) Exponentielle Glättung erster Ordnung 197	
	c) Wahl des Glättungsfaktors 200	
	d) Exponentielle Glättung zweiter Ordnung 200	
6	**Maß- und Indexzahlen** **204**	
6.1	Aufgabe von Maßzahlen 204	
6.2	Verhältniszahlen 205	
	a) Gliederungszahlen (relative Häufigkeiten) 205	
	b) Beziehungszahlen 205	
	c) Messzahlen 207	
	d) Umbasierung und Verkettung von Messzahlen 209	
	e) Standardisierung von Verhältniszahlen 211	

6.3	Grundbegriffe der Indexlehre	212
	a) Aufgabenstellung der Indexlehre	212
	b) Grundgedanken der Indexberechnung	213
	c) Überblick über die wichtigsten Indexformeln	217
	d) Ergänzende Bemerkungen	219
6.4	Konzentrationsmessung	221

Anhang A: Grundzüge der Fehlerrechnung 227
    a) Fehler in statistischen Daten 227
    b) Schätzung des Fehlers in zusammengesetzten Größen 228
    c) Fehler einer Größe, die von einer anderen abhängt 231
    d) Ergänzungen 233

Anhang B: Lösungen der Übungsaufgaben 234

Literaturverzeichnis 243

Verzeichnis häufig vorkommender Symbole 245

Stichwortverzeichnis 250

1 Einführung
1.1 Zum Begriff Statistik

In unserer Sprache hat das Wort „Statistik" zwei, allerdings miteinander verwandte Bedeutungen. Einmal versteht man unter Statistik eine **Zusammenstellung von Zahlen oder Daten**, die bestimmte Zustände, Entwicklungen oder Phänomene beschreiben. Eine derartige Statistik hat meistens die Form einer Tabelle und kann, je nach Verwendungszweck, unterschiedlich aufgebaut sein. Der Aufstellung einer Statistik geht in der Regel eine entsprechende Erhebung und Aufbereitung der Daten voraus. In diesem Sinne ist der Begriff „Statistik" allgemein geläufig, wie die folgenden Beispiele zeigen.

B 1.1.1 a) *In der Bevölkerungsstatistik der Bundesrepublik sind lebende Personen nach Alter, Geschlecht und anderen Kriterien zusammengestellt.*
b) Die Umsatzstatistik eines Unternehmens enthält die Umsätze der einzelnen Artikel aufgegliedert nach Monaten und/oder geografischen Regionen, evtl. auch nach Produktgruppen.
c) Die Zulassungsstatistik von Kraftfahrzeugen enthält die Anzahl zugelassener Kraftfahrzeuge aufgeschlüsselt nach Typen und nach der Zeit.
d) Eine der verschiedenen Personalstatistiken, die in einer Personalabteilung geführt werden, enthält eine Übersicht über die Beschäftigten, aufgegliedert nach Schulbildung und ausgeübtem Beruf.

Die andere Bedeutung des Begriffs „Statistik" umfasst die Gesamtheit aller **Methoden zur Untersuchung von Massenerscheinungen**.

B 1.1.2 a) *Durch Volkszählungen, bei denen alle in der Bundesrepublik Deutschland lebenden Personen erfasst werden sollen, versucht man, nicht nur die Anzahl der Bundesbürger festzustellen, sondern man erfasst auch Angaben über Einkommen, Alter, Geschlecht, Religionszugehörigkeit, Familienstand, Beruf usw. Aus diesen Angaben können mittels statistischer Verfahren zum Teil sehr komprimierte Aussagen über die Struktur der Bevölkerung der Bundesrepublik gewonnen werden.*
b) Durch Verkehrszählungen werden nicht nur Anzahl und Typ von Fahrzeugen an bestimmten Beobachtungspunkten gezählt, sondern es werden auch Informationen über Verkehrsströme, Veränderungen in der Verkehrsdichte usw. gewonnen. Dazu werden die erhobenen Verkehrsdaten mit statistischen Verfahren aufbereitet und ausgewertet.

Statistische Untersuchungen gliedern sich in die fünf Phasen
- Vorbereitung,
- Datenerhebung,
- Aufbereitung und Darstellung der Daten,
- Auswertung und Analyse der Daten sowie
- Präsentation der Ergebnisse,

für die es jeweils entsprechende statistische Methoden gibt.

(1) Vorbereitung einer statistischen Untersuchung
Jede statistische Untersuchung sollte gut vorbereitet werden. Dazu gehört vor allem eine präzise Formulierung der Ziele und eine detaillierte Definition des Untersuchungsgegenstandes mit

zeitlicher, sachlicher und evtl. räumlicher Abgrenzung. Es muss auch geprüft werden, ob und gegebenenfalls welche Vorgaben oder Randbedingungen zu beachten sind.

(2) Datenerhebung
Die zweite Phase einer statistischen Untersuchung ist die Erhebung der Daten. Dies geschieht bei einer **Primärerhebung** unmittelbar durch Experiment, durch Beobachtung oder durch Befragung, die schriftlich oder mündlich erfolgen kann.
Bei einer **Sekundärerhebung** greift man auf schon vorhandene Daten zurück.
Die Datenerhebung bringt meist viele problemspezifische Schwierigkeiten mit sich, z. B. Fragen so zu formulieren, dass durch die Art der Fragestellung die Antwort nicht beeinflusst wird. Auf Grundzüge der Datenerhebung wird in Kapitel 2 eingegangen.

(3) Datenaufbereitung und Darstellung
Die zunächst in ungeordneter Form vorhandenen Daten müssen geordnet werden und für die weitere Verarbeitung aufbereitet werden. Dazu gehört beispielsweise die Aufstellung einer Häufigkeitsverteilung, in der zu jeder Ausprägung eines interessierenden Merkmals festgestellt wird, wie oft es aufgetreten ist.

B 1.1.3 15 *Schüler werden nach ihrer Mathematiknote befragt.*
Aus den „Urdaten" 2, 1, 5, 4, 2, 3, 2, 3, 5, 4, 4, 4, 1, 2, 5 *erhält man die geordneten Daten* 1, 1, 2, 2, 2, 3, 3, 4, 4, 4, 4, 5, 5, 5 *und die folgende Häufigkeitsverteilung.*

Note	1	2	3	4	5
Häufigkeit	2	4	2	4	3

Die Darstellung der Daten kann tabellarisch, wie in B 1.1.3, oder grafisch erfolgen. F 1.1.4 zeigt eine grafische Darstellung der Daten aus B 1.1.3.

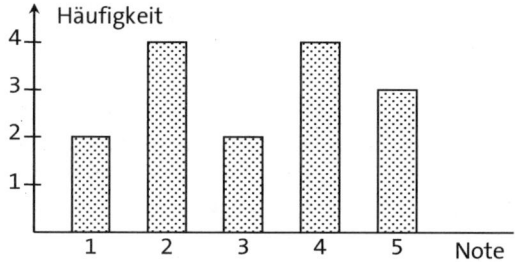

F 1.1.4 Grafische Datendarstellung zu B 1.1.3

Die Datenaufbereitung und -darstellung wird u. a. in Kapitel 2 behandelt. In den übrigen Kapiteln wird darauf ebenfalls kurz im Hinblick auf spezielle Fragestellungen eingegangen.

(4) Datenauswertung und -analyse
Der Hauptbereich statistischer Methoden betrifft die Auswertung und Analyse der Daten. Dazu gehört z. B. die Berechnung von Mittelwerten. Die Verfahren der Datenauswertung und -analyse sind in erster Linie mathematische Verfahren bzw. Verfahren, die auf mathematischen Regeln und Ansätze aufbauen. Den vielfältigen statistischen Methoden zur Datenauswertung und Datenanalyse sind die Kapitel 3 bis 6 gewidmet.

(5) Ergebnispräsentation
Am Ende einer statistischen Untersuchung steht eine adressatengerechte Präsentation der Ergebnisse. Dies kann grafisch, tabellarisch oder über Einzelwerte geschehen. Ergänzt wird die Ergebnispräsentation üblicherweise durch erläuternde Kommentare.

Mit dieser Einteilung ist die statistische Methodenlehre allerdings nur unvollständig umrissen. Aus Kosten-, Zeit- oder anderen Gründen beschränkt man sich häufig auf die Untersuchung eines Teils der Daten über ein interessierendes Phänomen. Man versucht dann – unter Benutzung entsprechender Verfahren – aus den Ergebnissen einer solchen Teiluntersuchung Rückschlüsse auf die übergeordnete Gesamtheit zu ziehen. Die folgenden Beispiele verdeutlichen das.

B 1.1.5 a) *Eine Maschinenfabrik möchte Bolzen kaufen, die eine bestimmte Mindestzugfestigkeit haben müssen. Vor Abnahme der Lieferung soll die Zugfestigkeit der Bolzen im Rahmen einer Wareneingangsprüfung kontrolliert werden. Dabei werden die Bolzen solange einer zunehmenden Zugbelastung ausgesetzt, bis sie reißen. Die Bolzen werden also durch die Prüfung unbrauchbar.*
Es ist sicherlich nicht sinnvoll, alle Bolzen der Lieferung zu prüfen. Auf der Grundlage statistischer Verfahren ist es aber möglich, durch Prüfung einer relativ geringen Anzahl von Bolzen zu zuverlässigen Aussagen über den Ausschussanteil (Anteil Bolzen mit zu geringer Zugfestigkeit) zu gelangen. Dabei wird nicht nur der Ausschussanteil geschätzt, sondern auch der mögliche Fehler bei dieser Schätzung bestimmt, denn eine exakte Bestimmung des Ausschussanteils ist durch Prüfung nur eines Teils der Bolzen natürlich nicht möglich.
b) *In einer Zementfabrik werden durch einen Automaten Zementsäcke zu je 25 kg abgepackt. Um die Zuverlässigkeit des Automaten zu überprüfen, könnte man jeden Sack nachwiegen. Dieses Verfahren wäre mit hohen Kosten verbunden. Deshalb wiegt man nur jeden 20. oder 50. Sack und bestimmt für mehrere nachgewogene Säcke das Durchschnittsgewicht. Erst wenn das so ermittelte Durchschnittsgewicht um einen gewissen Betrag vom Sollwert abweicht, kann auf Ungenauigkeiten des Verpackungsautomaten geschlossen werden. Bei dieser typischen Aufgabenstellung aus der statistischen Qualitätskontrolle ist zu beachten, dass geringfügige, um den Sollwert schwankende Gewichtsabweichungen „normal" sind, selbst wenn der Durchschnitt aller Gewichte exakt dem Sollwert entspricht.*
c) *Seit einigen Jahren wird die Frage einer generellen Geschwindigkeitsbegrenzung auf deutschen Autobahnen diskutiert. Ein Argument für die Geschwindigkeitsbegrenzung ist die Behauptung, dass dadurch die Anzahl der schweren Verkehrsunfälle wesentlich zurückgehen würde. Da es für Verkehrsunfälle außer überhöhter Geschwindigkeit eine Vielzahl anderer Einflüsse gibt und oft mehrere Ursachen gleichzeitig für einen Unfall verantwortlich sind, ist die Bestätigung einer derartigen Behauptung nur durch sorgfältige Anwendung statistischer Verfahren bei der Unfallauswertung möglich.*
d) *Es wird behauptet, Frauen seien intelligenter als Männer. Um diese Behauptung zu überprüfen, soll ein Intelligenztest durchgeführt werden. Die Frage ist nun, wie viele Versuchspersonen dem Test unterzogen werden sollen und wie diese Personen auszuwählen sind. Weiterhin erhebt sich die Frage, durch welches Testergebnis die Behauptung tatsächlich bestätigt oder evtl. widerlegt wird. Es leuchtet unmittelbar ein, dass bei einem Testergebnis, aus dem sich für die in den Test einbezogenen Frauen nur ein geringfügig besserer Wert ergibt als für die getesteten Männer, nicht mit Sicherheit auf eine allgemein existierende höhere Intelligenz der Frauen geschlossen werden kann. Die zu prüfende Hypothese ist schließlich eine globale Durchschnittsaussage. Bei der Unter-*

suchung einer begrenzten Anzahl von Versuchspersonen kann man durchaus ein von der tatsächlichen Situation abweichendes Ergebnis erhalten. Es ist auch selbstverständlich, dass man für einen solchen Test nicht eine Gruppe von Studentinnen mit einer Gruppe von Hilfsarbeitern vergleichen kann. Die Statistik liefert das erforderliche Instrumentarium für den richtigen Aufbau eines solchen Tests und für eine sachgerechte Interpretation der Ergebnisse.

Charakteristisch für diese Beispiele ist, dass man Aussagen über eine Gesamtheit (Bolzen; abgefüllte Zementsäcke; Verkehrsunfälle; Männer und Frauen) durch Untersuchung nur eines Teils dieser Gesamtheit zu gewinnen versucht. Den untersuchten Teil der Gesamtheit nennt man **Stichprobe**. Die statistischen Verfahren, die die Vorschriften zur Untersuchung von Stichproben betreffen und angeben, wie und unter welchen Voraussetzungen von einer Stichprobe auf die Gesamtheit, aus der die Stichprobe stammt, geschlossen werden kann, nennt man **Stichprobenverfahren**. Manchmal spricht man auch von **schließender** oder **induktiver Statistik**. Grundlage der induktiven Statistik ist die **Wahrscheinlichkeitsrechnung**. Beide Gebiete werden in Band 2 behandelt.

Gegenstand dieses 1. Bandes ist die **beschreibende** oder **deskriptive Statistik**. Sie umfasst die statistischen Verfahren, die der Erhebung, Aufbereitung sowie Auswertung und Analyse von Daten dienen. Dabei ist zu beachten, dass sich die Aussagen bzw. Ergebnisse aus der deskriptiven Statistik immer nur auf die untersuchte Datenmenge beziehen. Verallgemeinerungen bzw. Schlüsse auf die übergeordnete Gesamtheit sind nicht ohne weiteres möglich.

Von den drei methodischen Bereichen
- beschreibende oder deskriptive Statistik,
- Wahrscheinlichkeitsrechnung und
- schließende oder induktive Statistik (Stichprobenverfahren)

wird in diesem Band nur der erste behandelt.

1.2 Entwicklung und Bedeutung der Statistik

Praktische oder materielle Statistik im Sinne einer Erhebung über staatskundliche Phänomene wie Bevölkerung, Ackerfläche, Goldbestand und dgl. lässt sich bereits im Altertum nachweisen. In Ägypten wurden um etwa 2500 v. Chr. regelmäßig Zählungen des Goldes und der Felder durchgeführt. Auch in China und dem Persischen Großreich lassen sich statistische Erhebungen nachweisen. Allgemein bekannt ist die Volkszählung unter Kaiser Augustus im Römischen Reich. Andere Beispiele staatlicher Erhebungsstatistiken lassen sich überall in der Geschichte finden. In unserer Zeit haben sie, wie beispielsweise die zahlreichen Veröffentlichungen des Statistischen Bundesamtes zeigen, einen erheblichen Umfang erreicht.

Die elementaren Methoden der beschreibenden Statistik reichen ebenso weit zurück, wie sich die Existenz von „Erhebungsstatistiken" nachweisen lässt. Viele spezielle Verfahren, z. B. Regressionsrechnung und Korrelationsrechnung, sind jedoch erst in neuerer Zeit entwickelt worden.

Die Geschichte der Wahrscheinlichkeitsrechnung beginnt mit den beiden Franzosen PASCAL (1623-1662) und FERMAT (1601-1665), die zwischen 1651 und 1654 über einige Probleme im Zusammenhang mit Glücksspielen einen Briefwechsel führten. Großen Anteil an der Entwicklung der Wahrscheinlichkeitstheorie haben Franzosen (neben PASCAL und FERMAT die Mathematiker DE MOIVRE und LAPLACE), Schweizer (z. B. BERNOULLI und EULER), Deutsche (z. B. GAUSS) und Russen (z. B. KOLMOGOROFF, TSCHEBYSCHEFF, MARKOFF).

Auf der Grundlage der Wahrscheinlichkeitsrechnung sind dann vor allem im 19. und 20. Jahrhundert die Methoden der induktiven oder schließenden Statistik entwickelt worden.

Obwohl die Statistik unter Anwendungsgesichtspunkten eine methodische Hilfswissenschaft ist, kommt ihr für die verschiedenartigsten Disziplinen eine zunehmende Bedeutung zu. Für viele Bereiche der Physik (z. B. Auswertung von Versuchen), Biologie (z. B. Untersuchung von Vererbungsprozessen), Soziologie (z. B. Analyse von Gruppenverhalten), der Psychologie (z. B. Messung von Lernerfolgen), der Medizin (z. B. Untersuchung der Wirksamkeit von neuen Medikamenten; Analyse des Einflusses von Rauchgewohnheiten auf Lungenkrebserkrankungen), der Wirtschaft (z. B. Vorhersage von Absatzzahlen; Qualitätsprüfungen in der Produktion) und der technischen Wissenschaften ist die Statistik zu einem unentbehrlichen Instrument der Analyse geworden. Selbst Historiker, Sprachwissenschaftler und Archäologen bedienen sich bei ihren wissenschaftlichen Untersuchungen der Statistik. Ebenso ist die Statistik heute für die praktische Arbeit in fast allen Bereichen von Wirtschaft, Verwaltung und Technik ein unverzichtbares Hilfsmittel.

1.3 Zum Missbrauch der Statistik

Wenn von Statistik die Rede ist, werden häufig drei Steigerungsformen der Lüge zitiert, nämlich:

Notlüge - gemeine Lüge - Statistik.

Damit soll zum Ausdruck gebracht werden, wie fragwürdig und unglaubwürdig die Statistik bzw. die Anwendungen der Statistik sein können. Manchmal drückt man das auch wie folgt aus:

Glaube nur der Statistik, die Du selbst gefälscht hast.

Wie immer man auch zur Statistik und ihren Methoden stehen mag, die statistische Methodenlehre treffen diese Vorwürfe sicher zu Unrecht. Die Methoden sind zum größten Teil Verfahren der angewandten Mathematik und in sich fehlerlos und logisch einwandfrei aufgebaut. Bei einer sicheren Beherrschung der statistischen Methoden bieten sich allerdings vielfältige Möglichkeiten der Manipulation und Täuschung. Dabei werden meistens die richtigen Methoden der Statistik fahrlässig oder vorsätzlich falsch angewendet. Es handelt sich **nicht** um ein Versagen der statistischen Methoden. Die folgenden Beispiele verdeutlichen das.

B 1.3.1 *a) An einer Fakultät mit 2.500 Studenten nehmen 50 Studenten an einer Klausur in Statistik teil. Von den 50 Studenten besteht keiner die Klausur. Der Dozent behauptet, die Durchfallquote bei dieser Klausur sei 2% gewesen. Bezogen auf die Gesamtheit der Studenten der Fakultät hat er zwar Recht, aber die angegebene Durchfallquote ist natürlich wertlos und entspricht nicht dem, was man sich üblicherweise darunter vorstellt.*
b) In F 1.3.2 sind für 12 Jahre aus dem Zeitraum von 1972 bis 1985 für das Gebiet von Niedersachsen die jährliche Anzahl der Geburten (in Tausend) und die Anzahl der Storchenpaare (Horstpaare) dargestellt.
Man erkennt optisch einen Zusammenhang zwischen beiden Merkmalen. Mit zunehmender bzw. abnehmender Anzahl der Störche steigt bzw. fällt auch die Geburtenrate. Der damit statistisch scheinbar nachgewiesene Zusammenhang zwischen Störchen und Geburtenhäufigkeit ist sachlich

sicher Unsinn. Der rein rechnerisch vorhandene Zusammenhang darf nicht in dem Sinne interpretiert werden, dass eine direkte (ursächliche) Beziehung zwischen Storchenpopulation und Geburtenrate besteht[1].

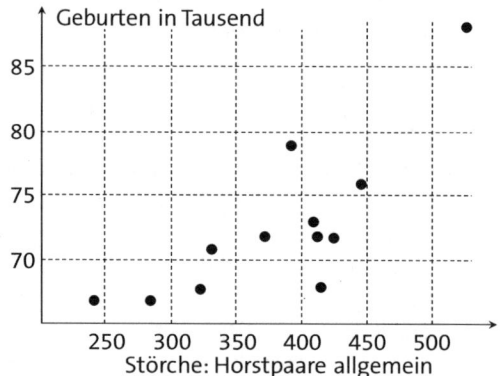

F 1.3.2   Storchenpopulation und Geburten in Niedersachsen (1972 bis 1985)

c) *Eine ähnliche Fehlinterpretation kann aus F 1.3.3 herausgelesen werden. Es sind für mehrere Jahre der „Bestand an Luftfahrzeugen" und die „Anzahl der Verkehrsunfälle mit nur Sachschaden" (in 1.000) für Deutschland dargestellt. Daraus ist ein ausgeprägter Zusammenhang zwischen beiden Merkmalen zu erkennen, der jedoch sachlich sicher ungerechtfertigt ist. Die Konstruktion eines Zusammenhangs zwischen Anzahl der Straßenverkehrsunfälle und Anzahl der Luftfahrzeuge im Sinne einer Kausalität ist unrealistisch.*

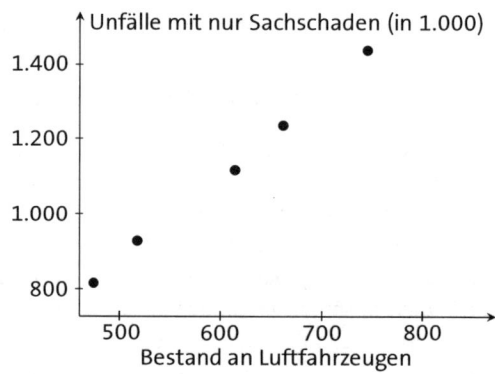

F 1.3.3   Fehlinterpretation von Merkmalszusammenhängen

d) *Aus F 1.3.4 kann auf einen Zusammenhang zwischen den Merkmalen „Kartoffelverbrauch je Kopf der Bevölkerung" (in kg) und „Verbrauch von Elektroenergie" (in Milliarden kWh) geschlossen werden.*
Es gibt jedoch keinen sachlichen Grund dafür, dass mit zunehmender Produktion von Elektroenergie der Kartoffelverbrauch pro Kopf der Bevölkerung sinkt. Es ist eher anzunehmen, dass eine gemeinsame Ursache, etwa „steigender Wohlstand", zur Begründung herangezogen werden muss.

---

1   In vielen Statistikbüchern findet sich der Hinweis auf den statistisch nachweisbaren Zusammenhang zwischen Storchenbrütungen und Geburten. In keinem Lehrbuch wird dazu jedoch eine Quelle oder ein Beleg angegeben.

1.3 Zum Missbrauch der Statistik

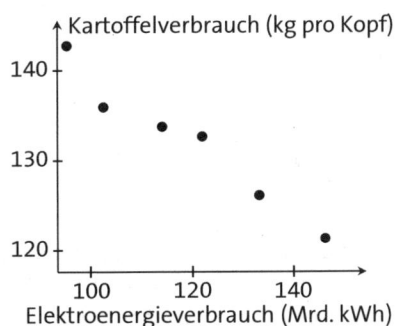

F 1.3.4 Fehlinterpretation von Merkmalszusammenhängen

e) *Eine ähnliche Manipulationsmöglichkeit ergibt sich, wenn man die Werte einer Größe zu unterschiedlichen Zeitpunkten ermittelt. Hat man z. B. in einer Woche einen Heizölpreis von 0,92 €/ℓ, in der Vorwoche 0,96 €/ℓ, in der entsprechenden Woche des Vorjahres dagegen 0,81 €/ℓ, so kann man je nach Bezugsgröße bzw. Bezugszeitpunkt eine Steigerung (um 13,6% gegenüber dem Vorjahr) oder eine Senkung (um 4,2% gegenüber der Vorwoche) des Heizölpreises behaupten.*

f) *Besonders augenfällige Fehlanwendungen der Statistik und Meinungsmanipulation finden sich bei der grafischen Darstellung von Daten.*

F 1.3.5 zeigt, wie man durch „geschickte" Auswahl von im Zeitablauf gemessenen Werten bei der grafischen Darstellung ein falsches Bild erzeugen kann. Die vollständigen Werte schwanken periodisch mit abnehmender Tendenz. „Wählt" man nur die hervorgehobenen Werte aus, so erhält man Werte mit steigender Tendenz.

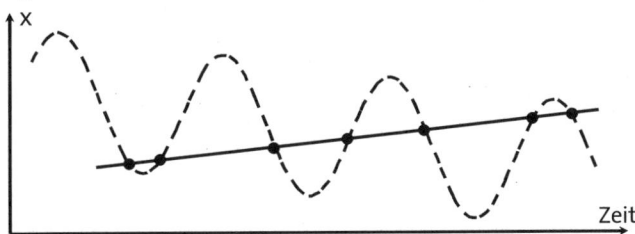

F 1.3.5 Manipulierte Zeitreihe

g) *In einer Maschinenfabrik verdient ein Facharbeiter 15,00 €/Std. Bei einer monatlichen Arbeitszeit von 150 Stunden und 30 konjunkturbedingten Überstunden mit 35% Zuschlag verdient er im Monat 2.857,50 €. Eine Erhöhung des Stundenlohnsatzes um 4% findet zu einer Zeit statt, in der die Konjunktur rückläufig ist und die Überstunden wegfallen. Der Monatslohn eines Facharbeiters beträgt dann 15,60 × 150 = 2.340 €. Obwohl sich der Stundenlohnsatz um 4% erhöht hat, ergibt sich wegen des Wegfalls der Überstunden eine Einkommensverminderung um 18,11%.*

Je nachdem, welche Zahlen man hier heranzieht, kann man also sowohl eine Lohnerhöhung als auch eine Einkommensverschlechterung mit Zahlen belegen. Insbesondere im politischen Bereich tun sich hier vielfältige Möglichkeiten der Meinungsmanipulation auf.

In diesem Beispiel kann man sogar nur mit den Stundenlöhnen zu gegensätzlichen Ergebnissen kommen. Wegen der Überstundenzuschläge ergibt sich vor der Stundenlohnerhöhung ein durchschnittlicher Stundenlohnsatz von 15,875 €/Std. Nach der Lohnerhöhung sinkt der Stundenlohnsatz wegen des Wegfalls der Überstundenzuschläge auf 15,60 €/Std. Es ergibt sich eine Verringerung des durchschnittlichen Stundenlohnsatzes um 1,73%.

Diese wenigen Beispiele zeigen, dass von einer „statistischen Lüge" im strengen Sinn des Wortes nicht die Rede sein kann. Die Statistik bietet jedoch vielfältige Möglichkeiten der Manipulation und Täuschung. Durch bewusste Fehlinterpretationen und -darstellungen lassen sich Ergebnisse ausweisen, die nicht den tatsächlichen Sachverhalt wiedergeben. Häufig sind „statistische Lügen" auf eine unzulässige Anwendung formal richtiger Methoden zurückzuführen. Das Hauptproblem liegt darin, dass die formalen, mathematisch-rechnerischen Methoden der Statistik auf reale, sachliche Probleme angewendet werden. Eine Beurteilung der sachlich-inhaltlichen Seiten eines Problems ist aber immer Aufgabe des jeweiligen Fachwissenschaftlers und kann nicht Aufgabe des Statistikers sein, der die Methoden zur Aufbereitung und Analyse der quantitativen Daten zur Verfügung stellt und gegebenenfalls auch auswählt.

Bei jeder Anwendung der Statistik auf ein praktisches Problem ist deshalb mit großer Sorgfalt zu prüfen, welche statistische Methode dem Problem angemessen ist. Bei der Interpretation der Ergebnisse ist immer von der sachlich-inhaltlichen Seite des Problems auszugehen. Eine rein formale Betrachtung kann zu Interpretationen wie bei dem Zusammenhang zwischen der Storchenpopulation und der Anzahl der Geburten führen.

2 Grundbegriffe der deskriptiven Statistik

2.1 Statistische Einheiten, Massen und Merkmale

a) Statistische Einheiten und statistische Massen

In diesem und den folgenden Abschnitten werden zunächst einige Grundbegriffe eingeführt, an denen zugleich ausgewählte Probleme statistischer Untersuchungen betrachtet werden können.

D 2.1.1
> **Statistische Einheit**
> Die statistische Einheit ist das Einzelobjekt einer statistischen Untersuchung. Sie ist Träger der Information(en), für die man sich bei der Untersuchung interessiert.

B 2.1.2 a) *Bei einer statistischen Überprüfung der Abfüllmengen eines Automaten zum Füllen von Bierflaschen sind die statistischen Einheiten die abgefüllten Bierflaschen.*
b) *Bei einer Untersuchung über die Lebensdauer von Autoreifen sind statistische Einheiten die einzelnen Autoreifen.*
c) *Soll festgestellt werden, ob der Intelligenzquotient bei Erwachsenen vom Alter abhängt und ob geschlechtsbedingte Unterschiede bestehen, dann sind die untersuchten Personen die statistischen Einheiten.*

Nicht immer ist die Festlegung der statistischen Einheit so problemlos wie in diesen Beispielen.

B 2.1.3 *Bei einer Untersuchung der Verkehrsdichte einer Straße durch Zählung der pro Zeiteinheit an festgelegten Beobachtungspunkten passierenden Kraftfahrzeuge sind die statistischen Einheiten die Beobachtungspunkte, denn an diesen Einzelobjekten der Untersuchung werden die Informationen „Anzahl der pro Zeiteinheit passierenden Kraftfahrzeuge" erfasst.*

Für die statistischen Einheiten einer Volkszählung (s.u.) gibt es drei **Identifikations- oder Abgrenzungskriterien**:
- Es handelt sich um lebende Personen. Das ergibt eine sachliche Abgrenzung.
- Die Volkszählung erfasst das Gebiet von Deutschland. Damit liegt eine eindeutige räumliche Abgrenzung vor.
- Durch die Volkszählung werden alle Personen erfasst, die an einem bestimmten Stichtag ihren Wohnsitz in Deutschland haben. Dadurch sind die Einheiten zeitlich abgegrenzt.

Allgemein gilt:

R 2.1.4
> **Identifikationskriterien für statistische Einheiten**
> Jede statistische Einheit wird im Hinblick auf das Untersuchungsziel durch
> (1) **sachliche**,
> (2) **räumliche** und
> (3) **zeitliche**
> Kriterien identifiziert bzw. abgegrenzt.

B 2.1.5 a) *Für die Prognose des Wahlergebnisses einer Kommunalwahl in einer Stadt lauten die Identifikationskriterien:*
   sachlich: wahlberechtigter Bürger,
   räumlich: Gebiet der Großstadt,
   zeitlich: Tag der Umfrage.
   b) *Soll in der gleichen Großstadt eine Untersuchung über das Freizeitverhalten Berufstätiger durchgeführt werden, sind die Identifikationskriterien:*
   sachlich: berufstätige Person,
   räumlich: Gebiet der Großstadt,
   zeitlich: Untersuchungszeitraum (z. B. ein bestimmter Monat).

Die speziellen Kriterien für die Abgrenzung von statistischen Einheiten ergeben sich meistens unmittelbar aus der jeweils zu behandelnden Fragestellung. Dabei ist in jedem Fall mit äußerster Sorgfalt vorzugehen, denn eine für das Untersuchungsziel ungeeignete Abgrenzung der Einheiten macht die gesamte Untersuchung wertlos. Das gilt besonders bei Vergleichen.

Die Problematik richtiger und eindeutiger Abgrenzung zeigt folgendes Beispiel.

B 2.1.6 a) *Einer Betriebsstättenzählung im Druck- und Verlagsgewerbe können rechtliche (Verlagsgruppe), örtliche (Betriebsteile in Köln, Kiel usw.) oder technische (Druckerei, Redaktion) Einheiten zugrunde gelegt werden.*
   b) *Wenn für eine Einschätzung des Wählerverhaltens für eine Wahl zum Deutschen Bundestag „am 31.07.2009 in der Bundesrepublik wohnhafte Personen" befragt werden, dann ist die sachliche und räumliche Identifikation im Hinblick auf den Untersuchungszweck ungeeignet. Es dürfen nur für die Bundestagswahl wahlberechtigte Bürger erfasst werden, deren Wohnsitz aber durchaus außerhalb der Bundesrepublik liegen kann.*

Es ist ausdrücklich darauf hinzuweisen, dass über die richtige bzw. zweckmäßige Abgrenzung der statistischen Einheiten keine allgemeingültigen Aussagen gemacht werden können. Die Identifikationskriterien müssen zielorientiert aus der jeweiligen Aufgabenstellung abgeleitet werden.

Die Gesamtheit der statistischen Einheiten einer bestimmten statistischen Erhebung ergibt die statistische Masse der Untersuchung.

D 2.1.7
> **Statistische Masse**
> Eine statistische Masse ist eine Gesamtheit (Menge) von statistischen Einheiten mit übereinstimmenden Identifikationskriterien.
> Die sachlichen, räumlichen und zeitlichen Identifikationskriterien ergeben sich aus der Zielsetzung bzw. Aufgabenstellung der statistischen Untersuchung.

Ü 2.1.8 *Für die folgenden Fragestellungen sind die statistischen Einheiten und Massen anzugeben und räumlich, sachlich und zeitlich abzugrenzen.*
   a) *Es soll das Wählerverhalten für eine Landtagswahl in Niedersachsen untersucht werden.*
   b) *Es soll die durchschnittliche Studiendauer von Studierenden an deutschen Universitäten bis zum Abschluss der ersten berufsqualifizierenden Prüfung (Diplom, Bachelor, Magister, Staatsexamen) ermittelt werden.*

2.1 Statistische Einheiten, Massen und Merkmale

Die statistische Einheit ist das Einzelobjekt einer statistischen Analyse. Die Ergebnisse der Untersuchung sollen im Allgemeinen Aussagen über die statistische Masse oder Teile davon liefern.

Sofern die Ergebnisse einer statistischen Untersuchung in irgendeiner Form für Vergleichszwecke herangezogen werden, ist vor allem auf die Gleichartigkeit von Massen zu achten. Eine Analyse der Mietpreisentwicklung beispielsweise ist nur für gleichartige Wohnungen sinnvoll oder man betrachtet Durchschnittsmieten.

Aus Zeit-, Kosten- und anderen Gründen ist es häufig nicht möglich, im Rahmen einer statistischen Untersuchung eine statistische Masse vollständig zu erfassen.

D 2.1.9
> **Stichprobe**
> Wird bei einer statistischen Untersuchung nur ein Teil der interessierenden statistischen Masse erfasst, dann heißt dieser Teil Stichprobe.

Für Stichprobenuntersuchungen erhebt sich die Frage, wie und mit welchen möglichen Fehlern die aus der Stichprobe gewonnenen Ergebnisse bzw. Aussagen auf die Gesamtheit übertragen werden können. Dies ist nicht Gegenstand der in diesem Band behandelten beschreibenden Statistik, sondern von Stichprobenverfahren. Dafür sind Kenntnisse aus der Wahrscheinlichkeitsrechnung notwendig. Stichprobenverfahren und Wahrscheinlichkeitsrechnung werden in Band 2 behandelt.

Die Ergebnisse und Aussagen, die in der beschreibenden Statistik gewonnen werden, beziehen sich immer nur auf die untersuchte Masse bzw. Teilmasse (Stichprobe). Eine Verallgemeinerung oder Übertragung auf eine übergeordnete Masse ist unzulässig.

Statistische Massen können nach unterschiedlichen Gesichtspunkten klassifiziert werden. Nach der **Anzahl** der zur Masse gehörigen Einheiten unterscheidet man **unendliche** und **endliche Massen**.

B 2.1.10 a) *Für eine Käuferbefragung ergeben alle Kunden, die ein Warenhaus an einem bestimmten Tag besuchen, eine endliche Masse.*
b) *Bei einem Würfel soll untersucht werden, mit welchem Anteil an allen Würfen die Augenzahl „6" auftritt. Die Menge der unendlich vielen, theoretisch möglichen Würfe ergibt eine unendliche Masse.*

Wichtig ist die Unterscheidung in **Bestandsmassen** und **Ereignismassen**.

D 2.1.11
> **Bestandsmasse**
> Eine statistische Masse, deren Einheiten für ein gewisses Zeitintervall zur Masse gehören, heißt Bestandsmasse.

B 2.1.12 *Bestandsmassen sind*:
a) *Einwohner der Stadt Braunschweig (Zugang: Geburt/Zuzug; Abgang: Tod/Wegzug);*
b) *in Deutschland zugelassene Kraftfahrzeuge (Zugang: Zulassung; Abgang: Abmeldung);*
c) *Flaschenbiervorrat von Paula (Zugang: Kauf; Abgang: Verbrauch).*

D 2.1.13
> **Bestand**
> Die Anzahl der Einheiten, die zu einer Bestandsmasse zu einem bestimmten Zeitpunkt gehören, heißt Bestand.

B 2.1.14 *Bestände sind z. B.: Einwohner der Stadt Braunschweig am 31.12.2012; am 31.03.2012 in Deutschland zugelassene Kraftfahrzeuge.*

Bestandsmassen sind durch Folgendes charakterisiert:
- Die zur Bestandsmasse gehörigen Einheiten treten zu einem bestimmten Zeitpunkt in die Masse ein (**Zugang**) und scheiden zu einem späteren Zeitpunkt aus der Masse aus (**Abgang**).
- Die Anzahl der zur Bestandsmasse gehörigen Einheiten (der Bestand) kann sich im Zeitablauf **verändern**.
- Ein Bestand, kann nur zu einem bestimmten **Zeitpunkt** gezählt oder gemessen werden.
Es ist nicht sinnvoll zu sagen „2009 waren in Deutschland y PKWs zugelassen.", da sich der Bestand in einem Zeitraum ändern kann. Richtig wäre: „Am 01.01.2009 um 0 Uhr waren y PKWs in Deutschland zugelassen."

Ü 2.1.15 *Wann kann es sinnvoll sein, einen Bestand für einen Zeitraum anzugeben?*

D 2.1.16
> **Statistisches Ereignis**
> Eine statistische Einheit, die die Veränderung eines Bestands zu einem bestimmten Zeitpunkt charakterisiert, heißt Ereignis.

D 2.1.17
> **Ereignismasse**
> Eine statistische Masse, deren Einheiten Ereignisse sind, die zu bestimmten Zeitpunkten auftreten, heißt Ereignismasse.

Eine Ereignismasse ist durch Folgendes charakterisiert:
- Die Ereignisse treten zu bestimmten Zeitpunkten auf.
- Die Anzahl der zu einer Ereignismasse gehörigen Einheiten kann nur für ein bestimmtes **Zeitintervall** gezählt oder gemessen werden.
Die Zeitungsnotiz „Am Neujahrstag 2009 erblickten bei Redaktionsschluss 8 neue Erdenbürger das Licht der Welt." ist also nicht sinnvoll. Richtig wäre: „ ... bis Redaktionsschluss ... ".

B 2.1.18 *Ereignismassen sind z. B. Geburten in Bremen im Jahre 2009 oder Neuzulassungen von Kraftfahrzeugen in Deutschland im Dezember 2009.*

Ü 2.1.19 *Geben Sie zu den folgenden Massen an, ob es sich um Bestandsmassen oder um Ereignismassen handelt:*
  a) *Einwohner von Braunschweig,* b) *Eheschließungen in Hannover,*
  c) *Wahlberechtigte Bundesbürger,* d) *Freunde der Studentin Paula,*
  e) *Verkehrsunfälle,* f) *Empfänger von Rente,*
  g) *Abgänge von einem Lager,* h) *Arbeitslose in Deutschland.*

Wie aus B 2.1.14 und B 2.1.18 zu ersehen ist, gibt es Bestands- und Ereignismassen, die dadurch zusammengehören, dass die Ereignismassen **Zugänge** oder **Abgänge** einer Bestandsmasse beschreiben. Derart zusammengehörige Massen heißen **korrespondierende Massen**.

B 2.1.20 *Bestandsmasse: Bevölkerung der Stadt Braunschweig (zu einem bestimmten Zeitpunkt). Korrespondierende Ereignismassen: Geburten, Todesfälle, Zuzüge und Wegzüge (in einem bestimmten Zeitintervall).*

Die fortlaufende Erhöhung oder Verringerung einer Bestandsmasse durch die korrespondierenden Ereignismassen heißt **Fortschreibung**.

B 2.1.21 *Anfangsbestand*   *Zugelassene Kfz in Braunschweig am* 01.01.2009

  Korrespondierende   *+ Neuzulassungen von Kfz im Jahr* 2009
  Ereignismassen   *– Abmeldungen von Kfz im Jahr* 2009

  Endbestand   *Zugelassene Kfz in Braunschweig am* 31.12.2009

Die statistische Analyse von Bestands- und Ereignismassen und die dabei auftretenden Probleme werden in Kapitel 5 dieses Buches ausführlich behandelt.

Ü 2.1.22 *Geben Sie zu den folgenden Bestandsmassen korrespondierende Ereignismassen an*:
a) *Kontostand;* b) *Beschäftigte in einem Betrieb;*
c) *Auftragsbestand;* d) *Reisende in einem Zug.*

b) Merkmale

Einzelobjekte einer statistischen Untersuchung sind, wie oben gesagt wurde, die statistischen Einheiten. Man interessiert sich jedoch meistens nicht für die Einheiten schlechthin (Ausnahme: Ermittlung der Anzahl der zu einer statistischen Masse gehörigen Einheiten), sondern für bestimmte Eigenschaften der Einheiten. Bei einer Volkszählung interessieren z. B. die Eigenschaften Alter, Geschlecht, Religionszugehörigkeit, Beruf, Einkommen usw. der befragten Personen. Letztere sind in diesem Fall die statistischen Einheiten.

D 2.1.23
> **Merkmal und Merkmalsträger**
> Eine bei einer statistischen Untersuchung interessierende Eigenschaft einer statistischen Einheit heißt Merkmal.
> Die statistischen Einheiten heißen auch Merkmalsträger.

B 2.1.24 a) *Statistische Einheit: Student;*
Merkmale: Alter, Schulabschluss, Studienfach, Statistiknote usw.
b) *Statistische Einheit: Landwirtschaftlicher Betrieb;*
Merkmale: Ackernutzfläche, Rinderbestand usw.

Allgemein werden Merkmale mit großen lateinischen Buchstaben bezeichnet: X, Y, A, B, … .

Welche Merkmale bei einer statistischen Untersuchung erfasst werden, hängt von der konkreten Fragestellung ab. Es gibt aber Fälle, in denen erst nach der statistischen Erhebung beurteilt werden kann, ob ein Merkmal für ein bestimmtes Problem von Bedeutung ist oder nicht.

B 2.1.25 *Soll das Sparverhalten der Bundesbürger untersucht werden, so ist von vornherein nicht mit Sicherheit zu sagen, ob z. B. das Zinsniveau das Sparverhalten wesentlich beeinflusst. Man wird also das Merkmal Zinsniveau zunächst mit erfassen und erst im Verlauf der statistischen Untersuchung entscheiden, ob es für die weitere Analyse berücksichtigt werden muss oder nicht.*

D 2.1.26
> **Merkmalsausprägungen**
> Die möglichen Werte oder Kategorien, die ein Merkmal annehmen kann, heißen Merkmalsausprägungen.

Merkmalsausprägungen werden allgemein mit den dem Symbol des Merkmals entsprechenden kleinen lateinischen Buchstaben bezeichnet. Das Merkmal X hat dann die m Merkmalsausprägungen $x_1, x_2, ..., x_j, ..., x_m$.

B 2.1.27 a) *Merkmal: Geschlecht; Ausprägungen: männlich, weiblich.*
b) *Merkmal: Zensur; Merkmalsausprägungen: 1, 2, 3, 4, 5, 6.*

Bei einer statistischen Untersuchung werden die konkreten Werte, die die interessierenden Merkmale bei den einzelnen Einheiten annehmen, registriert.

D 2.1.28
> **Merkmalswert oder Beobachtungswert**
> Eine bei einer statistischen Untersuchung an einer bestimmten statistischen Einheit festgestellte Merkmalsausprägung heißt Merkmalswert oder Beobachtungswert.

Die Merkmalswerte sind die Daten, die bei einer statistischen Analyse verarbeitet werden.

B 2.1.29 *Bei einer Volkszählung gibt ein Bundesbürger an, er sei männlichen Geschlechts und von Beruf Kraftfahrzeugschlosser. Dann sind:*
  Statistische Einheit: *Die befragte Person;*
  Merkmale: *Geschlecht und ausgeübter Beruf;*
  Merkmalswerte: *männlich und Kraftfahrzeugschlosser.*

Ü 2.1.30 *Geben Sie zu folgenden Merkmalen mögliche Merkmalsausprägungen an:*
  a) *Haarfarbe;*   b) *Einkommen;*   c) *Klausurnote;*
  d) *Körpergewicht;*   e) *Studienfach;*   f) *Kinderzahl.*

2.2 Datenerhebung und Datenquellen

a) Formen der Datenerhebung

Zur Vorbereitung und Planung einer statistischen Untersuchung gehört vor allem die Festlegung der zeitlichen, sachlichen und räumlichen Identifikationskriterien für die statistischen Einheiten und die Festlegung der für das Untersuchungsziel wichtigen Merkmale. Erster Schritt der eigentlichen Untersuchung ist die Ermittlung der Beobachtungswerte, sofern nicht über eine so genannte **Sekundärerhebung** auf schon vorhandene Daten zurückgegriffen wird.

2.2 Datenerhebung und Datenquellen

D 2.2.1

> **Erhebungstechniken einer Primärerhebung**
> Die Ermittlung der konkreten Ausprägungen der interessierenden Merkmale bei den statistischen Einheiten (die Erfassung der Beobachtungswerte) geschieht durch eine statistische Primärerhebung. Dafür gibt es folgende Möglichkeiten:
> (1) **Befragung**, und zwar   a) persönlich durch Interview oder
>   b) schriftlich durch Fragebogen;
> (2) **Beobachtung**;
> (3) **Experiment**.

Die **persönliche Befragung** durch Interviewer wird vor allem in der Markt- und Meinungsforschung angewendet. Zur Gewährleistung einer einheitlichen Befragung bekommt der Interviewer einen **Interviewleitfaden** mit den Fragen und zusätzlichen Hinweisen. Die Befragung durch Interview hat den Vorteil, dass missverständliche und falsche Antworten dadurch ausgeschlossen werden können, dass der Interviewer nachfragen bzw. zusätzliche Erläuterungen geben kann. Das Problem der bewussten Fehlbeantwortung kann dabei natürlich nicht ausgeschlossen werden. Problematisch ist auch die Möglichkeit der Antwortenbeeinflussung durch den Interviewer. Die Befragung durch Interview ist verhältnismäßig aufwändig.

Die **schriftliche Befragung** durch Verwendung von Fragebögen ist dem Leser sicher bekannt, da das Ausfüllen von Fragebögen aus unterschiedlichen Anlässen sehr häufig vorkommt.

F 2.2.4 (nächste Seite) zeigt einen verkleinerten Ausschnitt des Erhebungsbogens der 1987 in der Bundesrepublik Deutschland durchgeführten Volkszählung.

Bei der Formulierung der Fragen ist darauf zu achten, dass die Art der Fragestellung die Antwort nicht beeinflusst.

Die Auswertung eines Fragebogens wird wesentlich erleichtert, wenn mögliche Merkmalsausprägungen vorgegeben werden und die Beantwortung der Fragen dann durch Ankreuzen erfolgen kann (siehe F 2.2.4).

Bei schriftlichen oder mündlichen Befragungen hat man immer mit dem bereits erwähnten Problem fehlerhafter Antworten zu tun. In manchen Fällen kann man jedoch durch Kontrollfragen falsche Antworten herausfinden.

B 2.2.2 *Um zu erfahren, ob in einem Fragebogen die Altersangabe richtig ist, kann man zusätzlich fragen, welcher Schulabschluss in welchem Jahr erworben wurde. Gibt z. B. jemand bei einer Befragung am 06.12.2009 ein Alter von 30 Jahren an und dazu, dass er sein Abitur 1990 erworben hat, dann sind die Angaben mit hoher Wahrscheinlichkeit fehlerhaft, denn ein Abitur im Alter von 11 Jahren ist kaum möglich.*

Ein besonderes Problem bei der schriftlichen Befragung entsteht dadurch, dass man in den meisten Fällen nicht alle Fragebögen zurückerhält bzw. nicht alle Fragen beantwortet werden. Durch die Erhebung wird dann nur ein Teil der statistischen Masse direkt erfasst. Diese Nichtbeantwortung ist deshalb problematisch, weil dadurch die Gefahr systematisch verzerrter Ergebnisse besteht, da häufig bestimmte Gruppen die Antwort verweigern.

B 2.2.3 *Bei einer Befragung über die Einkommensverhältnisse kann es sein, dass gerade die besonders hoch und/oder die besonders niedrig Verdienenden ihren Fragebogen nicht zurücksenden oder die entsprechenden Fragen nicht beantworten.*

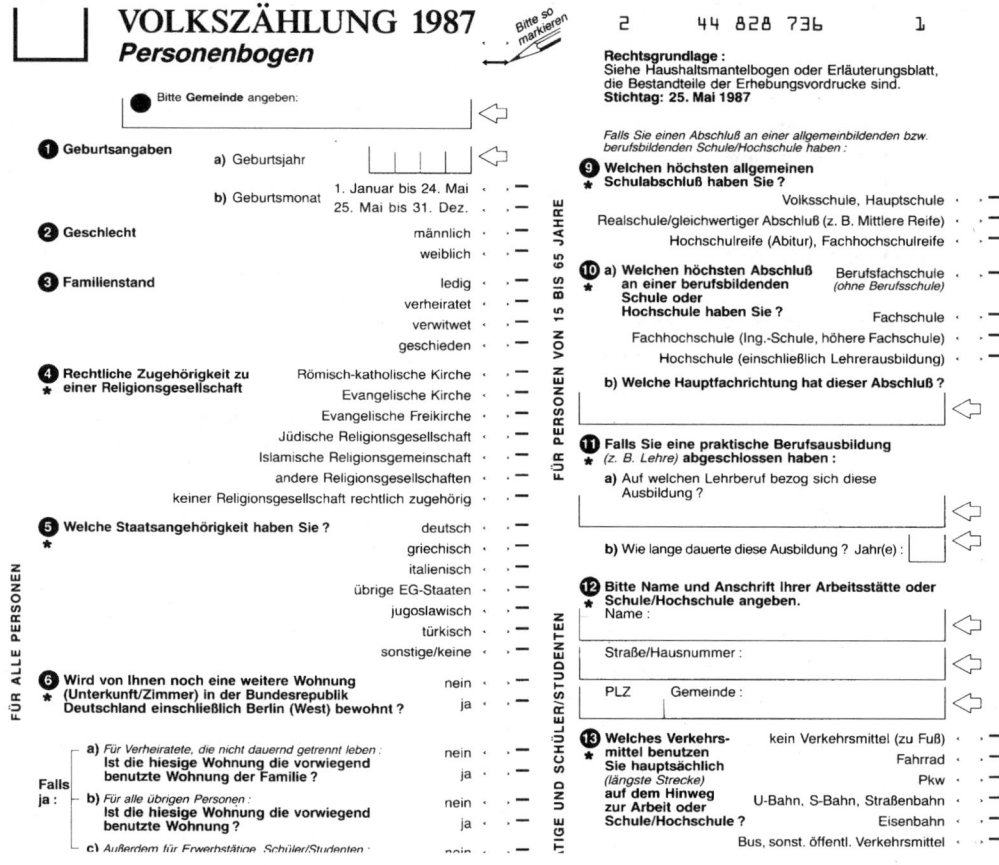

F 2.2.4 Ausschnitt aus dem Erhebungsbogen der Volkszählung 1987

Bei einer Datenerhebung durch **Beobachtung** werden die Werte der im Rahmen einer statistischen Untersuchung zu erfassenden Merkmale durch Augenschein (z. B. Verkehrszählung), durch Messgeräte (z. B. Messung der Körpergröße) oder auf andere Art unmittelbar erfasst. Durch Ungenauigkeiten der Messinstrumente, durch Irrtümer beim Ablesen oder beim Zählen können allerdings auch bei Beobachtung fehlerhafte Daten erhoben werden.

Eine weitere Form der statistischen Erhebung ist schließlich das **Experiment**. Technische Nutzungseigenschaften von Gebrauchsgütern können z. B. experimentell ermittelt werden, wie das die Stiftung Warentest für Konsumgüter tut.

Auf Detailprobleme der Datenerhebung kann hier nicht eingegangen werden. Es ist jedoch darauf hinzuweisen, dass vor allem das Problem der Zuverlässigkeit bzw. Fehlerhaftigkeit der erhobenen Daten nicht unterschätzt werden darf.

b) Erhebungsumfang und Herkunft der Daten

Werden im Rahmen einer statistischen Untersuchung **alle** Einheiten einer statistischen Masse erfasst, spricht man von einer **Vollerhebung**. Beschränkt sich eine Erhebung auf einen Teil einer statistischen Masse (eine so genannte Stichprobe, siehe D 2.1.9), dann handelt es sich um eine **Teilerhebung** oder Stichprobenerhebung. Bei einer Teilerhebung kann nach der statistischen Untersuchung eine völlig sichere Aussage nur über den wirklich erfassten Teil der statistischen Masse gemacht werden (s. o.).

Gründe für eine Teilerhebung können sein:

- **zeitliche Gründe:** Eine Vollerhebung dauert zu lange, z. B. bei der Vorausschätzung von Wahlergebnissen.
- **sachliche Gründe:** Durch die statistische Untersuchung werden die Einheiten zerstört oder unbrauchbar, wie z. B. bei den meisten Materialprüfungen.
- **kostenmäßige Gründe:** Eine Vollerhebung ist zu teuer.

Wird das Datenmaterial für eine statistische Untersuchung durch eine besondere Erhebung nach speziellen, sachlichen, räumlichen und zeitlichen Identifikationskriterien gewonnen, so spricht man von einer **Primärerhebung**. Verwendet man dagegen schon vorhandenes Datenmaterial, so handelt es sich um eine **Sekundärerhebung**. Im folgenden Abschnitt wird auf einige wichtige Quellen für Sekundärerhebungen eingegangen.

c) Datenquellen für Sekundärerhebungen

In nahezu allen Betrieben und öffentlichen Verwaltungen werden Daten erhoben bzw. erfasst und statistisch aufbereitet.

B 2.2.5 a) *Erfassung von Umsatzzahlen eines Unternehmens in einer Umsatzstatistik;*
b) *Zusammenstellung von Informationen über das Personal eines Unternehmens oder einer Behörde in einer Personalstatistik;*
c) *Erfassung von Waren- und Geldgeschäften von Deutschland mit dem Ausland in der Außenhandelsstatistik;*
d) *Zusammenstellung über die Maschinenausrüstung von Baubetrieben.*

Als Datenlieferanten einer Sekundärerhebung für eine statistische Untersuchung kommen alle Unternehmen, Verwaltungen und sonstigen Institutionen (z. B. Verbände) in Betracht, bei denen statistische Daten gespeichert werden. An erster Stelle sind hier die Träger der so genannten **amtlichen Statistik** zu nennen. Dazu gehören das **Statistische Bundesamt** in Wiesbaden und die Statistischen Ämter der Länder und Gemeinden. Diese Institutionen erfassen und verarbeiten eine Fülle von Daten, die zu einem Teil in verschiedenen Publikationen veröffentlicht werden. Die bekannteste ist das **Statistische Jahrbuch für die Bundesrepublik Deutschland**. Es erscheint jährlich und enthält umfangreiches Datenmaterial aus allen wirtschaftlichen und gesellschaftlichen Bereichen. F 2.2.6 (nächste Seite) zeigt die Inhaltsübersicht eines Statistischen Jahrbuchs für Deutschland.

Erhebungen der so genannten amtlichen Statistik erfolgen häufig auf gesetzlicher Grundlage, wie z. B. Volkszählungen oder die Erfassung von Außenhandelsumsätzen.

Als mögliche Datenquellen bieten sich auch zahlreiche Statistiken zu Spezialfragen an, wie sie von Verbänden, Gewerkschaften und anderen Institutionen herausgegeben werden.

Schließlich ist auf die zahlreichen Online-Datenbanken hinzuweisen, aus denen Daten über das Internet beschafft werden können.

Inhalt

1 Geographische u. meteorologische Angaben
2 Zusammenfassende Übersichten
   2.1 Deutschland
   2.2 Deutschland nach Ländern
   2.3 Zeitreihen für das frühere Bundesgebiet
3 Bevölkerung
4 Wahlen
5 Kirchliche Verhältnisse
6 Erwerbstätigkeit
7 Unternehmen und Arbeitsstätten
8 Land- und Forstwirtschaft, Fischerei
9 Produzierendes Gewerbe
10 Bautätigkeit und Wohnungen
11 Handel, Gastgewerbe, Reiseverkehr
12 Außenhandel
13 Verkehr
14 Geld und Kredit, Versicherungen
15 Rechtspflege
16 Bildung und Wissenschaft
17 Kultur, Freizeit, Sport
18 Gesundheitswesen
19 Sozialleistungen
20 Finanzen und Steuern
21 Wirtschaftsrechnungen und Versorgung
22 Löhne und Gehälter
23 Preise
24 Volkswirtschaftliche Gesamtrechnungen
25 Zahlungsbilanz
26 Umwelt
27 Wirtschaftsorganisationen und Berufsverbände

F 2.2.6   Inhaltsübersicht eines Statistischen Jahrbuchs für Deutschland

2.3 Messbarkeitseigenschaften von Merkmalen und Skalen

a) Messskalen und ihre Eigenschaften

Für die bei einer statistischen Analyse anzuwendenden Methoden und Untersuchungsverfahren spielt eine entscheidende Rolle, wie bzw. nach welchen Kriterien die Merkmalsausprägungen und die Merkmalswerte gemessen und geordnet werden können. Das folgende Beispiel verdeutlicht die Problematik.

B 2.3.1   *Es werden die folgenden Merkmale mit den angegebenen Ausprägungen betrachtet:*

Merkmal	Merkmalsausprägungen
Geschlecht	männlich, weiblich
Familienstand	ledig, verheiratet, verwitwet, geschieden
Leistungsurteil	sehr gut, gut, befriedigend, ausreichend, mangelhaft
Körpergröße	x cm
Kinderzahl	0, 1, 2, 3, 4, ...

Die Ausprägungen der beiden ersten Merkmale sind qualitative Eigenschaften der Merkmalsträger (Personen), die nicht durch Auszählen oder Messen im üblichen Sinne ermittelt werden können. Es kann nur festgestellt werden, ob ein Merkmalsträger eine bestimmte Eigenschaft besitzt oder nicht bzw. welche von mehreren möglichen Eigenschaften der Merkmalsträger aufweist. Es gibt weder eine natürliche Ordnung der Ausprägungen noch ist es sinnvoll, Abstände oder Verhältnisse der Ausprägungen zu betrachten.

Beim dritten Merkmal entsprechen die Ausprägungen einer Bewertung zum Zwecke der Aufstellung einer **Rangordnung***. Über die absolute Höhe oder den absoluten Wert der Leistung wird durch die Ausprägungen nichts ausgesagt. „Gut" ist zwar besser als „ausreichend", aber „gut" ist nicht doppelt so gut wie „ausreichend", wie man bei Verwendung der Zahlen „zwei" und „vier" für die Noten meinen könnte.*

Für das vierte und fünfte Merkmal sind die Ausprägungen mit Dimensionen versehene Zahlen, die durch Messen oder Zählen ermittelt werden. Die Ausprägungen besitzen nicht nur eine natürliche Ordnung, sondern man kann auch Abstände oder Verhältnisse von Ausprägungen bzw. Beobach-

2.3 Messbarkeitseigenschaften von Merkmalen und Skalen

tungswerten betrachten. Beispielsweise ist der Abstand zwischen 162 cm und 172 cm der gleiche wie zwischen 184 cm und 194 cm. Bei der Aufbereitung und Auswertung der im Rahmen einer statistischen Untersuchung erfassten Merkmalswerte können die aufgeführten Merkmale nicht alle gleich behandelt werden. Es kann z. B. für mehrere Personen wohl eine durchschnittliche Körpergröße oder eine durchschnittliche Kinderzahl ermittelt werden, ein „durchschnittliches Geschlecht" oder einen „durchschnittlichen Familienstand" anzugeben, ist dagegen nicht möglich.

Grundsätzlich erfolgt die **Messung von Merkmalswerten mit Hilfe einer Skala (Messvorschrift)**. Eine Skala ist eine Anordnung von Werten (häufig reelle Zahlen), denen die Merkmalsausprägungen eindeutig zugeordnet werden. Die Werte, die auf einer Skala Berücksichtigung finden, nennt man **Skalenwerte**. Man spricht in diesem Zusammenhang manchmal auch von **Skalierung** oder Merkmalsskalierung.

Die verschiedenen Skalen unterscheiden sich nach Ordnungskriterien bzw. ihren Ordnungseigenschaften.

Die einfachste Form einer Skala ist die Nominalskala.

D 2.3.2
> **Nominalskala**
> Eine Skala, deren Skalenwerte nur nach dem Kriterium gleich oder verschieden geordnet werden können, heißt Nominalskala.
> Ein Merkmal, dessen Werte nur auf einer Nominalskala gemessen werden können, heißt **nominal messbar**.

Typisch für die Nominalskala ist, dass es **keine natürliche Reihenfolge** der Skalenwerte gibt.

B 2.3.3 *Die folgenden Merkmale sind nur nominal messbar, da für die Ausprägungen keine natürliche Reihenfolge existiert*: Geschlecht; Familienstand; Religionszugehörigkeit; Beruf; Studienfach; Nationalität.

Da die Ausprägungen nominal messbarer Merkmale qualitative Eigenschaften sind, heißen diese Merkmale auch **qualitative Merkmale**.

Vielfach können die Ausprägungen eines Merkmals in eine natürliche Reihenfolge gebracht werden, d. h. in eine auf- oder absteigende Ordnung.

D 2.3.4
> **Ordinalskala oder Rangskala**
> Eine Skala, deren Skalenwerte nicht nur nach dem Kriterium gleich oder verschieden gemessen werden, sondern außerdem in einer natürlichen Reihenfolge geordnet werden können, heißt Ordinalskala oder Rangskala.
> Ein Merkmal, dessen Werte auf einer Rang- oder Ordinalskala gemessen werden können, heißt **ordinal messbar**.

B 2.3.5 *Die Ausprägungen der folgenden Merkmale können in eine natürliche Reihenfolge gebracht werden. Sie sind daher ordinal messbar.*
a) *Zensuren: sehr gut, gut, befriedigend, ausreichend, mangelhaft.*
b) *Güteklassen von Hotels:* A, B, C *usw.*

Merkmale, die auf einer Ordinalskala gemessen werden können, heißen auch **intensitätsmäßige Merkmale**.

Bei einer Ordinalskala wird durch die Reihenfolge keine Aussage über den absoluten Wert einer Merkmalsausprägung gemacht. Das gilt auch dann, wenn die Ausprägungen eines ordinal messbaren Merkmals durch Zahlen (im Allgemeinen durch natürliche Zahlen: 1, 2, 3, ...) ausgedrückt werden, wie z. B. bei Zensuren.

B 2.3.6 a) *Ein Hotel der Güteklasse A ist besser als ein Hotel der Güteklasse B. Jede weitergehende Aussage wie z. B. „doppelt so gut" oder „20% besser" ist wenig sinnvoll.*
b) *Der Leistungsunterschied zwischen den Noten „sehr gut" und „gut" kann nicht mit dem Leistungsunterschied zwischen „gut" und „befriedigend" verglichen werden (siehe hierzu auch* B 2.3.1).

In vielen Fällen werden die Werte von Merkmalen unmittelbar als reelle Zahlen gemessen, wie z. B. bei der Erfassung von Gewichten, Geschwindigkeiten, Längen usw.

D 2.3.7
> **Kardinalskala oder metrische Skala**
> Eine Skala, deren Skalenwerte reelle Zahlen sind und die alle Ordnungseigenschaften der reellen Zahlen besitzt, heißt Kardinalskala oder metrische Skala. Ein Merkmal, dessen Werte auf einer Kardinalskala oder metrischen Skala gemessen werden können, heißt **kardinal messbar** oder **metrisch messbar**.

Metrisch messbare Merkmale heißen auch **quantitative Merkmale**.

Bei metrisch messbaren Merkmalen liegt Messbarkeit im engeren Sinne vor. Die Merkmalswerte werden auf einer Skala reeller Zahlen gemessen, wobei die Werte im Allgemeinen eine Dimension haben (kg, cm, kWh usw.).

Bei der Kardinalskala bzw. metrischen Skala werden mehrere Spezialfälle unterschieden. Dabei geht es um die Frage, ob ein natürlicher Nullpunkt und eine natürliche Einheit existieren oder nicht.

D 2.3.8
> **Intervallskala**
> Eine metrische Skala, die keinen natürlichen Nullpunkt und keine natürliche Einheit besitzt, heißt Intervallskala.

Bei einer Intervallskala können Abstände zwischen Skalenwerten verglichen werden. Bei einer Ordinalskala ist das nicht möglich (siehe B 2.3.6).

B 2.3.9 *Längengrade auf der Erde werden auf einer Intervallskala gemessen. Einen natürlichen Nullpunkt und eine natürliche Einheit gibt es nicht, aber Abstände können miteinander verglichen werden.*

D 2.3.10
> **Verhältnisskala**
> Eine metrische Skala, die einen natürlichen Nullpunkt, aber keine natürliche Einheit besitzt, heißt Verhältnisskala.

Entfernungen, Flächen, Volumina, Gewichte usw. werden auf einer Verhältnisskala gemessen. Bei einer Verhältnisskala können zusätzlich Quotienten (Verhältnisse) von Skalenwerten miteinander verglichen werden.

B 2.3.11 *Das Verhältnis der Entfernungen 6 km und 3 km ist beispielsweise das gleiche wie das von 28 km und 14 km, aber größer als das von 35 km und 20 km. Misst man die Entfernungen nicht in km sondern in Meilen, dann bleiben die Verhältnisse gleich.*

Die Quotientenbildung, die für die Skalenwerte einer Verhältnisskala möglich ist, setzt einen natürlichen Nullpunkt voraus. Ist dieser nicht gegeben (Intervallskala), dann kann man durch Verschiebung des Nullpunkts Quotienten verändern, so dass ein Vergleich von Quotienten von Skalenwerten nicht mehr sinnvoll ist.

B 2.3.12 *Temperaturen können bekanntlich auf Intervallskalen mit unterschiedlichem Maßstab und verschiedenen Nullpunkten gemessen werden. Am bekanntesten sind die von Celsius, Fahrenheit und Kelvin. Für Temperaturen ist es zwar sinnvoll, Abstände zu unterscheiden (zwischen 5°C und 10°C ist derselbe Abstand wie zwischen 32°C und 37°C), aber es ist nicht sinnvoll, Verhältnisse von Temperaturen zu bestimmen. Wenn man z. B. sagt, bei 20°C sei es doppelt so warm wie bei 10°C, dann verändert sich diese Aussage, wenn die Temperaturen auf einer Fahrenheit-Skala gemessen werden. Man bekommt dann ein Verhältnis von etwa* 4:3.

D 2.3.13
> **Absolutskala**
> Eine metrische Skala mit einem natürlichen Nullpunkt und einer natürlichen Einheit heißt Absolutskala.

B 2.3.14 *Stückzahlen werden auf einer Absolutskala gemessen.*

Ü 2.3.15 *Auf welcher Skala können folgende Merkmale gemessen werden?*
- a) *Alter;*
- b) *Semesterzahl;*
- c) *Militärdienstgrad;*
- d) *Temperatur;*
- e) *Klausurpunkte;*
- f) *Breitengrade auf der Erde;*
- g) *Geschlecht;*
- h) *Studienfach;*
- i) *Körpergröße;*
- j) *Nationalität;*
- k) *Fahrpreise;*
- l) *Handelsklasse von Obst.*

Aus den Erläuterungen zu den verschiedenen Skalen ergibt sich unmittelbar eine natürliche Rangordnung für die fünf genannten Skalen (wobei nur die Spezialfälle der Kardinalskala betrachtet werden).
Die Reihenfolge
   Nominalskala,
   Ordinalskala,
   Intervallskala,
   Verhältnisskala und
   Absolutskala
ergibt sich dadurch, dass jede Skala gegenüber der vorhergehenden wenigstens eine zusätzliche Ordnungseigenschaft aufweist. Einzelheiten dazu enthält F 2.3.22 (S. 33).

Man beachte, dass bei manchen Anwendungsfällen eine schwächere Skala für eine statistische Analyse ausreicht, wie die beiden folgenden Beispiele zeigen.

B 2.3.16 a) *Wird bei einer Befragung von Familien die Kinderzahl ermittelt und ist allein die Unterscheidung (und nicht die Reihenfolge) der Familien nach der Kinderzahl von Interesse, so reichen die Ordnungskriterien der Nominalskala für die Analyse aus.*
b) *Für die Messung von Temperaturen reicht oft eine Ordinalskala aus. Man begnügt sich dann mit Angaben wie „wärmer als" oder „kälter als".*

b) Skalentransformation

Bei der Erfassung und Aufbereitung statistischer Daten werden die Werte einer Skala manchmal in Werte einer anderen Skala transformiert.

D 2.3.17
> **Skalentransformation**
> Unter einer Skalentransformation versteht man die Übertragung von Skalenwerten in Werte einer anderen Skala, wobei die Ordnungseigenschaften der Skala erhalten bleiben müssen.

B 2.3.18 a) *Die Werte „männlich" und „weiblich" einer Nominalskala können in die Werte „0" und „1" transformiert werden, z. B. für die computerunterstützte Auswertung von Daten. Eine solche „Verschlüsselung" entspricht einer Skalentransformation.*
b) *Rechnet man Temperaturen von Celsius in Fahrenheit um, dann führt man eine Skalentransformation durch.*
c) *Die Umrechnung einer Währung in eine andere oder von Längenmaßen (z. B. Meter in Yards) bedeutet ebenfalls eine Skalentransformation.*

Um bei einer Skalentransformation die Skaleneigenschaften zu erhalten ist Folgendes zu beachten:

Jede Transformation einer Nominalskala muss eineindeutig bzw. umkehrbar eindeutig sein.

B 2.3.19 *Werden die Werte „ledig", „verheiratet", „geschieden" und „verwitwet" in die Werte „A", „B", „C" und „D" transformiert, dann ist diese Transformation eineindeutig bzw. umkehrbar eindeutig. Nicht zulässig wäre die Transformation von zwei verschiedenen Werten bzw. Ausprägungen in denselben Buchstaben.*

Jede Transformation einer Ordinal- bzw. Rangskala muss eineindeutig und streng monoton sein. Die Eineindeutigkeit wird bereits bei der Nominalskala verlangt. Durch die Forderung der strengen Monotonie wird erreicht, dass die Ordnung bzw. Reihenfolge der Skalenwerte durch die Transformation nicht verändert wird.

B 2.3.20 *Werden die Schulnoten „sehr gut", „gut" usw. in die Zahlenwerte „1", „2" usw. transformiert, dann liegt eine eineindeutige und monotone Transformation vor, denn die einander zugeordneten Werte haben in beiden Skalen die gleiche Reihenfolge.*

Für eine **Kardinalskala bzw. metrische Skala** sind **nur lineare Transformationen** zulässig. Sind x_i die Werte einer Kardinalskala, dann können diese nur mit Hilfe einer Gleichung der Form $y_i = dx_i + e$ in die Werte y_i einer anderen Skala transformiert werden. Dabei gelten für die Spezialfälle der Kardinalskala folgende Bedingungen:

2.3 Messbarkeitseigenschaften von Merkmalen und Skalen

Transformation einer Intervallskala: $y_i = dx_i + e$; $d > 0$, e beliebig.

Transformation einer Verhältnisskala: $y_i = dx_i + e$; $d > 0$, $e = 0$.

Transformation einer Absolutskala: $y_i = dx_i + e$; $d = 1$, $e = 0$.

B 2.3.21 a) *Die Umrechnung von Grad Celsius in Grad Fahrenheit gemäß* $y[°F] = 1,8[°C] + 32$ *ist eine lineare Transformation einer Intervallskala.*
b) *Die Umrechnung einer Währung in eine andere oder die Umrechnung von Meter in Yards entspricht der Transformation einer Verhältnisskala.*

Eine Übersicht über die Skalen und ihre Eigenschaften gibt die Tabelle in F 2.3.22. Die Tabelle enthält auch Angaben zu den Skalentransformationen.

		Übersicht über die Skaleneigenschaften	
		Unterscheidungsmöglichkeiten für die Skalenwerte a, b und c	Transformierbarkeit
	Nominalskala (qualitative Merkmale)	$a = b$ oder $a \neq b$	eineindeutig
	Rang- oder Ordinalskala (intensitätsmäßige Merkmale)	$a = b$ oder $a < b$ oder $a > b$	streng monoton
Kardinalskala oder metrische Skala (quantitative Merkmale)	Intervallskala	$a = b$ oder $a < b$ oder $a > b$ und $b-a = c-b$ oder $b-a < c-b$ oder $b-a > c-b$	linear $y_i = dx_i + e$
	Verhältnisskala	$a = b$ oder $a < b$ oder $a > b$ und $b-a = c-b$ oder $b-a < c-b$ oder $b-a > c-b$ und $b:a = c:b$ oder $b:a < c:b$ oder $b:a > c:b$	linear $y_i = dx_i$
	Absolutskala	$a = b$ oder $a < b$ oder $a > b$ und $b-a = c-b$ oder $b-a < c-b$ oder $b-a > c-b$ und $b:a = c:b$ oder $b:a < c:b$ oder $b:a > c:b$ und $a = aE$, wobei E eine natürliche Einheit ist	identisch $y_i = x_i$

F 2.3.22 Übersicht über die Skaleneigenschaften

Führt eine Skalentransformation dazu, dass qualitative Merkmale in eine „Zahlenskala" transformiert werden, dann ist darauf zu achten, dass die erhaltenen Daten nicht falsch interpretiert bzw. fehlerhaft weiterverarbeitet werden. Das ist z. B. der Fall, wenn man für die Auswertung einer Befragung die Ausprägungen des Merkmals „Geschlecht" über Zahlen erfasst (siehe B 2.3.18a). Es besteht dann sehr leicht die Gefahr, dass die Daten als „rechenbare" Größen aufgefasst und so verarbeitet werden, als wenn es sich um quantitative Daten handelt. Man spricht in diesem Zusammenhang auch von **Pseudo**kardinalskalen.

c) Häufbarkeit

Bei manchen statistischen Untersuchungen kommt es vor, dass bei den statistischen Einheiten mehrere Ausprägungen eines Merkmals beobachtet werden können.

B 2.3.23 a) *Erlernter Beruf: Koch* und *Industriekaufmann*.
b) *Unfallursache: überhöhte Geschwindigkeit* und *Trunkenheit am Steuer*.
c) *Krankheit: Lungenentzündung* und *Kreislaufschwäche*.

D 2.3.24
> **Häufbares Merkmal**
> Ein Merkmal heißt häufbar, wenn an derselben statistischen Einheit mehrere Ausprägungen des betreffenden Merkmals vorkommen können.

Bei einem häufbaren Merkmal muss man bei der Datenerhebung „Mehrfachnennungen" zulassen.

Ü 2.3.25 *Welche der folgenden Merkmale sind häufbar?*
 a) *Körpergröße;* b) *Schulbildung;* c) *Alter;*
 d) *Ursache bei Verkehrsunfällen;* e) *Kinderzahl;* f) *Augenfarbe;*
 g) *ausgeübter Beruf;* h) *Freizeitbeschäftigung.*

d) Diskrete und stetige Merkmale

Bei metrisch messbaren Merkmalen ist mitunter die Unterscheidung in diskrete und stetige Merkmale wichtig.

D 2.3.26
> **Diskretes Merkmal**
> Ein metrisch messbares Merkmal, das abzählbar viele Ausprägungen besitzt, heißt diskret.

Ein diskretes Merkmal kann nur einzelne Zahlenwerte annehmen, Zwischenwerte sind unmöglich. Insbesondere sind alle Merkmale diskret, deren Werte man durch Zählen ermittelt.

D 2.3.27
> **Stetiges Merkmal**
> Ein metrisch messbares Merkmal, das überabzählbar viele Ausprägungen besitzt, heißt stetig.

Ein stetiges Merkmal kann wenigstens in einem Intervall der reellen Zahlen jeden beliebigen Wert annehmen. Bei ausreichend genauen Messinstrumenten sind z. B. alle Merkmale stetig, die als Gewicht, Länge oder Volumen gemessen werden.

B 2.3.28 a) *Diskrete Merkmale sind z. B.:*
- *Kinderzahl,*
- *Augenzahl beim Würfeln,*
- *Anzahl Verkehrsunfälle,*
- *Anzahl Einwohner einer Stadt,*
- *Gehalt.*

Letzteres, weil es bei allen Geldgrößen eine kleinste Einheit gibt.

b) *Stetige Merkmale sind z. B.:*
- *Körpergröße,*
- *Alter,*
- *Gewicht,*
- *Temperatur.*

Ü 2.3.29 Welche der folgenden Merkmale sind diskret und welche stetig?
a) *Geschwindigkeit von PKWs;*
b) *Anzahl der Mitarbeiter eines Betriebes;*
c) *Täglicher Bierkonsum der Studentin Paula;*
d) *Einkommen;*
e) *Zeitdauer für die Beschleunigung eines PKWs von 0 auf 100 km/h;*
f) *Punkte in einer Klausur;*
g) *Anzahl der Bücher in einer Bibliothek.*

e) Klassierung von Merkmalsausprägungen

Bei vielen Untersuchungen ist die Erfassung und Auszählung aller einzelnen Merkmalsausprägungen nicht sinnvoll oder nicht möglich, weil
- die Anzahl der Merkmalsausprägungen zu groß ist,
- das Merkmal stetig ist oder
- die Übersichtlichkeit bei der Darstellung und der Aufbereitung der Daten verloren geht.

B 2.3.30 a) *Bei einer Untersuchung der Einkommensverteilung in Deutschland wird man die Einkommensbeträge der einzelnen Einkommensbezieher nicht bis auf den Cent genau erfassen, sondern wird auf ganze € oder sogar 10 € oder 100 € auf- bzw. abrunden.*
b) *Bei einer Erhebung von Altersangaben von Personen wird das Alter üblicherweise nicht auf Sekunden genau erfasst, sondern nur bis auf Tage, Monate oder Jahre.*

R 2.3.31

> **Merkmalsklassen**
> Sollen bei einer Erhebung oder bei der Aufbereitung von Daten nicht alle möglichen Merkmalsausprägungen einzeln erfasst werden, dann werden benachbarte Merkmalsausprägungen zu einer Klasse zusammengefasst.

Eine Klasse wird in der Regel durch zwei Grenzen bestimmt, die **untere Klassengrenze** (x_{j-1}^*) und die **obere Klassengrenze** (x_j^*). Um alle Beobachtungswerte eindeutig einer Klasse zuordnen zu können, ist es üblich, jeweils eine Klassengrenze (die untere oder die obere) der betreffenden Klasse mit zuzurechnen, während die jeweils andere Klassengrenze zur entsprechenden Nachbarklasse gehört.

Also **nicht:**	sondern:	oder:
10 bis 11	über 10 bis 11	10 bis unter 11
11 bis 12	über 11 bis 12	11 bis unter 12
12 bis 13	über 12 bis 13	12 bis unter 13

Im ersten Fall ist es nicht möglich, die Werte 11 und 12 eindeutig einer Klasse zuzuordnen, da diese Werte jeweils zu zwei benachbarten Klassen gehören.

Die Differenz zweier aufeinander folgender Klassengrenzen $(x_j^* - x_{j-1}^*)$ heißt **Klassenbreite**.

Nach Möglichkeit sollen alle Klassen gleich breit sein. In manchen Fällen ist die Verwendung gleich breiter Klassen jedoch nicht sinnvoll, wie das folgende Beispiel zeigt.

B 2.3.32 *Die folgende Tabelle enthält Einkommensklassen, wie sie von der amtlichen Statistik zur Darstellung des monatlichen Einkommens von Einkommensbeziehern verwendet werden. Da im Bereich höherer Einkommen immer weniger Einkommensbezieher zu finden sind, werden immer breitere Klassen verwendet.*

von	bis unter
1	2.400
2.400	4.800
4.800	7.200
7.200	9.600
9.600	12.000
12.000	16.000
16.000	20.000
20.000	25.000
25.000	36.000
36.000	50.000
50.000	75.000
75.000	100.000
100.000	und mehr

Grundsätzlich wird man dann ungleich breite Klassen verwenden, wenn sehr viele Beobachtungswerte in einem kleinen Bereich der Merkmalsausprägungen liegen und ein geringer Rest in einem sehr weiten Bereich. In dem kleinen Bereich vieler Werte wird man sehr fein klassieren, während man in dem übrigen Bereich breite Klassen wählen kann (siehe B 2.3.32).

Für die Auswertung von statistischen Daten (z. B. Berechnung von Mittelwerten) ist es häufig notwendig, einen für eine Klasse repräsentativen Wert zu haben. Dafür verwendet man üblicherweise die **Klassenmitte** $\frac{1}{2}(x_{j-1}^* + x_j^*)$. Eine Ausnahme davon wird gemacht, wenn das Alter in ganzen Jahren angegeben wird. Man verwendet dann üblicherweise die untere Klassengrenze als repräsentativen Wert, denn die „Klasse" der 39-jährigen umfasst alle Personen von „39 bis unter 40" Jahren.

Bei Klassenbildung erfolgt eine Zusammenfassung von Merkmalsausprägungen. Damit ist zwangsläufig ein Verlust an Information verbunden, da sich die genauen Ausprägungen der in eine Klasse fallenden Merkmalswerte nachträglich nicht feststellen lassen. **Im Allgemeinen geht man davon aus, dass sich alle Beobachtungswerte einer Klasse gleichmäßig über diese Klasse verteilen** (so genannte „Gleichverteilungsannahme"). Für diesen Fall ist die Klassenmitte wirklich ein repräsentativer Wert für die jeweilige Klasse. Verzerrungen ergeben sich durch die Klassenbildung, wenn in allen Klassen die Beobachtungswerte jeweils überwiegend in den unteren oder überwiegend in den oberen Teil der Klasse fallen.

Eine Verwendung von Klassen liegt auch vor, wenn **gerundete Merkmalswerte** verwendet werden.

B 2.3.33 *Werden Einkommensbeträge auf 10 € genau angegeben, dann werden z. B. alle Einkommen von 1.135,00 € bis 1.144,99 € zu einer Klasse zusammengefasst, da alle Einkommen aus diesem Bereich auf 1.140 € gerundet werden.*

Die Anzahl der zu bildenden Klassen und die Breite der Klassen ergeben sich aus der jeweiligen Aufgabenstellung. Allgemeingültige Regeln lassen sich hierfür nicht angeben. Im Normblatt DIN 55302 finden sich zwar Hinweise für die Mindestanzahl von Klassen in Abhängigkeit von der Anzahl der Beobachtungswerte, aber die Anwendung dieser Richtlinien würde bei vielen Fragestellungen zu unzweckmäßigen Klassenbildungen führen.

Sofern das jeweilige Problem es zulässt, sollten alle Klassen die gleiche Breite haben.

Ein besonderes Problem im Zusammenhang mit der Klassierung von Merkmalsausprägungen sind **offene Randklassen**. Diese entstehen, wenn zu der ersten bzw. letzten der geordneten Klassen keine untere bzw. obere Klassengrenze angegeben wird. Offene Randklassen wird man immer dann verwenden, wenn im unteren und/oder im oberen Bereich der Merkmalsausprägungen sehr große Intervalle nur sehr schwach besetzt sind. Die Tabelle in B 2.3.32 enthält als letzte Klasse eine offene Randklasse. Schwierigkeiten bei der Behandlung von offenen Randklassen ergeben sich vor allem bei der Angabe eines repräsentativen Wertes, denn eine „Klassenmitte" gibt es für diese Klassen nicht. Als „Klassenmitte" verwendet man dann

- den Wert, der sich bei gleichen Abständen aller Klassenmitten ergibt,
- einen geschätzten bzw. vermuteten Wert, oder, falls möglich,
- den aus den ursprünglichen in diese Klasse fallenden Beobachtungswerten berechneten tatsächlichen Mittelwert der Klasse.

B 2.3.34 *In der folgenden Tabelle lassen sich für die abgeschlossenen Klassen die Klassenmitten leicht angeben. Für die obere offene Randklasse kann man als Klassenmitte 650 verwenden, oder „vermuten", dass 680 ein „richtiger" Wert ist, oder, falls die in diese Klasse fallenden Beobachtungswerte bekannt sind, aus diesen einen Mittelwert berechnen.*

Klasse	200 bis unter 300	300 bis unter 400	400 bis unter 500	500 bis unter 600	600 und mehr
Klassenmitte	250	350	450	550	

Die Anwendung der üblichen Rundungsregeln führt in vielen Fällen dazu, dass die angegebenen Klassengrenzen und die angegebenen Klassenmitten nicht mit den tatsächlichen Klassengrenzen und den tatsächlichen Klassenmitten übereinstimmen, wie das folgende Beispiel zeigt.

B 2.3.35 *Bei der Messung der Körpergröße von Personen werden an einer Messlatte millimetergenaue Werte abgelesen. Für die Eintragung in den Erhebungsbogen werden die Werte auf ganze cm gerundet. Bei der weiteren Verarbeitung werden für die Körpergrößen Klassen gebildet. In eine Klasse „von 170 cm bis unter 180 cm" fallen dann alle Körpergrößenwerte von 169,5 cm bis unter 179,5 cm. Bei der Ablesung und der nachfolgenden Rundung werden nämlich Werte von 169,5 cm auf 170 cm gerundet. Sie gehören damit zu der angegebenen Klasse. Werte von 179,5 cm werden auf 180 cm gerundet und fallen somit in die nächste Klasse. Die tatsächlichen Klassengrenzen sind somit 169,5 cm und 179,5 cm. Die tatsächliche Klassenmitte ist 174,5 cm und nicht, wie man aus der Klasse „von 170 cm bis unter 180 cm" bestimmt, der Wert 175 cm.*

Die Beobachtungswerte metrisch messbarer Merkmale werden in sehr vielen Fällen gerundet. Deshalb muss in Zweifelsfällen angegeben werden, wie viele **geltende** Ziffern eine Zahl hat.

B 2.3.36 *Die Angabe 4.750.000 lässt nicht erkennen, ob genau 4.750.000 gemessen wurde oder ob auf 10.000 gerundet wurde. In letzterem Fall kann sich hinter der Angabe jeder Wert von 4.745.000 bis 4.754.999 verbergen. Schreibt man dagegen 4,75 Millionen, dann wird deutlich, dass der Wert auf 10.000 gerundet wurde, da nur 2 Nachkommastellen verwendet wurden. Liegt ein auf 10.000 gerundeter Wert vor, dann hat die Zahl 4.750.000 nur drei geltende Ziffern. Ist die Angabe 4.750.000 dagegen genau, dann hat die Zahl sieben geltende Ziffern.*

Das Beispiel zeigt deutlich, dass in vielen Fällen erst durch die Angabe der geltenden Ziffern die Genauigkeit von Zahlen ersichtlich wird.

R 2.3.37
> **Geltende Ziffern bei Rechenoperationen**
> Beim Multiplizieren, Dividieren und Wurzelziehen kann das Ergebnis nie mehr geltende Ziffern haben als die Zahl mit der geringsten Anzahl geltender Ziffern.

Diese Regel ist immer dann zu beachten, wenn man es mit gerundeten Zahlen zu tun hat, wie das folgende Beispiel zeigt.

B 2.3.38 *Es ist* 6,45 · 3,4 = 21,93. *Sind beide Faktoren gerundet worden, dann kann zu* 6,45 *der tatsächliche Wert im Intervall von* 6,445 *bis unter* 6,455 *und zu* 3,4 *im Intervall von* 3,35 *bis unter* 3,45 *liegen. Es gilt nun* 6,445 · 3,35 = 21,59075 *und* 6,455 · 3,45 = 22,26975. *Das „wahre" Ergebnis des Produktes liegt also im Intervall mit den Grenzen* 21,59075 *und* 22,26975. *Es reicht deshalb aus, wenn man das Ergebnis des Produkts* 6,45 · 3,4 *auf zwei geltende Ziffern genau, also* 22, *angibt.*

2.4 Reihen, Häufigkeiten und Verteilungen

a) Statistische Reihen

D 2.4.1
> **Statistische Reihe**
> Werden die bei einer statistischen Untersuchung erhobenen Beobachtungswerte nacheinander aufgeschrieben, so erhält man eine statistische Reihe.
> Es werden geordnete und ungeordnete statistische Reihen unterschieden.

B 2.4.2 *Die Befragung von* 10 *Personen nach ihrem Alter hat die ungeordnete Reihe* 52, 26, 17, 48, 38, 36, 25, 21, 64, 31 *und die geordnete Reihe* 17, 21, 25, 26, 31, 36, 38, 48, 52, 64 *ergeben.*

Die Ordnung der Reihenwerte richtet sich nach den Messbarkeitseigenschaften der Skala, mit der das Merkmal gemessen wurde. Bei einer metrischen Skala ordnet man meist der Größe nach, bei einer Ordinalskala entsprechend der zu Grunde liegenden Rangordnung. Bei einer Nominalskala werden Beobachtungswerte mit gleicher Merkmalsausprägung zusammengefasst, im Übrigen ist die Reihenfolge willkürlich. Oft wird sie nach den Häufigkeiten (s.u.) festgelegt.

Eine besondere Form der statistischen Reihe ergibt sich, wenn zu einem bestimmten Phänomen Beobachtungswerte zu verschiedenen Zeitpunkten bzw. für verschiedene Zeitintervalle erhoben werden. Das ist beispielsweise der Fall, wenn im Zeitablauf die Anzahl der Einheiten, die zu einer Bestandsmasse oder zu einer Ereignismasse gehören, erfasst werden.

D 2.4.3
> **Zeitreihe**
> Eine statistische Reihe von Beobachtungswerten zu einem bestimmten Phänomen, die für aufeinander folgende Zeitpunkte oder Zeitintervalle erhoben werden, heißt Zeitreihe.

2.4 Reihen, Häufigkeiten und Verteilungen

Der Untersuchung von Zeitreihen, die insbesondere im Zusammenhang mit Prognosen eine große Rolle spielen, ist in dieser Einführung in die beschreibende Statistik das Kapitel 5 gewidmet, so dass an dieser Stelle auf Einzelheiten nicht weiter eingegangen wird.

Interessiert man sich für 2, 3 oder allgemein n Merkmale der untersuchten statistischen Einheiten, dann erhält man eine Reihe von Merkmalspaaren, Merkmalstripeln oder n-Tupeln von Merkmalen.

B 2.4.4 *Fünf Personen werden nach ihrem Alter (in Jahren), ihrem Körpergewicht (in kg), ihrem Geschlecht (m, w) und ihrem monatlichen Nettoeinkommen (in €) befragt. Als Ergebnis bekommt man*: (28;67;m;2.657), (44;83;w;3.137), (38;56;m;4.897), (76;112;m;3.352), (32;49;w;2.863).

b) Häufigkeiten

In statistischen Reihen kommen meistens einige oder sogar alle Merkmalsausprägungen mehrmals vor. Das gilt insbesondere dann, wenn sehr viele Beobachtungswerte vorliegen oder wenn man es mit nur wenigen Merkmalsausprägungen zu tun hat.

D 2.4.5
> **Absolute Häufigkeit**
> Die Anzahl der Beobachtungswerte mit der Merkmalsausprägung x_j heißt absolute Häufigkeit der Merkmalsausprägung und wird mit $h(x_j)$ bezeichnet.

Die absolute Häufigkeit jeder Merkmalsausprägung kann in Beziehung zu der Gesamtzahl n der Beobachtungswerte gesetzt werden.

D 2.4.6
> **Relative Häufigkeit**
> Der relative (prozentuale) Anteil der absoluten Häufigkeit $h(x_j)$ einer Merkmalsausprägung x_j an der Gesamtzahl n der Beobachtungswerte heißt relative Häufigkeit und wird mit $f(x_j)$ bezeichnet.
> Es gilt:
> $$f(x_j) = \frac{h(x_j)}{n}$$
> bzw.
> $$f(x_j) = \frac{h(x_j)}{n} \cdot 100\%$$

Die relativen Häufigkeiten können also als Dezimalbrüche oder als Prozentzahlen angegeben werden, wobei dafür hier und im Folgenden dasselbe Symbol (f) verwendet wird.

B 2.4.7 *Von 80 Personen, die nach ihrem Wahlverhalten befragt wurden, haben 20 die Partei A gewählt.*
 Merkmalsausprägung x_j: „Partei A"
 Absolute Häufigkeit: $h(x_j) = 20$
 Relative Häufigkeit: $f(x_j) = \frac{20}{80} = 0{,}25$ *oder* 25%

Werden für die Merkmalsausprägungen Klassen gebildet, dann beziehen sich absolute und relative Häufigkeiten immer auf die jeweilige Klasse.

Für relative Häufigkeiten gelten im Allgemeinen folgende Eigenschaften:

(1) $f(x_j) \geq 0$

(2) $\sum_{j=1}^{m} f(x_j) = 1$ bzw. $\sum_{j=1}^{m} f(x_j) = 100\%$

Es ist zu beachten, dass als Bezugsgröße für relative Häufigkeiten manchmal nicht die Gesamtzahl der Beobachtungswerte, sondern die Gesamtzahl der erfassten statistischen Einheiten verwendet wird. Bei einem häufbaren Merkmal ist es dann möglich, dass die Bedingung (2) nicht mehr erfüllt ist, da an einer einzelnen statistischen Einheit mehrere Beobachtungswerte auftreten können (so genannte Mehrfachnennungen).

B 2.4.8 *200 Personen werden nach dem erlernten Beruf gefragt. 150 Personen geben „Industriekaufmann" an und 60 Personen geben „Bäcker" an. Bezieht man die Häufigkeiten auf die Anzahl der befragten Personen, dann erhält man 75% und 30% und als Summe 105%. Der Grund liegt darin, dass offensichtlich 10 Personen (oder 5%) sowohl Bäcker als auch Industriekaufmann erlernt haben.*

Viele Zeitreihen sind Reihen von absoluten Häufigkeiten. Es wird dabei nicht ein Merkmal, sondern eine bestimmte Merkmalsausprägung erfasst, und untersucht, wie sich die Häufigkeit für das Auftreten dieser Merkmalsausprägung in der Zeit entwickelt.

c) Verteilungen

In einer (geordneten oder ungeordneten) statistischen Reihe sind alle Beobachtungswerte einzeln aufgeführt. Bei umfangreichen statistischen Erhebungen führt das zu langen, unübersichtlichen Reihen.

Die erhobenen Daten lassen sich im Allgemeinen übersichtlicher darstellen, wenn man die aufgetretenen Merkmalsausprägungen nur einmal hinschreibt und dazu dann die Häufigkeit für das Auftreten der jeweiligen Merkmalsausprägung angibt.

D 2.4.9

> **Häufigkeitsverteilung**
> Die geordneten Merkmalsausprägungen und die zugehörigen (absoluten oder relativen) Häufigkeiten ergeben die Verteilung oder Häufigkeitsverteilung des betreffenden Merkmals.

B 2.4.10 *20 Personen wurden nach dem Schulabschluss befragt. Man erhielt als Ergebnis (H = Hauptschule; FO = Fachoberschule; A = Abitur; FH = Fachhochschule; U = Universität):*
A; A; FO; H; H; FH; U; U; FH; H; FH; U; FO; A; U; FH; U; FO; H.
Als Häufigkeitsverteilung ergibt sich:

Schulabschluss x_j	H	FO	A	FH	U
absolute Häufigkeit $h(x_j)$	5	3	3	4	5
relative Häufigkeit $f(x_j)$	25%	15%	15%	20%	25%

2.4 Reihen, Häufigkeiten und Verteilungen

Bei der praktischen Ermittlung von Häufigkeiten aus gegebenem Datenmaterial geht man bei manueller Auswertung meistens so vor, dass man die Häufigkeiten über eine so genannte Strichliste auszählt. Für jedes Auftreten einer Merkmalsausprägung macht man einen Strich, und je 5 Beobachtungswerte fasst man wie folgt zusammen: ////.

B 2.4.11 *Bei einer Betriebszählung wurde von 30 Betrieben u. a. die Anzahl der Beschäftigten ermittelt*:
12, 438, 623, 187, 216, 25, 98, 100, 617, 367, 560, 116, 270, 304, 36, 87, 54, 124, 517, 410, 160, 125, 44, 76, 62, 260, 342, 570, 520, 234.
Für die Beschäftigtenzahl der Betriebe sollen Klassen gebildet werden und zwar 1 *bis* 100, 101 *bis* 200 *usw*.
Für die Strichliste und die Häufigkeiten ergibt sich:

Klassen-Nr.	Klasse	Strichliste	absolute Häufigkeit $h(x_j)$	relative Häufigkeit $f(x_j)$
1	1 bis 100	//// ////	10	33,33%
2	101 bis 200	////	5	16,67%
3	201 bis 300	////	4	13,33%
4	301 bis 400	///	3	10,00%
5	401 bis 500	//	2	6,67%
6	501 bis 600	////	4	13,33%
7	601 bis 700	//	2	6,67%

Wird nur ein einzelnes Merkmal betrachtet, dann erhält man eine **eindimensionale Häufigkeitsverteilung**. Mit eindimensionalen Verteilungen beschäftigt sich Kapitel 3.

Eine **mehrdimensionale Häufigkeitsverteilung** ergibt sich, wenn die gemeinsame Verteilung mehrerer Merkmale betrachtet wird.

B 2.4.12 *Bei einer Befragung von* 12 *Haushalten wurden u. a. Religionszugehörigkeit des Haushaltsvorstands sowie Anzahl der Kinder ermittelt. Für die gemeinsam auftretenden Merkmale (Religionszugehörigkeit, Anzahl der Kinder) haben sich die folgenden Beobachtungswerte ergeben* (E = *evangelisch*; K = *katholisch*):
(E;1), (E;3), (K;3), (K;2), (E;2), (E;2), (K;2), (E;2), (K;3), (K;3), (K;1), (K;3).
Damit ergibt sich folgende zweidimensionale Häufigkeitsverteilung.

		Religionszugehörigkeit	
		E	K
Kinderzahl	1	1	1
	2	3	2
	3	1	4

Mehrdimensionale, insbesondere zweidimensionale Verteilungen, bei denen es vor allem um die Frage des Zusammenhangs zwischen Merkmalen geht, werden in Kapitel 4 behandelt.

2.5 Tabellarische und grafische Darstellung von Daten

a) Aufbau einer Tabelle

Eine **Tabelle** dient der **systematischen und übersichtlichen Zusammenstellung von Daten**. Beispiele für Tabellen finden sich bereits in den vorhergehenden Abschnitten. Nach den Vorschriften des Normblatts DIN 55301 hat eine Tabelle generell den in F 2.5.1 skizzierten Aufbau.

F 2.5.1 Aufbau einer Tabelle (nach DIN 55301)

B 2.5.2 *In der folgenden Tabelle sind Wahlergebnisse einer Kommunalwahl zusammengestellt.*

Partei	Anzahl Wähler	Stimmenanteil	Stimmenanteil bei Männern	Stimmenanteil bei Frauen
CDU	36.729	42,60%	41,02%	44,06%
SPD	32.183	37,33%	39,28%	35,53%
F.D.P.	6.549	7,60%	7,36%	7,81%
Grüne	7.081	8,21%	8,65%	7,81%
sonstige	3.672	4,26%	3,69%	4,79%
Summe	86.214	100,00%	100,00%	100,00%

Können Felder in einer Tabelle nicht ausgefüllt werden, so sind folgende Symbole üblich:
- × Angabe kann nicht gemacht werden bzw. ist geheim.
- − Der Zahlenwert beträgt genau Null.
- 0 Zahlenwert ist größer als Null, lässt sich aber in den Einheiten der Tabelle nicht angeben (werden z. B. Angaben in vollen Millionen € gemacht, dann ist ein Betrag von € 15.000 in dieser Einheit nicht mehr ausdrückbar und man schreibt in der Tabelle 0 (Millionen €)).
- ... Angabe kann erst später gemacht werden.

Bei der Anfertigung von Tabellen ist auf Übersichtlichkeit, leichte Lesbarkeit und unmissverständliche Bezeichnungen zu achten. Gegen diese Grundregel wird häufig verstoßen. Es gibt immer wieder Tabellen, die unübersichtlich und schwer lesbar sind oder bei denen die Beschriftung so unzulänglich ist, dass unklar bleibt, was in der Tabelle eigentlich dargestellt wird.

Bei mehr als zwei Merkmalen ist es im Allgemeinen schwierig, einen übersichtlichen Tabellenaufbau zu finden. Dabei ist darauf zu achten, dass eventuell gewünschte Zwischensummen

2.5 Tabellarische und grafische Darstellung von Daten

eindeutig ausgewiesen werden und dass keine überflüssigen oder unsinnigen Zwischensummen gebildet werden. Zweckmäßig ist es, die Spalten und eventuell auch die Zeilen der Tabellen zu nummerieren, wobei die Nummern üblicherweise in Klammern gesetzt werden.

B 2.5.3 *Die Studentenschaft zweier Fakultäten einer Universität soll nach Semesterzahl, Heimatland und Fakultätszugehörigkeit gegliedert werden, und zwar in folgender Weise*:

Semesterzahl	Heimatland	Fakultät
1.-4. Semester	*Deutschland* (d)	*Rechts-/Staatswiss.* (R)
5.-8. Semester	*Ausland* (a)	*Math.-Naturwiss.* (N)
9. und höheres Semester		

Für den Aufbau der Tabelle und eine zweckmäßige Anordnung der Merkmale gibt es keine allgemeingültigen Regeln. Es ist jedoch darauf zu achten, dass alle verlangten Angaben, insbesondere auch Zwischensummen, ohne Schwierigkeiten der Tabelle entnommen werden können.

	R			N			Insgesamt		
	d	a	(1)+(2)	d	a	(4)+(5)	d (1)+(4)	a (2)+(5)	(7)+(8)
	(1)	(2)	(3)	(4)	(5)	(6)	(7)	(8)	(9)
1.-4. Sem.									
5.-8. Sem.									
höheres Sem.									
gesamt									

Dass die Bestimmung irreführender Zwischensummen tatsächlich vorkommt, zeigt folgendes Beispiel.

B 2.5.4 *Die nachfolgende Tabelle enthält einen Ausschnitt aus einer Hörerstatistik des Bundesverbandes Deutscher Verwaltungs- und Wirtschaftsakademien.*

	SS	WS	SS und WS
München	1.098	1.363	2.461
Würzburg	129	116	245
Nürnberg	306	296	602
Regensburg	269	103	372
Augsburg	359	353	712
Bayern gesamt	2.161	2.231	4.392

In der letzten Spalte sind die Hörer des Sommer- und des Wintersemesters addiert. Hierbei handelt es sich zum größten Teil um Doppelzählungen, da die wenigsten Studenten nur ein Semester studieren. Diese Summenbildung ist nur sinnvoll, wenn nicht „Studenten" sondern „Studentensemester" erfasst werden.

Ü 2.5.5 *Für folgende Fragestellungen sind übersichtliche Tabellenschemata zu entwerfen.*
a) *Kraftfahrzeugzulassungszahlen, gegliedert nach der Zeit, nach Fabrikaten und nach Typen eines Fabrikats;*
b) *Umsatzzahlen eines Zeitschriftenverlags, aufgegliedert nach Zeitschriften, Absatzgebieten und Monaten.*

b) Grafische Darstellung von Daten

Häufig wird statistisches Datenmaterial durch Bilder oder Zeichnungen veranschaulicht. Derartige Darstellungen findet man z. B. in den Wirtschaftsteilen der Tageszeitungen, aber auch in anderen Medien (Illustrierte, Magazine, Fernsehen usw.). F 2.5.6 zeigt zwei Beispiele.

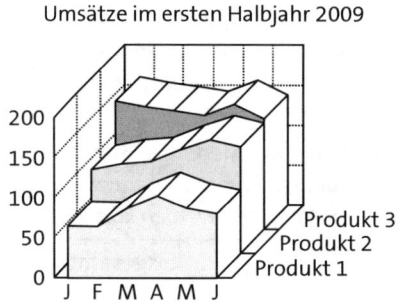

Erwerbstätige	Männer	Frauen
Industrie	👥👥👥👥👥👥	👥👥👥
Dienstleistung	👥👥👥👥👥👥	👥👥👥👥👥
Selbständig	👥👥	👥
Landwirtschaft	👥	👥
sonstige	👥👥	👥

F 2.5.6 Beispiele für grafische Darstellungen statistischer Daten

Daten oder Verteilungen können grafisch unterschiedlich dargestellt werden. Am Beispiel der Zahlen 1 und 4 werden in F 2.5.7 die prinzipiellen Möglichkeiten gezeigt, Häufigkeiten bzw. Maßzahlen darzustellen. Von diesen Grundformen gibt es verschiedene Modifikationen.

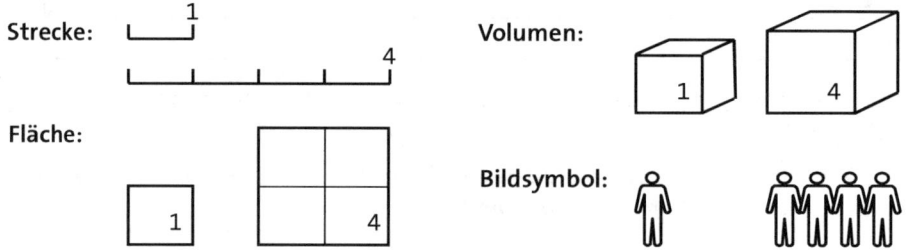

F 2.5.7 Möglichkeiten zur grafischen Veranschaulichung von Zahlen

Da es nicht möglich und nicht sinnvoll ist, in diesem Rahmen alle Einzelheiten und Probleme im Zusammenhang mit Diagrammen zu diskutieren, erfolgt nur eine kurze Beschreibung der wichtigsten Darstellungsformen.

D 2.5.8

> **Stabdiagramm und Säulendiagramm**
> Die grafische Darstellung von Häufigkeiten durch Höhe bzw. Länge von „Stäben" bzw. „Säulen" über einer horizontalen Achse, auf der die Merkmalsausprägungen aufgetragen sind (höhenproportionale Darstellung), heißt Stabdiagramm bzw. Säulendiagramm.
> Die Stäbe bzw. Säulen können gegebenenfalls noch unterteilt werden. Sie haben üblicherweise einen Zwischenraum.
> Stab- bzw. Säulendiagramme sind vor allem geeignet für nominal und ordinal messbare Merkmale.

2.5 Tabellarische und grafische Darstellung von Daten

Die folgende Abbildung zeigt je ein Beispiel.

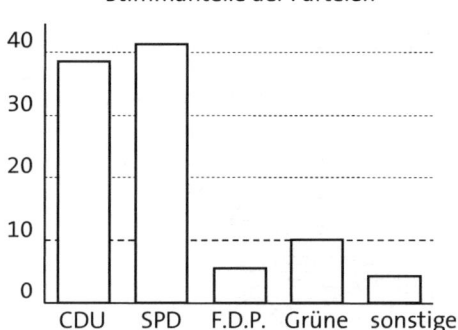
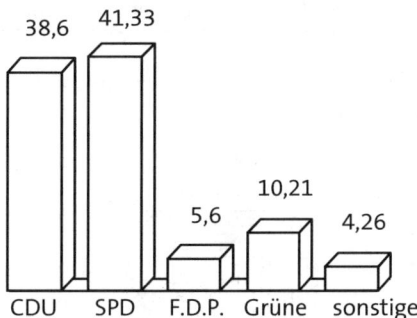

F 2.5.9 Stabdiagramm und Säulendiagramm

D 2.5.10

> **Liniendiagramm**
> Eine einem Stabdiagramm ähnliche grafische Darstellung, bei der die Häufigkeiten durch Längen von Strecken dargestellt werden, heißt Liniendiagramm.

Die nachfolgende Zeichnung zeigt ein Beispiel für ein Liniendiagramm.

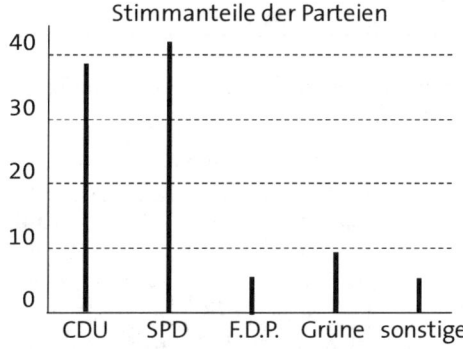

F 2.5.11 Linienendiagramm

D 2.5.12

> **Flächendiagramm**
> Die grafische Darstellung von Häufigkeiten durch Flächen (so genannte flächenproportionale Darstellung) heißt allgemein Flächendiagramm.

In dem folgenden Bild sind die Daten aus F **2.5.9** als Flächendiagramm dargestellt.

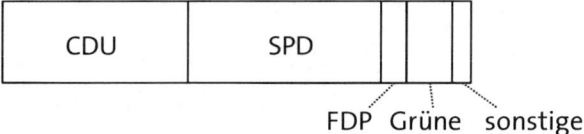

F 2.5.13 Flächendiagramm

D 2.5.14 Kreisdiagramm
Die grafische Darstellung von Häufigkeiten durch die sektorale Aufteilung einer Kreisfläche heißt Kreisdiagramm.

Die Gesamthäufigkeit kann beim Kreisdiagramm durch die gesamte Fläche des Kreises veranschaulicht werden.

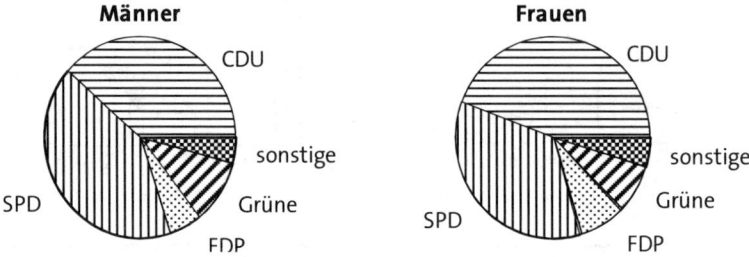

F 2.5.15 Kreisdiagramme (Stimmenanteile von Parteien bei einer Wahl)

D 2.5.16 Piktogramm
Die grafische Darstellung von Häufigkeiten durch unterschiedlich große Bildsymbole oder durch eine unterschiedliche Anzahl von Bildsymbolen heißt Piktogramm.

Piktogramme werden wegen ihrer großen Anschaulichkeit häufig verwendet, können aber nur grobe Aussagen liefern (vgl. F 2.5.17).

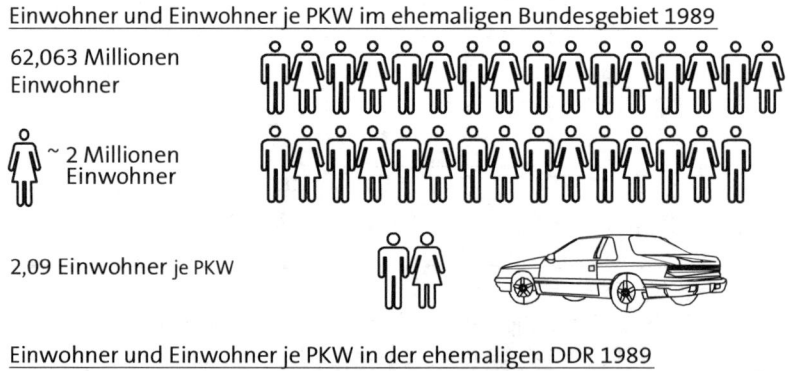

F 2.5.17 Piktogramm

2.5 Tabellarische und grafische Darstellung von Daten

D 2.5.18
> **Kartogramm**
> Die grafische Darstellung von Häufigkeiten innerhalb einer Landkarte heißt Kartogramm.

Für die eigentliche Darstellung der Häufigkeiten in einem Kartogramm können die bereits beschriebenen Diagrammformen verwendet werden. Das folgende Bild zeigt ein Beispiel.

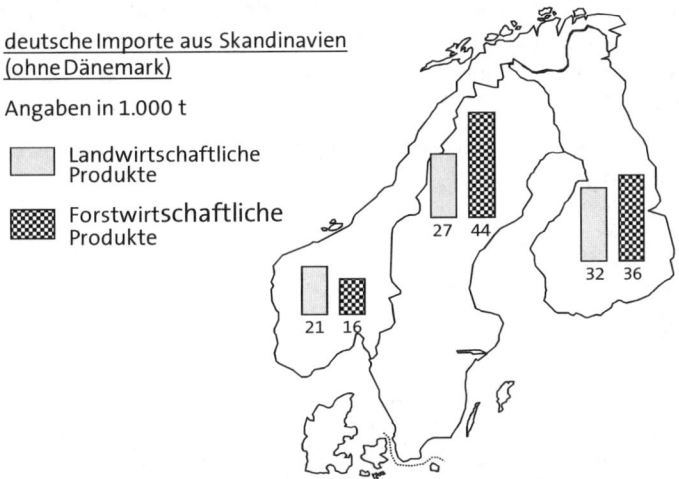

F 2.5.19 Kartogramm

D 2.5.20
> **Kurvendiagramm**
> Die grafische Darstellung von Häufigkeiten in einem Koordinatensystem durch Kurven bzw. geradlinig verbundene Punkte heißt Kurvendiagramm.

Kurvendiagramme werden z. B. zur Darstellung von Zeitreihen verwendet, wie in der folgenden Abbildung.

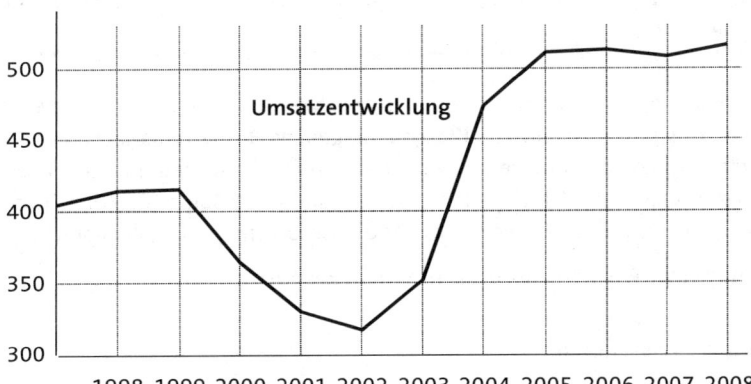

F 2.5.21 Kurvendiagramm einer Zeitreihe

D 2.5.22
> **Histogramm**
> Die grafische Darstellung der Häufigkeiten eines klassierten, quantitativen Merkmals durch rechteckige Flächen über den Klassen, wobei die **Größe der Flächen** den entsprechenden Häufigkeiten entspricht (flächenproportionale Darstellung), heißt Histogramm.

Man beachte unbedingt, dass bei einem Histogramm die Häufigkeiten nicht durch die Höhe der Rechtecke, wie bei einem Stabdiagramm, sondern durch deren Flächen dargestellt werden. Es ist deshalb auch nicht sinnvoll, zu einem Histogramm eine Ordinate (senkrechte Achse) zu zeichnen. B 2.5.23 zeigt ein Beispiel.

B 2.5.23 *In F 2.5.24 ist ein Histogramm für unterschiedlich breite Klassen dargestellt. Die Häufigkeiten sind für alle Klassen gleich groß.*

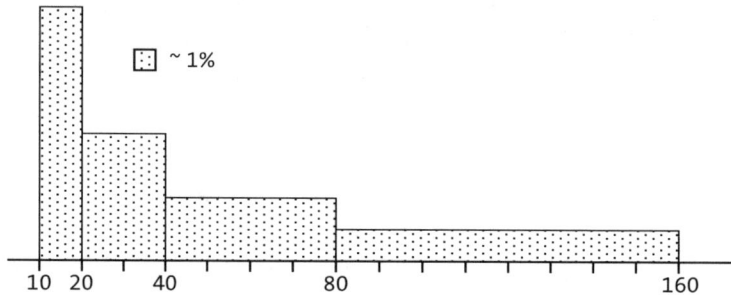

F 2.5.24 Histogramm für unterschiedlich breite Klassen

Nur wenn alle Klassen gleich breit sind und keine offenen Randklassen existieren entsprechen in einem Histogramm die Häufigkeiten auch der Höhe der Rechtecke. In diesem Fall ist dann das Einzeichnen einer Ordinate möglich.

D 2.5.25
> **Polygonzug**
> Die grafische Darstellung der Häufigkeiten eines klassierten, quantitativen Merkmals durch geradlinige Verbindung der Mittelpunkte der Flächenoberkanten eines Histogramms heißt Polygonzug.

Die Fläche unterhalb eines Polygonzugs soll der gesamten Häufigkeit entsprechen. **Ein Polygonzug ist deshalb nur sinnvoll, wenn alle Klassen die gleiche Breite haben.** Dabei ist zu beachten, dass der Polygonzug vor der unteren Grenze der ersten Klasse beginnt und nach der oberen Grenze der letzten Klasse der Häufigkeitsverteilung endet, da sonst die Forderung nicht erfüllt wird, dass die Fläche unterhalb des Polygonzugs der Gesamthäufigkeit entsprechen soll.

Anfang und Ende eines Polygonzugs bestimmt man wie folgt:

Es sei

$x_j^* - x_{j-1}^* = d$ die Klassenbreite,

x_0^* die untere Grenze der ersten Klasse und

x_k^* die obere Grenze der letzten Klasse.

Dann beginnt der Polygonzug bei $x_0^* - 0{,}5d$ und er endet bei $x_k^* + 0{,}5d$.

In B 2.5.26 und F 2.5.27 wird das an einem Beispiel verdeutlicht.

B 2.5.26 *In einer Stadt wurde für 200 Wohnungen der Mietpreis ermittelt*:

Mietpreis in €/qm	Anzahl der Wohnungen
13,50 *bis unter* 14,50	10
14,50 *bis unter* 15,50	30
15,50 *bis unter* 16,50	40
16,50 *bis unter* 17,50	100
17,50 *bis unter* 18,50	15
18,50 *bis unter* 19,50	5

Histogramm und Polygonzug dieser Verteilung sind in F 2.5.27 *dargestellt. Der Polygonzug beginnt bei* 13,00 (= 13,50−0,50) *und endet bei* 20,00 (= 19,50+0,50).

An F 2.5.27 *ist zu erkennen, dass der Polygonzug von* 13,00 *bis* 20,00 *geht, obwohl die tatsächlichen Beobachtungswerte der Mietpreise zwischen* 13,50 *und* 19,50 *gelegen haben.*

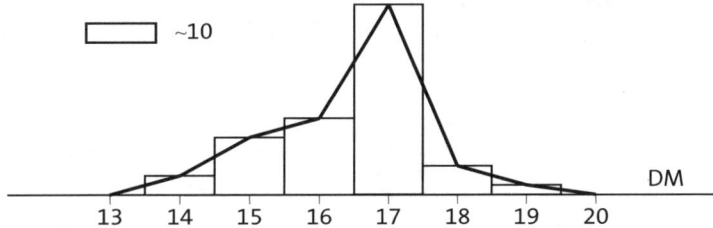

F 2.5.27 Histogramm und Polygonzug

An F 2.5.27 wird deutlich, dass die Grenzen des Polygonzugs unterhalb der untersten Klassengrenze x_0^* und oberhalb der obersten Klassengrenze x_k^* liegen. Das führt zu einer irreführenden Darstellung. Die durch die Häufigkeitsverteilung erfassten Beobachtungswerte liegen zwischen x_0^* und x_k^*. Durch den Polygonzug wird der irrige Eindruck erweckt, dass die Werte zwischen $x_0^* - 0{,}5d$ und $x_k^* + 0{,}5d$ liegen. Es wird also ein größerer Wertebereich vorgetäuscht. Aus diesem Grunde ist von der Verwendung von Polygonzügen im Zweifelsfall abzuraten.

<u>Anmerkung</u>: Es gibt in der Literatur bzw. im Internet Vorschläge, wie man einen Polygonzug auch bei ungleichen Klassenbreiten so zeichnen kann, dass die Fläche unterhalb des Polygonzugs der Gesamthäufigkeit entspricht. Die Konstruktion eines solchen Polygonzugs ist aufwändig.

Für das Beispiel in F 2.5.24 ist das in F 2.5.28 geschehen.

Man bestimmt zunächst die halbe Breite der ersten Klasse (in F 2.5.28 ist das 5) und beginnt den Polygonzug bei 10−5=5. Von der Grenze zwischen erster und zweiter Klasse 20 geht man um 5 nach rechts, also bis 25, und verbindet die Mitte der oberen Kante des Histogrammrechtecks der ersten Klasse mit der oberen Kante des Histogrammrechtecks der zweiten Klasse an der Stelle 25. Von dort zieht man eine Waagerechte bis zur Mitte, die man dann mit der oberen Kante des Histogrammrechtecks der dritten Klasse an der Stelle 50 (obere Klassengrenze der zweiten Klasse plus halbe Klassenbreite der zweiten Klasse) verbindet. Entsprechend wird weiter verfahren.

Der Polygonzug in F 2.5.28 beginnt bei 5 und endet bei 200. Die Beobachtungswerte haben aber im Bereich von 10 bis 160 gelegen. Auch hier täuscht der Polygonzug einen zu großen Wertebereich vor.

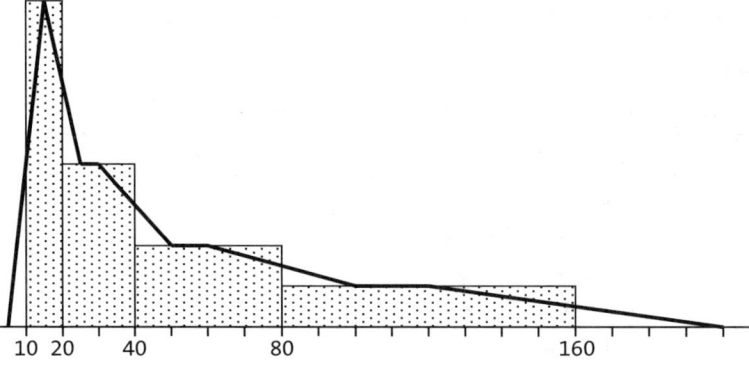

F 2.5.28 Polygonzug bei ungleich breiten Klassen

Mit grafischen Darstellungen können leicht optische Täuschungen erzeugt werden, die beim Betrachter falsche Assoziationen bzw. Schlüsse wecken. Auf diese Weise kann mit grafischen Darstellungen statistisches Material leicht manipuliert werden.

In F 2.5.29 sind beispielsweise dieselben Daten mit unterschiedlichen Maßstäben dargestellt. Dadurch werden bei spontaner Betrachtung unterschiedlich starke Anstiege assoziiert.

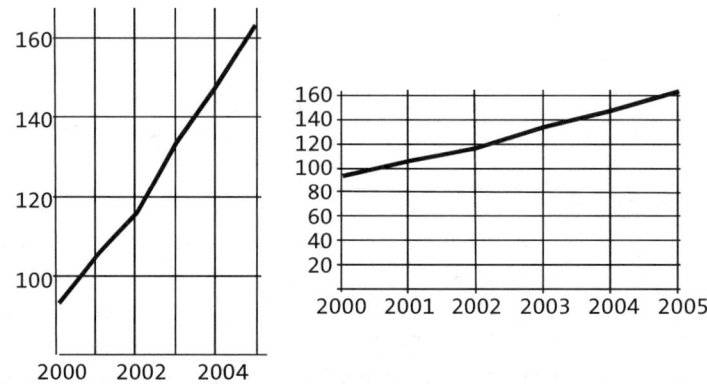

F 2.5.29 Kurvendiagramme mit unterschiedlichem Maßstab

Mitunter wird auch mit Grafiken vorsätzlich manipuliert, und zwar auch in (nach eigenen Angaben) seriösen Tageszeitungen, wie das Beispiel in F 2.5.30 zeigt[2]. Dargestellt ist die Verschuldung des Bundes. Für das letzte halbe Jahr wurde ein Intervall gewählt, das etwa drei Jahren entspricht. Es wurde also auf einer Zeitachse mit zwei Maßstäben gearbeitet. Dadurch wird der irreführende Eindruck erweckt, dass sich die Verschuldungszunahme abschwächt. Tatsächlich ist das Gegenteil der Fall, wie die korrekte Darstellung in F 2.5.31 zeigt.

---

[2] Das Beispiel wurde gegenüber dem Original aus einer überregionalen Tageszeitung leicht verändert.

2.5 Tabellarische und grafische Darstellung von Daten

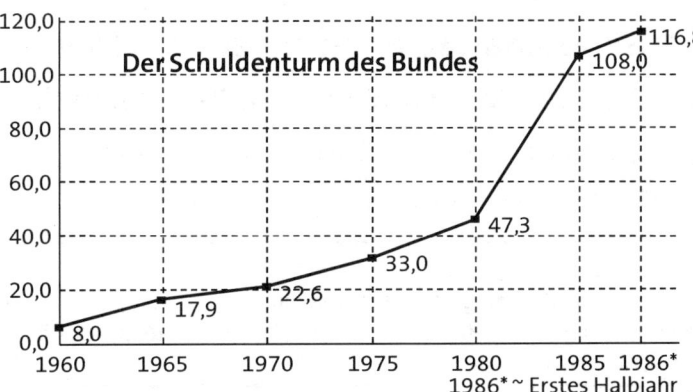

F 2.5.30 Grafik mit sich änderndem Maßstab

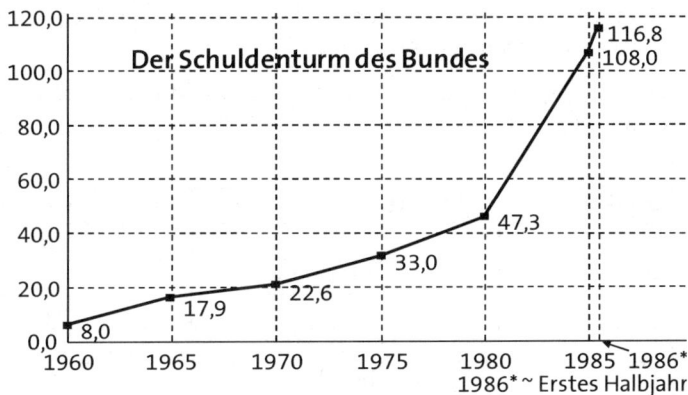

F 2.5.31 Grafik aus F 2.5.30 mit einheitlichem Maßstab

3 Statistische Analyse eines einzelnen Merkmals

3.1 Eindimensionale Verteilungen und ihre Darstellung

a) Verteilung der absoluten und der relativen Häufigkeiten

Dieser Abschnitt knüpft an die Ausführungen von Abschnitt 2.4 an.

D 3.1.1
> **Häufigkeitsverteilung**
> Die tabellarische oder grafische Darstellung der geordneten Merkmalsausprägungen mit den ihnen zugeordneten absoluten oder relativen Häufigkeiten heißt Häufigkeitsverteilung des Merkmals.

Man spricht auch von der Verteilung der absoluten oder der Verteilung der relativen Häufigkeiten. Die Häufigkeitsverteilung enthält meistens nicht alle möglichen Merkmalsausprägungen, sondern nur die tatsächlich vorkommenden.

Die tabellarische Darstellung einer Häufigkeitsverteilung erfolgt in einer so genannten **Häufigkeitstabelle**. Diese kann horizontal oder vertikal aufgebaut sein, entsprechend den beiden folgenden Mustern.

Merkmalsausprägung x_j	absolute Häufigkeit $h(x_j)$	relative Häufigkeit $f(x_j)$
x_1	$h(x_1)$	$f(x_1)$
x_2	$h(x_2)$	$f(x_2)$
$\vdots$	$\vdots$	$\vdots$
x_{m-1}	$h(x_{m-1})$	$f(x_{m-1})$
x_m	$h(x_m)$	$f(x_m)$

Merkmalsausprägung	x_j	x_1	x_2	...	x_{m-1}	x_m
absolute Häufigkeit	$h(x_j)$	$h(x_1)$	$h(x_2)$	...	$h(x_{m-1})$	$h(x_m)$
relative Häufigkeit	$f(x_j)$	$f(x_1)$	$f(x_2)$	...	$f(x_{m-1})$	$f(x_m)$

Bei klassierten Merkmalen werden an Stelle der Merkmalsausprägungen x_j Klassen bzw. Klassengrenzen angegeben, und zwar

„von x_{j-1}^* bis unter x_j^*" ($x_{j-1}^* \leq x < x_j^*$) oder

„über x_{j-1}^* bis x_j^*" ($x_{j-1}^* < x \leq x_j^*$).

Mitunter werden zusätzlich die Klassenmitten angegeben, wie in B 3.1.5.

Für die **grafische Darstellung** einer Häufigkeitsverteilung gibt es verschiedene Möglichkeiten, wobei die Skalierungsart einen wesentlichen Einfluss auf die Darstellungsform hat.

Bei einer **Nominalskala** gibt es keine natürliche Ordnung. Für die grafische Darstellung wählt man deshalb meistens Flächendiagramme oder Kreisdiagramme (siehe D 2.5.12 und D 2.5.14), da diese am besten veranschaulichen, wie sich die Gesamtzahl bzw. Gesamthäufigkeit auf die einzelnen Ausprägungen aufteilt. Manchmal verwendet man auch Stabdiagramme.

3.1 Eindimensionale Verteilungen und ihre Darstellung

Ü 3.1.2 *40 Personen werden danach befragt, ob sie Arbeiter (A), Angestellter (K), Beamter (B) oder selbständig (S) sind. Das Ergebnis lautet:* B, A, A, K, S, A, A, B, K, B, S, S, A, B, B, A, A, A, B, A, B, B, A, K, K, S, K, B, A, K, B, A, A, K, A, K, K, A, K, A.
a) *Was sind bei dieser Aufgabe Merkmalsträger, Merkmal, Merkmalsausprägungen?*
b) *Bestimmen Sie die absoluten und die relativen Häufigkeiten der Merkmalsausprägungen.*
c) *Stellen Sie die Häufigkeitsverteilung als Stabdiagramm, als Flächendiagramm und als Kreisdiagramm grafisch dar.*

Bei einer **Ordinalskala** kann man die Häufigkeitsverteilung grafisch als Liniendiagramm, als Säulendiagramm oder als Stabdiagramm darstellen (siehe D 2.5.8 bzw. D 2.5.10). Die Säulen oder Stäbe werden dabei in der Regel über einer waagerechten Achse gezeichnet, auf der die geordneten Merkmalsausprägungen abgetragen werden.

B 3.1.3 *Die Untersuchung der Güteklasse von 30 Hotels einer Großstadt hat folgendes Ergebnis geliefert*:

Hotelgüteklasse	A	B	C	D
absolute Häufigkeit	9	12	6	3
relative Häufigkeit	30%	40%	20%	10%

Das folgende Bild zeigt die grafische Darstellung der Häufigkeitsverteilung als Säulendiagramm und als Liniendiagramm.

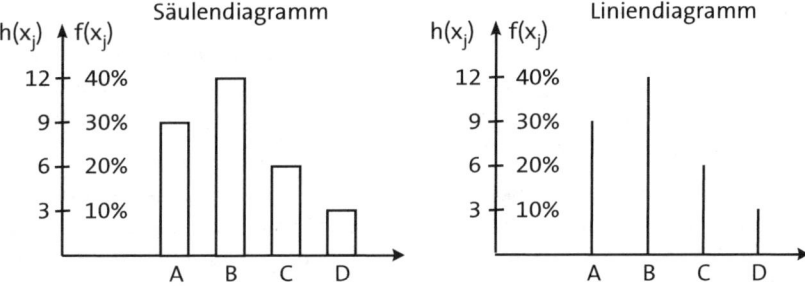

F 3.1.4 Säulendiagramm und Liniendiagramm zu B 3.1.3

Bei einer **Kardinalskala bzw. metrischen Skala** muss zwischen diskreten und stetigen Merkmalen unterschieden werden.

Häufigkeitstabelle und grafische Darstellung der Häufigkeitsverteilung eines **diskreten Merkmals** können in gleicher Weise erfolgen wie bei einem ordinal messbaren Merkmal.

Bei einem **stetigen Merkmal** werden Klassen gebildet. Absolute oder relative Häufigkeiten sind dann Häufigkeiten einer Klasse. Sie werden meistens als rechteckige **Flächen** über den Klassen der Merkmalsausprägungen, d. h. durch ein Histogramm (siehe D 2.5.22), grafisch dargestellt. Dabei wird unterstellt, dass die zu einer Klasse gehörigen Beobachtungswerte gleichmäßig über die Klasse verteilt sind.

B 3.1.5 *Eine Untersuchung über Mietpreise bei 200 ausgewählten Wohnungen hat zu folgendem Ergebnis geführt:*

Mietpreis in €/m²	Klassenmitte in €	absolute Häufigkeiten	relative Häufigkeiten
8,50 *bis unter* 10,50	9,50	40	20%
10,50 *bis unter* 11,50	11,00	40	20%
11,50 *bis unter* 12,00	11,75	60	30%
12,00 *bis unter* 12,50	12,25	40	20%
12,50 *bis unter* 14,50	13,50	20	10%

In F 3.1.6 ist die Häufigkeitsverteilung als Histogramm dargestellt.

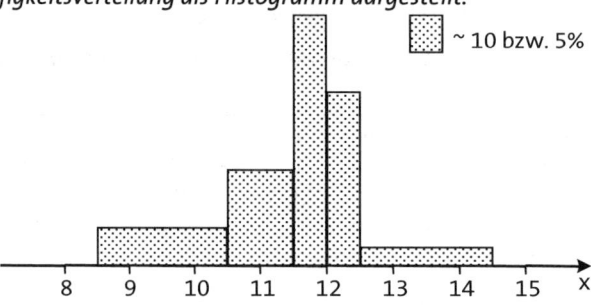

F 3.1.6   Histogramm zu B 3.1.5

Es sei an dieser Stelle noch einmal darauf hingewiesen, dass es bei einem Histogramm nicht sinnvoll ist, in senkrechter Richtung einen Maßstab abzutragen. Die Häufigkeiten werden durch Flächen dargestellt. Deshalb ist in F 3.1.6 angegeben, welche absolute bzw. welche relative Häufigkeit einer Flächeneinheit entspricht.

Die Höhen der Rechtecke eines Histogramms geben bei ungleichen Klassenbreiten keine Auskunft über die Häufigkeiten der Merkmalsklassen. Wird das nicht beachtet, dann besteht die Gefahr, dass ein Histogramm falsch interpretiert wird. Dieses Problem entsteht nicht, wenn alle Klassen gleich breit sind.

Ü 3.1.7   *Paula hat von ihrem Freund eine Perlenkette geschenkt bekommen. Als passionierte Statistikerin sieht sie in den Perlen eine statistische Masse, setzt sich hin und misst die Durchmesser der Perlen. Sie erhält folgende Werte (Angaben in mm):*
3,1;   4,2;   3,7;   6,4;   7,3;   3,2;   4,8;   5,1;   4,2;   3,9;   4,5;   5,8;   6,5;   6,8;   6,9;   7,2;
7,5;   4,1;   6,1;   6,0;   5,7;   5,2;   5,2;   5,1;   4,5;   4,6;   3,7;   3,2;   3,8;   4,9;   6,2;   6,3;
6,1;   5,9;   4,2;   5,8;   5,6;   5,4;   5,5;   5,4;   5,3;   5,3;   5,0;   5,1;   5,0;   4,0;   4,1;   4,0;
4,9;   4,8;   4,9;   4,6;   4,7;   4,5;   4,4;   4,5;   4,3;   3,5;   3,4;   3,4;   3,7;   3,8;   3,6;   3,6;
3,3;   3,2;   3,2;   3,4;   3,5.
a) Was sind in dieser Aufgabe Merkmalsträger, Merkmal, Merkmalsausprägungen?
b) Ermitteln Sie die Häufigkeitsverteilung der Perlendurchmesser. Legen Sie folgende Klassengrenzen zugrunde (Durchmesser in mm): über 3 bis 4; über 4 bis 5; ... ; über 7 bis 8.
c) Zeichnen Sie das Histogramm der Häufigkeitsverteilung.

F 3.1.8 zeigt, wie man die tabellarische und grafische Darstellung einer Häufigkeitsverteilung miteinander kombinieren kann. Es handelt sich um die Auswertung einer Frage aus einer Studentenbefragung.

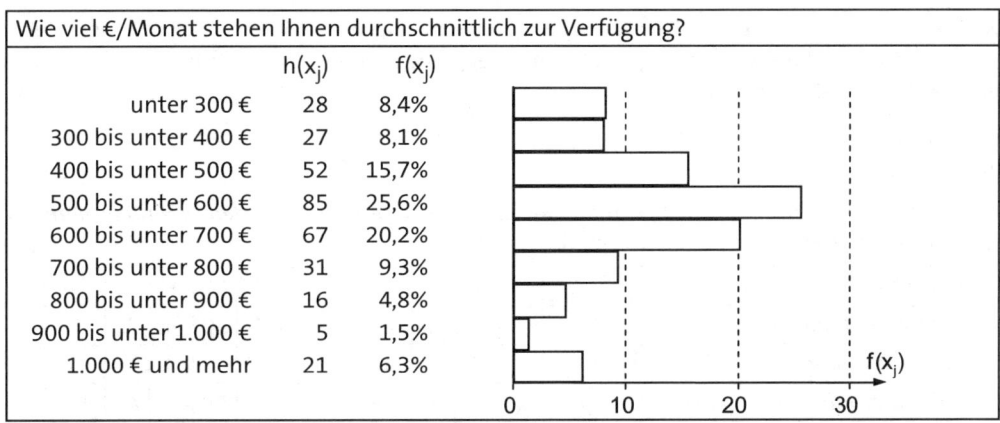

Wie viel €/Monat stehen Ihnen durchschnittlich zur Verfügung?		
	$h(x_j)$	$f(x_j)$
unter 300 €	28	8,4%
300 bis unter 400 €	27	8,1%
400 bis unter 500 €	52	15,7%
500 bis unter 600 €	85	25,6%
600 bis unter 700 €	67	20,2%
700 bis unter 800 €	31	9,3%
800 bis unter 900 €	16	4,8%
900 bis unter 1.000 €	5	1,5%
1.000 € und mehr	21	6,3%

F 3.1.8 Kombination von tabellarischer und grafischer Darstellung

b) Summenhäufigkeiten und Resthäufigkeiten

Bei der Analyse statistischer Daten wird man sich in vielen Fällen nicht mit der Häufigkeitsverteilung begnügen. Bei Merkmalen, deren Ausprägungen sich ordnen lassen, wird man oft auch fragen, wie viel Beobachtungswerte insgesamt unterhalb und/oder oberhalb einer bestimmten Merkmalsausprägung liegen.

B 3.1.9 a) *Bei einer Untersuchung über persönliche Einkommen von Einwohnern der Bundesrepublik Deutschland kann man fragen, wie viel Einwohner ein monatliches Einkommen von z. B. weniger als 2.000 € oder mehr als 3.000 € haben.*
b) *Bei einer Untersuchung über die Kinderzahl von Familien kann man fragen, wie viel Familien höchstens 2 Kinder oder wie viel Familien mehr als 4 Kinder haben.*

Um in derartigen Fällen schnell zu einer Antwort zu gelangen, bestimmt man die kumulierten absoluten und/oder relativen Häufigkeiten. Man bestimmt dazu für jede Merkmalsausprägung die Summe aller Häufigkeiten dieser und aller kleineren Ausprägungen. Bei klassierten Merkmalen addiert man die Häufigkeiten der Klassen. Auf diese Weise erhält man für die Merkmalsausprägungen bzw. die jeweiligen oberen Klassengrenzen die Summenhäufigkeiten.

D 3.1.10
Summenhäufigkeit
Die einer Merkmalsausprägung oder einer oberen Klassengrenze eines ordinal oder metrisch messbaren Merkmals zugeordnete Häufigkeit aller Beobachtungswerte, die diese Merkmalsausprägung oder Klassengrenze nicht überschreiten, heißt Summenhäufigkeit.
Für die **absoluten** Summenhäufigkeiten gilt:
$$H(x_j) = \sum_{x_k \leq x_j} h(x_k) = \sum_{k=1}^{j} h(x_k)$$
Für die **relativen** Summenhäufigkeiten gilt:
$$F(x_j) = \sum_{x_k \leq x_j} f(x_k) = \sum_{k=1}^{j} f(x_k)$$

Die tabellarische oder grafische Darstellung der geordneten Merkmalsausprägungen bzw. Merkmalsklassen (obere Klassengrenzen) und der zugehörigen Summenhäufigkeiten heißt **Summenhäufigkeitsverteilung**.

Bei diskreten Merkmalen ergibt die grafische Darstellung der Summenhäufigkeitsverteilung eine Treppenkurve.

B 3.1.11 *An einer Prüfung, bei der maximal 10 Punkte erreicht werden konnten, nahmen 50 Studenten teil. Es wurde folgendes Ergebnis erzielt:*

Punktzahl	x_j	0	1	2	3	4	5	6	7	8	9	10
absolute Häufigkeit	$h(x_j)$	1	3	4	2	5	6	8	10	4	5	2
relative Häufigkeit in %	$f(x_j)$	2	6	8	4	10	12	16	20	8	10	4
absolute Summenhäufigkeit	$H(x_j)$	1	4	8	10	15	21	29	39	43	48	50
relative Summenhäufigkeit in %	$F(x_j)$	2	8	16	20	30	42	58	78	86	96	100

In F 3.1.12 sind die Summenhäufigkeiten grafisch dargestellt.

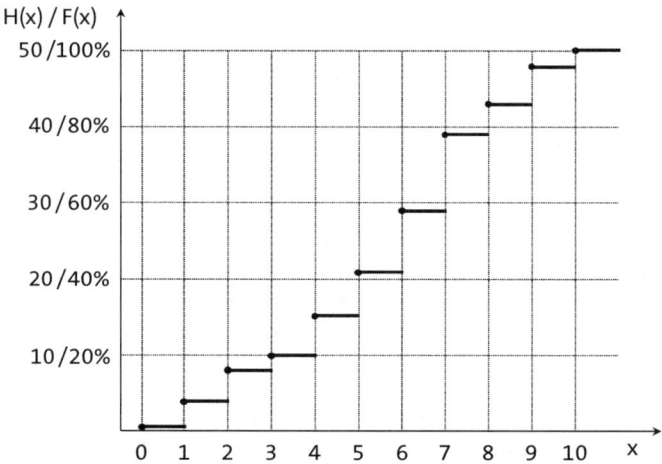

F 3.1.12 Summenhäufigkeitsverteilung zu B 3.1.11

Bei klassierten Merkmalen gibt die Summenhäufigkeitsverteilung an, wie viel Werte insgesamt unterhalb der jeweiligen **oberen Klassengrenze** liegen. In der grafischen Darstellung erhält man dann nur einzelne Punkte. Diese Punkte werden üblicherweise geradlinig verbunden, und man erhält als grafische Darstellung der Summenhäufigkeitsverteilung eine stückweise lineare Kurve. Dabei unterstellt man, dass die Werte innerhalb einer Klasse gleichmäßig verteilt (gleich verteilt) sind.

B 3.1.13 *Für die Körpergrößen von 200 Studenten sind nachfolgend Häufigkeitsverteilung und Summenhäufigkeitsverteilung in tabellarischer Form angegeben. Dazu sind in F 3.1.14 Häufigkeitsverteilung und Summenhäufigkeitsverteilung grafisch dargestellt.*

3.1 Eindimensionale Verteilungen und ihre Darstellung

Körpergröße in cm	h(x_j)	f(x_j) (in %)
140 bis unter 160	30	15
160 bis unter 170	80	40
170 bis unter 175	50	25
175 bis unter 180	20	10
180 bis unter 200	20	10

Körpergröße in cm	H(x_j)	F(x_j) (in %)
unter 160	30	15
unter 170	110	55
unter 175	160	80
unter 180	180	90
unter 200	200	100

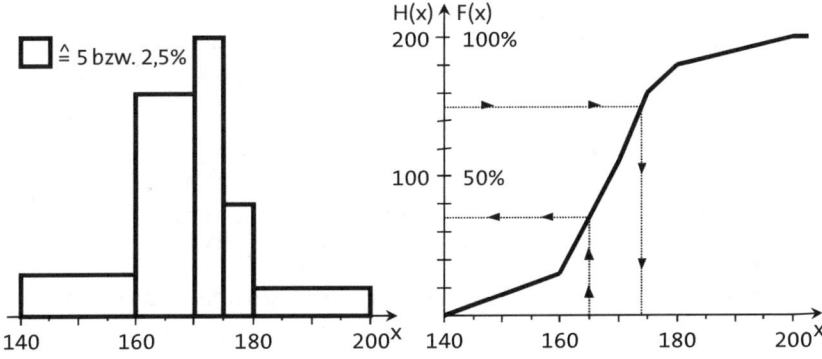

F 3.1.14 Histogramm und Summenhäufigkeitsverteilung zu B 3.1.13

Die Summenhäufigkeit gibt zu jeder Körpergröße an, wie viel Studenten nicht größer sind als dieser Wert. Unter der Gleichverteilungshypothese gilt das auch für Zwischenwerte. So kann man z. B. aus F 3.1.14 ablesen, dass ca. 35% der Studenten kleiner als 165 cm sind.

Die Summenhäufigkeit kann aber auch verwendet werden, um festzustellen, unterhalb welcher Merkmalsausprägung ein bestimmter Anteil der Beobachtungswerte liegt. So kann man z. B. aus F 3.1.14 ablesen, dass 75% der Studenten nicht größer als 174 cm sind.

D 3.1.15

Resthäufigkeit
Die einer Merkmalsausprägung oder (bei einem klassierten Merkmal) einer Klassengrenze zugeordnete Häufigkeit aller Beobachtungswerte, die diese Ausprägung bzw. diese Grenze überschreiten, heißt Resthäufigkeit.
Es gilt bei insgesamt n Beobachtungswerten:

absolute Resthäufigkeit $\quad HR(x_j) = \sum_{x_k > x_j} h(x_k) = n - H(x_j)$

relative Resthäufigkeit $\quad FR(x_j) = \sum_{x_k > x_j} f(x_k) = 1 - F(x_j)$

B 3.1.16 An einer Straßenbahnhaltestelle werden 150 Fahrgäste nach der Wartezeit in Minuten befragt. Man erhält folgendes Ergebnis:

Wartezeit von ...	0	1	2	3	4	5	6	7	8	9	10	11
bis unter ...	1	2	3	4	5	6	7	8	9	10	11	12
absolute Häufigkeit	3	9	18	30	24	21	12	9	3	6	9	6
relative Häufigkeit in %	2	6	12	20	16	14	8	6	2	4	6	4

Für die Verteilung der Summen- bzw. Resthäufigkeiten erhält man:

Wartezeit	Summenhäufigkeiten		Wartezeit	Resthäufigkeiten	
	absolut	relativ		absolut	relativ
bis zu 1 Min.	3	2%	über 1 Min.	147	98%
bis zu 2 Min.	12	8%	über 2 Min.	138	92%
bis zu 3 Min.	30	20%	über 3 Min.	120	80%
bis zu 4 Min.	60	40%	über 4 Min.	90	60%
bis zu 5 Min.	84	56%	über 5 Min.	66	44%
bis zu 6 Min.	105	70%	über 6 Min.	45	30%
bis zu 7 Min.	117	78%	über 7 Min.	33	22%
bis zu 8 Min.	126	84%	über 8 Min.	24	16%
bis zu 9 Min.	129	86%	über 9 Min.	21	14%
bis zu 10 Min.	135	90%	über 10 Min.	15	10%
bis zu 11 Min.	144	96%	über 11 Min.	6	4%
bis zu 12 Min.	150	100%	über 12 Min.	0	0%

Die grafische Darstellung der Summenhäufigkeiten und der Resthäufigkeiten enthält F 3.1.17.

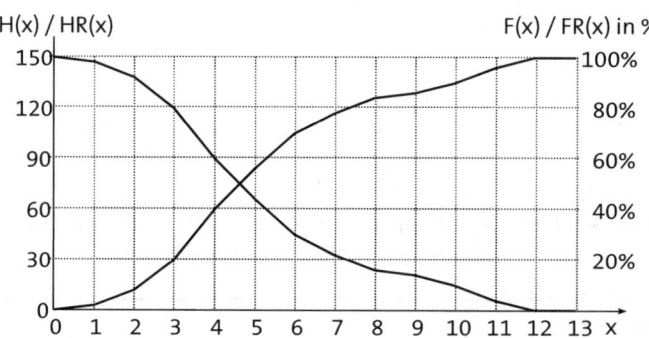

F 3.1.17 Summenhäufigkeiten und Resthäufigkeiten zu B 3.1.16

Ü 3.1.18 *Gegeben sind die beiden folgenden Summenhäufigkeitsverteilungen.*

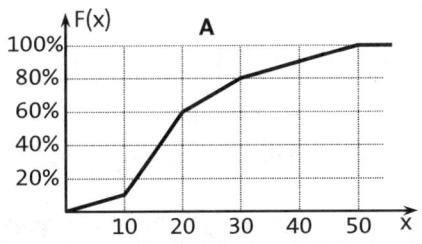
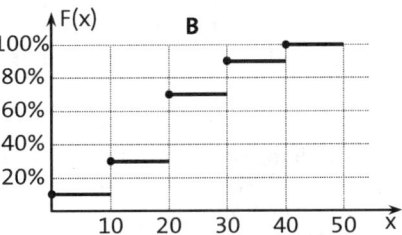

Bestimmen Sie jeweils die relativen Häufigkeiten für
a) $x \leq 20$; b) $x > 10$; c) $x \geq 10$; d) $10 < x \leq 30$; e) $10 < x < 30$.
f) *Für welchen Wert gilt jeweils* $F(x_j) = 70\%$?

3.2 Lageparameter

a) Mittelwerte als charakteristische Kenngrößen einer Verteilung

Verteilungen und ihre tabellarische oder grafische Darstellung geben ein anschauliches und übersichtliches Bild über die zu analysierende statistische Masse, reichen aber in manchen Fällen für die Gewinnung eindeutiger Aussagen nicht aus.

B 3.2.1 Es wird behauptet, dass ein Betrieb A höhere Gehälter zahlt als ein ähnlicher Betrieb B. Um das zu überprüfen werden die Häufigkeitsverteilungen der Gehälter gegenübergestellt. Man erhält folgendes Bild:

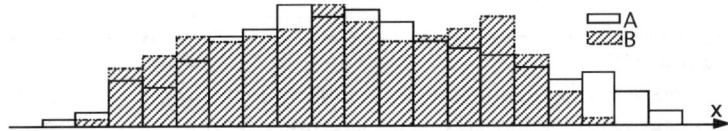

F 3.2.2 Vergleich zweier Häufigkeitsverteilungen

Eine Betrachtung des Bildes macht deutlich, dass aus den Häufigkeitsverteilungen bzw. ihren grafischen Darstellungen nicht oder nur sehr begrenzt Aussagen darüber gewonnen werden können, ob Betrieb A oder Betrieb B höhere Gehälter zahlt.
Zur Klärung der angesprochenen Frage bestimmt man die „durchschnittlichen Gehälter" der beiden Betriebe und vergleicht diese beiden charakteristischen Größen. An Stelle der Verteilungen zieht man Mittelwerte für den Vergleich heran.

So wie in dem Beispiel ist es in vielen anderen Fällen unmöglich, die Häufigkeitsverteilung unmittelbar zur Beurteilung einer statistischen Masse zu benutzen. Das gilt vor allem für Vergleichszwecke. Zur einfachen Charakterisierung von Verteilungen werden deshalb **Kenngrößen** oder **Parameter** bestimmt. Mittelwerte sind eine wichtige Klasse solcher Parameter. Sie geben Auskunft über die Lage einer Verteilung auf der verwendeten Skala und werden deshalb auch Lageparameter genannt.

In F 3.2.3 (nächste Seite) sind drei Häufigkeitsverteilungen dargestellt, die alle die gleiche Gestalt haben, denn durch Verschiebung auf der x-Achse könnten die Verteilungen zur Deckung gebracht werden. Sie unterscheiden sich nur durch ihre Lage auf der x-Achse. Über derartige Unterschiede in der Lage geben die **Lageparameter** Auskunft.

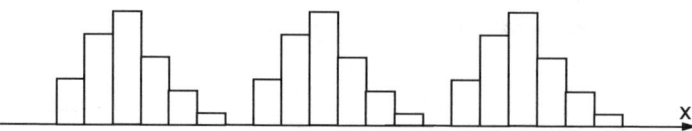

F 3.2.3 Verteilungen mit gleicher Gestalt, aber mit unterschiedlicher Lage

Die Aufgabenstellung der Bestimmung von Mittelwerten und die Anforderungen an Mittelwerte können wie folgt umrissen werden:
- Mittelwerte beschreiben eine statistische Masse durch eine einzige (mittlere) charakteristische Größe. Diese mittlere Größe soll die Gesamtheit der Beobachtungswerte möglichst gut repräsentieren.
- Ein Mittelwert soll es ermöglichen, verschiedene statistische Massen als Gesamtheit einfach und schnell zu vergleichen.
- Ein Mittelwert dient der Beurteilung von Einzelwerten oder Gruppen von Einzelwerten innerhalb der Gesamtheit der Beobachtungswerte. Das ist z. B. der Fall, wenn man angibt, um wie viel das Gehalt eines Angestellten absolut oder relativ über oder unter dem Durchschnitt liegt.

Welcher Zahlenwert (Merkmalsausprägung) ist nun als Mittelwert geeignet? Zumindest bei metrisch messbaren Merkmalen gibt es unendlich viele in Frage kommende Werte. Jede reelle Zahl zwischen dem kleinsten und dem größten beobachteten Wert könnte als Mittelwert verwendet werden. Die meisten dieser Werte sind jedoch als Mittelwerte ungeeignet.

In den folgenden Abschnitten werden die wichtigsten Mittelwerte behandelt.

b) Häufigster Wert oder Modalwert

D 3.2.4

Häufigster Wert
Die Merkmalsausprägung, die am häufigsten vorkommt, heißt häufigster Wert, dichtester Wert, Modalwert oder Modus und wird mit $\bar{x}_D$ bezeichnet. Es gilt:

$$h(\bar{x}_D) = \max_j \left(h(x_j) \right)$$

Gibt es mehrere Ausprägungen mit der größten Häufigkeit, dann gibt es entsprechend viele häufigste Werte, und es gilt:

$$\bar{x}_D \in \left\{ x_k \mid h(x_k) = \max_j \left(h(x_j) \right) \right\}$$

Bei klassierten Merkmalen kann man als häufigsten Wert die Mitte der am dichtesten besetzten Klasse oder diese selbst nehmen[3]. Für nominal messbare Merkmale ist der häufigste Wert der einzige sinnvolle Lageparameter.

---

3 Auf die so genannte Feinberechnung des Modus, durch die der häufigste Wert innerhalb der häufigsten Klasse genauer lokalisiert werden kann, wird nicht eingegangen.

B 3.2.5 *Bei einer Wahl wurden folgende Stimmenanteile erreicht:*

Partei	Anteil gesamt	Anteil bei Männern	Anteil bei Frauen
CDU	**41,74%**	39,02%	**44,06%**
SPD	38,11%	**41,28%**	35,41%
F.D.P.	7,67%	7,36%	7,94%
Grüne	8,20%	8,65%	7,81%
sonstige	4,28%	3,69%	4,78%

Die jeweils größten Häufigkeiten sind fett hervorgehoben. Häufigster Wert ist also: Bei allen Wählern CDU, bei Männern SPD und bei Frauen CDU.

c) Zentralwert oder Median

Der Zentralwert setzt voraus, dass die Merkmalsausprägungen wenigstens auf einer Ordinalskala gemessen werden können.

D 3.2.6
> **Zentralwert**
> Jede Merkmalsausprägung eines wenigstens ordinal messbaren Merkmals, die die geordnete Reihe der Beobachtungswerte in zwei gleiche Teile zerlegt, heißt **Zentralwert** oder **Median** und wird mit $\bar{x}_Z$ bezeichnet.

Sind n geordnete Beobachtungswerte gegeben und ist n eine ungerade Zahl, so gibt es genau einen mittleren Wert. Dieser hat die Ordnungsnummer $\frac{n+1}{2}$ und es gilt: $\bar{x}_Z = x_{\frac{n+1}{2}}$

B 3.2.7 *Bei einer Klausur wurden von 15 Teilnehmern folgende Punktzahlen erzielt*: 8, 8, 9, 10, 10, 10, 11, 11, 12, 12, 13, 13, 13, 14, 14. *Es ist* $\bar{x}_Z = 11$, *nämlich der 8. Wert.*

Bei einer geraden Anzahl von Beobachtungswerten kommen alle Werte zwischen $x_{\frac{n}{2}}$ und $x_{\frac{n}{2}+1}$ als Median in Frage. Bei metrisch messbaren Merkmalen vereinbart man dann üblicherweise: $\bar{x}_Z = \frac{1}{2}(x_{\frac{n}{2}} + x_{\frac{n}{2}+1})$.

B 3.2.8 *Bei einem Stabhochsprungwettbewerb werden von 8 Springern folgende Höhen übersprungen*: 4,60; 4,80; 4,80; 4,90; 5,00; 5,00; 5,10; 5,30. *Die beiden mittleren Reihenwerte sind* 4,90 *und* 5,00. *Es gilt also*:
$\bar{x}_Z = \frac{4,90+5,00}{2} = 4,95$

Ü 3.2.9 *Für ein Fernsehgerät eines bestimmten Typs werden in 10 Fachgeschäften die folgenden Verkaufspreise in € festgestellt*: 495; 520; 530; 528; 460; 580; 510; 535; 498; 511.
Wie groß ist der Zentralwert?

Werden für die Merkmalsausprägungen Klassen gebildet, fällt der Zentralwert meistens in eine Klasse und nicht auf eine Klassengrenze. Unter der Voraussetzung, dass alle Werte innerhalb einer Klasse gleich verteilt sind, lässt sich dann eine genaue Lage des Zentralwerts bestimmen. Das sei anhand der grafischen Darstellung der Klasse, in die der Zentralwert fällt (so genannte

„Einfallsklasse"), erläutert. Es sei dies die k-te Klasse mit der Klassenmitte x_k und den Klassengrenzen x^*_{k-1} und x^*_k (siehe dazu die Veranschaulichung in F 3.2.10).

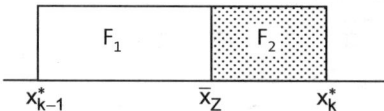

F 3.2.10 Grafische Darstellung einer Klasse, in die der Zentralwert fällt

Aus der Definition des Zentralwerts folgt:

$$\sum_{x_j < x^*_{k-1}} f(x_j) = F(x^*_{k-1}) \leq 0{,}5 \quad \text{und} \quad \sum_{x_j > x^*_k} f(x_j) = 1 - F(x^*_k) \leq 0{,}5 \,.$$

Unterhalb bzw. oberhalb der Einfallsklasse des Zentralwerts kann also höchstens die Hälfte der Merkmalswerte liegen. In der Einfallsklasse muss bei Gleichverteilung der Merkmalswerte der Zentralwert x_Z definitionsgemäß so liegen, dass mit den Bezeichnungen von F 3.2.10 gilt:

$$F(x^*_{k-1}) + F_1 = 0{,}5 \quad \text{bzw.} \quad F(x^*_k) - F_2 = 0{,}5 \,,$$

denn es soll jeweils die Hälfte der Beobachtungswerte höchstens gleich bzw. mindestens gleich dem Zentralwert sein.

Es ist $f(x_k)$ die relative Häufigkeit der Einfallsklasse. Dann gilt:

$$\frac{F_1}{f(x_k)} = \frac{\overline{x}_Z - x^*_{k-1}}{x^*_k - x^*_{k-1}} \quad \text{bzw.} \quad F_1 = \frac{\overline{x}_Z - x^*_{k-1}}{x^*_k - x^*_{k-1}} f(x_k)$$

und, aufgrund der vorhergehenden Gleichung, $F_1 = 0{,}5 - F(x^*_{k-1})$.

Somit gilt:

$$\frac{\overline{x}_Z - x^*_{k-1}}{x^*_k - x^*_{k-1}} f(x_k) = 0{,}5 - F(x^*_{k-1})$$

und daraus folgt, wenn man nach $\overline{x}_Z$ auflöst, die Formel für den so genannten feinberechneten Zentralwert.

R 3.2.11
> **Feinberechneter Zentralwert bei Klassenbildung**
> Gegeben sei eine Häufigkeitsverteilung mit Klassenbildung für die Merkmalsausprägungen. Der Zentralwert liegt in der Klasse mit den Grenzen x^*_{k-1} und x^*_k.
> Dann gilt:
> $$\overline{x}_Z = x^*_{k-1} + \frac{x^*_k - x^*_{k-1}}{f(x_k)}(0{,}5 - F(x^*_{k-1}))$$

B 3.2.12 *Die Messung der Körpergröße von 200 Studenten hat zu den Daten in der Tabelle auf der nächsten Seite geführt. Der Zentralwert fällt in die Klasse von 160 bis unter 170 cm. Es gilt:*
$x^*_{k-1} = 160;\ x^*_k = 170;\ f(x_k) = 0{,}40;\ F(x^*_{k-1}) = 0{,}15$
Damit ergibt sich unter Benutzung von R 3.2.11:
$$\overline{x}_Z = 160 + \frac{170 - 160}{0{,}4}(0{,}5 - 0{,}15) = 168{,}75$$

3.2 Lageparameter

Körpergröße in cm von ... bis unter ...		h(x_j)	f(x_j)	F(x_j^*)
140	160	30	0,15	0,15
160	170	80	0,40	0,55
170	175	50	0,25	0,80
175	180	20	0,10	0,90
180	200	20	0,10	1,00

Ü 3.2.13 *Eine Untersuchung über das verfügbare Monatseinkommen von Studenten an der Technischen Universität Braunschweig hat folgendes Ergebnis geliefert:*

Einkommen in €			f(x_j) in %	F(x_j) in %
unter		300	8,4	8,4
300	bis unter	400	8,1	16,5
400	bis unter	500	15,7	32,2
500	bis unter	600	25,6	57,8
600	bis unter	700	20,2	78,0
700	bis unter	800	9,3	87,3
800	bis unter	900	4,8	92,1
900	bis unter	1.000	1,5	93,6
1.000	und mehr		6,4	100,0

Bestimmen Sie den feinberechneten Zentralwert.

Der Zentralwert kann auch grafisch mit Hilfe der Summenhäufigkeitsverteilung bestimmt werden. Dabei bestimmt man die zu $F(\bar{x}_Z) = 0{,}5$ bzw. zu $F(\bar{x}_Z) = 50\%$ gehörige Merkmalsausprägung. Das Vorgehen ist in F 3.2.14 für klassierte und unklassierte Werte skizziert. Bei den klassierten Werten wird dabei wieder Gleichverteilung innerhalb der Klassen angenommen.

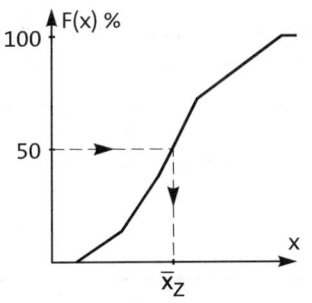 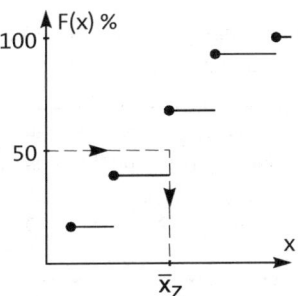

F 3.2.14 Grafische Bestimmung des Zentralwertes

Der Zentralwert teilt nach D 3.2.6 die geordnete Reihe der Beobachtungswerte in zwei gleich große Teile. Analog dazu kann man eine statistische Reihe bzw. die Häufigkeiten der Häufigkeitsverteilung in vier, zehn, 100 oder allgemein k gleiche Teile zerlegen. Die Werte, die diese Teilung bewirken, heißen **Quartile, Dezentile, Perzentil** oder allgemein **k-Quantile**. Die entsprechenden Merkmalsausprägungen lassen sich am einfachsten aus der Summenhäufigkeitsverteilung bestimmen (auch grafisch).

Der Median kann daher als Sonderfall einer Klasse von Lageparametern, den so genannten **Quantilen**, aufgefasst werden.

D 3.2.15
> **Quantil**
> Die Merkmalsausprägungen $\bar{x}_{p/k}$ ($p = 1,...,k-1$) eines wenigstens ordinal messbaren Merkmals, die die geordnete Reihe der Beobachtungswerte in k gleiche Teile zerlegen, heißen k-Quantile.
> Es gilt:
> $$\sum_{x_j < \bar{x}_{p/k}} f(x_j) \leq \frac{p}{k} \quad \text{und} \quad \sum_{x_j > \bar{x}_{p/k}} f(x_j) \leq 1 - \frac{p}{k}, \quad p = 1, ..., k-1.$$
> $\bar{x}_{p/k}$ heißt p-tes k-Quantil.

Falls bei einem kardinal messbaren Merkmal für ein p-tes k-Quantil zwei benachbarte Beobachtungswerte x_i und x_{i+1} mit $x_i < x_{i+1}$ diese Ungleichungen erfüllen, so ist:

$$\bar{x}_{p/k} = \tfrac{1}{2}(x_i + x_{i+1})$$

B 3.2.16 a) *Bei der Klausurprüfung aus B 3.2.7 gilt für den Median* $\bar{x}_Z = \bar{x}_{1/2}$ *oder* $\bar{x}_Z = \bar{x}_{2/4}$ *usw.*
b) *Als 1. Quartil ergibt sich in B 3.2.7*: $\bar{x}_{1/4} = x_4 = 10$.

d) Arithmetisches Mittel

Das **arithmetische Mittel** $\bar{x}$ ist der am häufigsten verwendete Mittelwert und ist identisch mit dem Wert, der landläufig als „Durchschnitt" bezeichnet wird. Die Bestimmung des arithmetischen Mittels ist nur sinnvoll für Merkmale, die auf einer metrischen Skala gemessen werden können.

Je nachdem, ob das arithmetische Mittel aus einer Reihe einzelner Beobachtungswerte oder aus einer Häufigkeitsverteilung zu berechnen ist, sind unterschiedliche Formeln zu verwenden.

R 3.2.17
> **Einfaches arithmetisches Mittel**
> Für die n Beobachtungswerte x_i (i = 1,2,...,n) eines metrisch messbaren Merkmals ergibt sich das arithmetische Mittel wie folgt:
> $$\bar{x} = \frac{x_1 + x_2 + ... + x_n}{n} = \frac{1}{n}\sum_{i=1}^{n} x_i$$

B 3.2.18 *Eine Befragung von 8 Personen nach der Anzahl ihrer Kinder ergibt* 3; 0; 2; 2; 1; 3; 1; 1. *Als durchschnittliche Kinderzahl erhält man*:
$$\bar{x} = \tfrac{1}{8}(3+0+2+2+1+3+1+1) = \tfrac{13}{8} = 1{,}625$$

Das Beispiel zeigt, dass das arithmetische Mittel Werte annehmen kann, die nicht als Merkmalsausprägungen vorkommen können (für die Anzahl der Kinder sind nur ganze Zahlen möglich).

Ü 3.2.19 Die Studentin Paula hat an 7 Tagen einer Woche folgende Mengen Bier getrunken (Angaben in Litern): 0,7; 1,6; 2,5; 3,2; 1,6; 2,4; 2,8.
Berechnen Sie den durchschnittlichen Bierkonsum als arithmetisches Mittel.

Bei Häufigkeitsverteilungen berechnet man das arithmetische Mittel wie folgt:

R 3.2.20

> **Gewogenes arithmetisches Mittel**
> Gegeben sei die Häufigkeitsverteilung des Merkmals X, dessen Ausprägungen x_j (j = 1,...,m) mit den absoluten Häufigkeiten $h(x_j)$ bzw. den relativen Häufigkeiten $f(x_j)$ auftreten. Für das gewogene arithmetische Mittel gilt:
>
> a) $\bar{x} = \dfrac{x_1 h(x_1) + x_2 h(x_2) + \ldots + x_m h(x_m)}{h(x_1) + h(x_2) + \ldots + h(x_m)} = \dfrac{1}{n}\sum_{j=1}^{m} x_j h(x_j)$ mit $\sum_{j=1}^{m} h(x_j) = n$
>
> bzw.
>
> b) $\bar{x} = x_1 f(x_1) + x_2 f(x_2) + \ldots + x_m f(x_m) = \sum_{j=1}^{m} x_j f(x_j)$ mit $\sum_{j=1}^{m} f(x_j) = 1$

B 3.2.21 Während eines halben Jahres mit insgesamt 120 Arbeitstagen wird im Rahmen einer Untersuchung über den Publikumsverkehr beim Sozialamt einer Großstadt täglich die Anzahl der persönlich vorsprechenden Antragsteller festgehalten. Folgende Häufigkeitsverteilung hat sich ergeben:

Anzahl Antragsteller	0	1	2	3	4	5	6	7	8	9	10
Anzahl der Tage	5	4	10	12	20	18	18	12	15	2	4

Als arithmetisches Mittel ergibt sich daraus:

$$\bar{x} = \frac{0\cdot 5 + 1\cdot 4 + 2\cdot 10 + 3\cdot 12 + 4\cdot 20 + 5\cdot 18 + 6\cdot 18 + 7\cdot 12 + 8\cdot 15 + 9\cdot 2 + 10\cdot 4}{120}$$

$$= \frac{4 + 20 + 36 + 80 + 90 + 108 + 84 + 120 + 18 + 40}{120} = \frac{600}{120} = 5$$

Das nach R 3.2.20 berechnete arithmetische Mittel $\bar{x}$ bezeichnet man als **gewogenes** arithmetisches Mittel, während man bei der Berechnung des arithmetischen Mittels aus den Ursprungswerten nach R 3.2.17 von einem **einfachen oder ungewogenen** arithmetischen Mittel spricht. Die Häufigkeiten $h(x_j)$ bzw. $f(x_j)$ werden als Gewichte bezeichnet.

B 3.2.22 Bei der Ermittlung des Benzinverbrauchs eines Pkw-Typs nach DIN ergeben sich folgende Werte:
Stadtverkehr: 10 ℓ/100 km, konstant 120 km/h: 9 ℓ/100 km; konstant 90 km/h: 7 ℓ/100 km.
Ein Fahrer weiß, dass er ca. 25% seiner jährlichen Gesamtstrecke in der Stadt fährt, 50% auf Autobahnen mit 120 km/h und 25% auf Landstraßen mit 90 km/h. Er errechnet für sich einen voraussichtlichen Durchschnittsverbrauch von
    0,25·10 + 0,5·9 + 0,25·7 = 8,75 ℓ/100 km.

Die Formeln in R 3.2.20 werden **auch für klassierte Merkmalswerte** verwendet. Die x_j sind dann die Klassenmitten. Durch die Klassenbildung können dabei allerdings Verzerrungen auftreten.

B 3.2.23 *Eine Befragung über das Alter von 30 Mitarbeitern eines Betriebes hat folgendes Ergebnis geliefert*: 24, 24, 40, 22, 32, 51, 63, 22, 42, 43, 44, 51, 23, 32, 34, 64, 19, 23, 22, 50, 50, 33, 60, 18, 20, 50, 42, 30, 20, 41. *Zur Ermittlung des Altersaufbaus (Altersstruktur) werden Altersklassen zu je 10 Jahren gebildet.*
Für die offenen Randklassen wurden die Klassenmitten $x_1 = 18$ und $x_6 = 63$ festgelegt. Man erhält dann:

j	Altersklasse	x_j	$h(x_j)$
1	unter 20	18	2
2	20 bis unter 30	25	9
3	30 bis unter 40	35	5
4	40 bis unter 50	45	6
5	50 bis unter 60	55	5
6	60 und mehr	63	3

Aus den Ursprungswerten erhält man als arithmetisches Mittel:

$$\bar{x} = \frac{24+24+40+\ldots}{30} = 36{,}3,$$

und aus den klassierten Werten:

$$\bar{x} = \frac{1}{30}(2 \cdot 18 + 9 \cdot 25 + 5 \cdot 35 + 6 \cdot 45 + 5 \cdot 55 + 3 \cdot 63) = 39{,}0$$

Der Unterschied zwischen den beiden Ergebnissen ergibt sich aus der Tatsache, dass das arithmetische Mittel für klassierte Werte bei Verwendung der Klassenmitten nur dann mit dem aus den Ursprungswerten berechneten arithmetischen Mittel übereinstimmt, wenn die Werte einer Klasse sich gleichmäßig über diese Klasse verteilen. Im vorliegenden Fall liegen die Werte jeweils alle in der unteren Hälfte einer Klasse.
Wählt man eine andere Klasseneinteilung, wie in der folgenden Aufgabe Ü 3.2.24, ergibt sich ein anderes arithmetisches Mittel.

Ü 3.2.24 *Berechnen Sie für die Daten aus B 3.2.23 das arithmetische Mittel bei Verwendung der folgenden Klassengrenzen* 25, 35, 45, 55. *Verwenden Sie für die untere offene Randklasse als Klassenmitte $x_1 = 20$ und für die obere offene Randklasse $x_5 = 60$.*

Hinweis: Bei großen Zahlen ist häufig eine modifizierte Berechnung des arithmetischen Mittels nach folgendem Schema zweckmäßig:

(1) Transformation der Merkmalsausprägungen $x'_j = \frac{x_j - c_1}{c_2}$, wobei c_1 und c_2 geeignete Konstanten sind. Dadurch werden große Zahlen x_j in rechnerisch einfach zu behandelnde, kleine Zahlen x'_j umgerechnet.

(2) Bestimmung des arithmetischen Mittels $\bar{x}'_j$ für die x'_j.

(3) Bestimmung von $\bar{x} = c_2 \bar{x}' + c_1$, d. h. das arithmetische Mittel aus den x'_j wird durch Umkehrung der Transformation aus (1) in $\bar{x}$ umgerechnet.

Das sei an dem folgenden einfachen Zahlenbeispiel erklärt.

x_j	58,0	58,3	58,4	58,7	58,9
$h(x_j)$	2	3	2	2	1
x'_j	0	3	4	7	9

$c_1 = 58$
$c_2 = 0,1$
$x'_j = 10(x_j - 58)$

$$\bar{x}' = \tfrac{1}{10}(0\cdot 2 + 3\cdot 3 + 4\cdot 2 + 7\cdot 2 + 9\cdot 1) = 4 \Rightarrow \bar{x} = 0,1 \cdot 4 + 58 = 58,4$$

Das arithmetische Mittel ist der am meisten verwendete Lageparameter. Bisweilen wird er jedoch missbräuchlich angewendet. Man kann z. B. aus ordinal messbaren Zensuren zwar rechnerisch durchaus eine Durchschnittsnote als arithmetisches Mittel bestimmen, aber sachlich ist das nicht sinnvoll, denn die Noten geben ordinale Leistungsbewertungen wieder.

Die Anwendung des arithmetischen Mittels bzw. dessen Interpretation kann aber auch bei einer metrischen Skala problematisch werden, wie folgendes Beispiel zeigt.

B 3.2.25 *In einem Dorf mit 50 Erwerbstätigen sind 49 einfache Bauern oder Arbeiter mit einem monatlichen Nettoeinkommen von je 2.000 €. Der 50. ist ein mehrfacher Millionär mit einem monatlichen Nettoeinkommen von 102.000 €. Bestimmt man hier, wie es von den Messbarkeitseigenschaften des Merkmals her sinnvoll sein könnte, das arithmetische Mittel, so erhält man ein monatliches Durchschnittseinkommen für die Erwerbstätigen des Dorfes von 4.000 €.*
Dieser Mittelwert enthält eine sachlich verzerrte Aussage über die Einkommensverhältnisse in dem Dorf. Die Aussagefähigkeit des arithmetischen Mittels wird dadurch eingeschränkt, dass es stark von extremen Werten beeinflusst wird. Von der Sache her liegt es hier näher, den Zentralwert oder den häufigsten Wert zu bestimmen.
Das gilt für die meisten Durchschnitts- bzw. Mittelwertbestimmungen bei Einkommensuntersuchungen.

Von der sachlichen Struktur der jeweiligen Fragestellung und vor allem von der Art der Verteilung her ist deshalb im Einzelfall jeweils zu prüfen, welcher Mittelwert eine sinnvolle Aussage über die Verteilung liefern kann. Die Stiftung Warentest gibt deshalb bei ihren Testberichten den „mittleren Preis" nicht als arithmetisches Mittel sondern als Zentralwert an.

Generell gilt, dass die Verwendung des arithmetischen Mittels immer dann problematisch ist, wenn die Verteilung so genannte Ausreißer enthält oder nach einer Seite weit ausläuft.

Sofern man von der zu untersuchenden Verteilung keine präzisen Vorstellungen hat, empfiehlt es sich, zunächst die tabellarische oder besser noch die grafische Darstellung der Verteilung zu analysieren, um durch einen zu bestimmenden Mittelwert wirklich eine sinnvolle Aussage über die Verteilung geben zu können.

e) Geometrisches Mittel

Zum geometrischen Mittel wird zunächst ein Beispiel betrachtet.

B 3.2.26 Die Bevölkerung einer aufstrebenden Gemeinde ist von 2004 bis 2008 wie folgt gewachsen:

Jahr	Bevölkerung am 31.12.	Zuwachs gegenüber Vorjahr absolut	Zuwachs gegenüber Vorjahr relativ	
2004	B_0 = 20.000			
2005	B_1 = 32.000	12.000	z_1 =	60,0%
2006	B_2 = 41.600	9.600	z_2 =	30,0%
2007	B_3 = 44.387	2.787	z_3 =	6,7%
2008	B_4 = 48.826	4.439	z_4 =	10,0%

Der Gemeinderat möchte nun die durchschnittliche Zuwachsrate der vier Jahre wissen und ein (statistisch unbedarftes) Mitglied des Gemeinderats berechnet diese als arithmetisches Mittel:

$$\bar{z} = \frac{1}{4}(60+30+6{,}7+10)[\%] = \frac{106{,}7}{4}(\%) = 26{,}675[\%]$$

Die Freundin Paula, des (unverheirateten) Bürgermeisters liest diese Zahlen und schreibt die Bevölkerung vom 31.12.2004 mit dieser „durchschnittlichen" Zuwachsrate fort:

Jahr	Bevölkerung am 31.12.	Zuwachs gegenüber Vorjahr absolut	Zuwachs gegenüber Vorjahr relativ
2004	20.000		
2005	25.335	5.335	26,675%
2006	32.093	6.758	26,675%
2007	40.654	8.561	26,675%
2008	51.498	10.844	26,675%

Wendet man die konstante „durchschnittliche" Zuwachsrate von 26,675% auf alle vier Jahre an, dann ergibt sich, wie aus der Tabelle hervorgeht, eine andere Bevölkerung am 31.12.2008 als tatsächlich vorhanden ist. Die als arithmetisches Mittel errechnete „durchschnittliche" Zuwachsrate kann also nicht korrekt sein.
Den Ansatz zur Ermittlung des richtigen Werts erhält man wie folgt:
Die Bevölkerungen B_1, B_2, B_3 und B_4 am Ende der 4 Jahre erhält man unter Verwendung der Zuwachsraten aus B_0 folgendermaßen:

$$B_1 = B_0 + \frac{z_1}{100} B_0 = (1 + \frac{z_1}{100})B_0 = 1{,}6 B_0$$

$$B_2 = B_1 + \frac{z_2}{100} B_1 = (1 + \frac{z_2}{100})B_1 = 1{,}3 B_1 = 1{,}3 \cdot 1{,}6 B_0$$

$$B_3 = B_2 + \frac{z_3}{100} B_2 = (1 + \frac{z_3}{100})B_2 = 1{,}067 B_2 = 1{,}067 \cdot 1{,}3 \cdot 1{,}6 B_0$$

$$B_4 = B_3 + \frac{z_4}{100} B_3 = (1 + \frac{z_4}{100})B_3 = 1{,}1 B_3 = 1{,}1 \cdot 1{,}067 \cdot 1{,}3 \cdot 1{,}6 B_0$$

Der Leser kann die Richtigkeit der Gleichung mit Hilfe eines Rechners leicht nachprüfen.
Für die durchschnittliche Zuwachsrate $\bar{z}$ muss nun entsprechend gelten:

$$B_1^* = B_0 + \frac{\bar{z}}{100} B_0 = \left(1 + \frac{\bar{z}}{100}\right) B_0$$

$$B_2^* = (1 + \frac{\bar{z}}{100}) B_1^* = \left(1 + \frac{\bar{z}}{100}\right)^2 B_0$$

$$B_3^* = (1 + \frac{\overline{z}}{100})B_2^* = \left(1 + \frac{\overline{z}}{100}\right)^3 B_0$$

$$B_4^* = (1 + \frac{\overline{z}}{100})B_3^* = \left(1 + \frac{\overline{z}}{100}\right)^4 B_0$$

Die Anwendung der durchschnittlichen Zuwachsrate $\overline{z}$ auf alle 4 Jahre soll von B_0 zu derselben Bevölkerung B_4 führen wie die Anwendung der tatsächlichen Zuwachsraten. Es gilt dann

$$B_4 = 1{,}1 \cdot 1{,}067 \cdot 1{,}3 \cdot 1{,}6 \cdot B_0 = \left(1 + \frac{\overline{z}}{100}\right)^4 B_0$$

Daraus folgt:

$$(1 + \frac{\overline{z}}{100}) = \sqrt[4]{1{,}1 \cdot 1{,}067 \cdot 1{,}3 \cdot 1{,}6}$$

$$\overline{z} = (\sqrt[4]{2{,}441296} - 1) \cdot 100 = (1{,}2499859 - 1) \cdot 100 = 24{,}99859$$

also (gerundet) $\overline{z} = 25\%$. Wendet man diese durchschnittliche Zuwachsrate für die vier Jahre an, so ergibt sich:

Jahr	Bevölkerung am 31.12.	Zuwachs gegenüber Vorjahr absolut	relativ
2004	20.000		
2005	25.000	5.000	25%
2006	31.250	6.250	25%
2007	39.063	7.813	25%
2008	48.829	9.766	25%

Die (geringfügige) Differenz zwischen 48.829 und 48.826 ist auf Abweichungen durch Rundung zurückzuführen.

Das Beispiel macht deutlich, dass bei bestimmten Aufgabenstellungen das arithmetische Mittel für die Berechnung von Durchschnittswerten ungeeignet ist. Der in B 3.2.26 zum richtigen Ergebnis führende Mittelwert ist das geometrische Mittel.

R 3.2.27

Geometrisches Mittel

a) Gegeben sind n Beobachtungswerte x_i ($i = 1, 2, ..., n$) eines Merkmals X. Das **ungewogene geometrische Mittel** ergibt sich dann zu

$$\overline{x}_G = \sqrt[n]{x_1 \cdot x_2 \cdot ... \cdot x_n} = \sqrt[n]{\prod_{i=1}^{n} x_i}$$

b) Gegeben sei die Häufigkeitsverteilung des Merkmals X, dessen Ausprägungen x_j ($j = 1, 2, ..., m$) mit absoluten bzw. relativen Häufigkeiten $h(x_j)$ bzw. $f(x_j)$ auftreten. Für das **gewogene geometrische Mittel** gilt:

$$\overline{x}_G = \sqrt[n]{x_1^{h(x_1)} \cdot x_2^{h(x_2)} \cdot ... \cdot x_m^{h(x_m)}} = \sqrt[n]{\prod_{j=1}^{m} x_j^{h(x_j)}} = \prod_{j=1}^{m} x_j^{f(x_j)}$$

Ü 3.2.28 *Paul bringt 1.000 € am 1.1. eines Jahres zu Zinseszinsen zur Bank. In den ersten beiden Jahren bekommt er 4%, in den folgenden drei Jahren 5,5%, im 6. Jahr 5% Zinsen. Auf wie viel € ist sein Kapital nach 6 Jahren angewachsen? Bei welcher (konstanten) Durchschnittsverzinsung hätte er das gleiche Endkapital erhalten?*

Zur Anwendung des geometrischen Mittels lässt sich allgemein Folgendes sagen:

> Hat man es mit zeitlich aufeinander folgenden Zuwächsen, Wachstumsraten oder ähnlichem zu tun, ist das arithmetische Mittel nicht der sachlich richtige Durchschnittswert, sondern das geometrische Mittel.

Dabei ist besonders zu beachten, dass das geometrische Mittel nicht aus gegebenen Zuwachsraten, Zinssätzen oder Wachstumsraten berechnet wird, sondern dass man diese zunächst in Zuwachsfaktoren, Zinsfaktoren oder Wachstumsfaktoren umwandelt, indem man zu dem als Dezimalbruch gegebenen Wert der Zuwachsrate usw. 1 addiert, d. h. es gilt z. B.:

Zinssatz: p (%); Zinsfaktor: $1 + \frac{p}{100}$.

Wesentlich ist dabei folgender Grundgedanke:
Zuwachsraten zweier aufeinander folgender Jahre kann man nicht durch Addition verknüpfen, um die Gesamtrate für die zwei Jahre zu erhalten. Um die Gesamtrate (als Dezimalbruch) für zwei Jahre zu erhalten, muss man die Zuwachsfaktoren der beiden Jahre multiplizieren und 1 abziehen.

B 3.2.29 *Der Umsatz eines Unternehmens wächst in drei Jahren wie folgt*:

Jahr	Umsatz	Zuwachsrate	Zuwachsfaktor
1	1.000.000		
2	1.800.000	80%	1,8
3	1.980.000	10%	1,1

Addiert man die Zuwachsraten, so erhält man 90%. Das entspricht aber nicht dem tatsächlichen Zuwachs in den 2 Jahren, der 98% beträgt. Das Produkt der Zuwachsraten ergibt 1,8·1,1 = 1,98 und damit als Gesamtzuwachsrate 0,98 bzw. 98%.

In allen Fällen, in denen Merkmalsausprägungen sinnvoll nur durch Multiplikation verknüpft werden können, so wie in B 3.2.26 und B 3.2.29, ergibt das geometrische Mittel einen geeigneten Durchschnitt. Demgegenüber ist das arithmetische Mittel angemessen, wenn Merkmalsausprägungen sinnvoll addiert werden können.

A 3.2.30 Der methodisch interessierte Leser sei noch auf folgenden interessanten Zusammenhang hingewiesen: Logarithmiert man die Formel für das ungewogene geometrische Mittel (siehe R 3.2.27a), dann ergibt sich Folgendes:

$$\overline{x}_G = \sqrt[n]{x_1 \cdot x_2 \cdot \ldots \cdot x_n}$$

$$\log \overline{x}_G = \frac{1}{n}(\log x_1 + \log x_2 + \ldots + \log x_n) = \frac{1}{n}\sum_{i=1}^{n} \log x_i$$

Der Logarithmus des geometrischen Mittels ist das arithmetische Mittel der Logarithmen der Beobachtungswerte.

Entsprechendes gilt für das gewogene geometrische Mittel (siehe R 3.2.27b).

f) Harmonisches Mittel

Auch zum harmonischen Mittel wird zunächst ein Beispiel betrachtet.

B 3.2.31 *Ein Autofahrer legt mit seinem Pkw vier Teilstrecken einer Gesamtstrecke mit folgenden Geschwindigkeiten zurück:*

Teilstrecke Nr.	1	2	3	4
Länge der Teilstrecke in km	30	10	40	20
Geschwindigkeit in km/h	40	50	80	100

Durch welche (entlang der Gesamtstrecke konstant gehaltene) Durchschnittsgeschwindigkeit würde er die Gesamtstrecke in der gleichen Zeit bewältigen?
Es sei für die i-te Teilstrecke (i = 1,2,3,4):
- V_i *die Geschwindigkeit,*
- S_i *die Länge (physikalisch: „Weg"),*
- t_i *die für die Teilstrecke benötigte Zeit.*

Mit V, S und t werden die Geschwindigkeit, die Länge und die Zeit für die Gesamtstrecke bezeichnet. Dann gilt:

$$t_i = \frac{S_i}{V_i} \text{ (i = 1,2,3,4) und } t = \frac{S}{V}$$

Die Gesamtzeit ist nun die Summe aller für die Teilstrecken benötigten Zeiten: $t = t_1 + t_2 + t_3 + t_4$.
Hieraus ergibt sich zur Bestimmung der konstanten Durchschnittsgeschwindigkeit V *folgende Gleichung:*

$$\frac{S}{V} = \frac{S_1}{V_1} + \frac{S_2}{V_2} + \frac{S_3}{V_3} + \frac{S_4}{V_4} \text{ mit } S = S_1 + S_2 + S_3 + S_4$$

Die Auflösung dieser Gleichung nach V liefert:

$$V = \frac{S_1 + S_2 + S_3 + S_4}{\frac{S_1}{V_1} + \frac{S_2}{V_2} + \frac{S_3}{V_3} + \frac{S_4}{V_4}}.$$

Setzt man die Zahlenangaben ein, so ergibt sich

$$V = \frac{30+10+40+20}{\frac{30}{40} + \frac{10}{50} + \frac{40}{80} + \frac{20}{100}} = \frac{100}{\frac{3}{4} + \frac{1}{5} + \frac{1}{2} + \frac{1}{5}} = \frac{100}{1{,}65} = 60{,}6 \, (km/h)$$

als Durchschnittsgeschwindigkeit.
Berechnet man ein (mit den Längen der Teilstrecken) gewogenes arithmetisches Mittel, so erhält man:

$$\bar{x} = \frac{30 \cdot 40 + 10 \cdot 50 + 40 \cdot 80 + 20 \cdot 100}{100} = 69 \, (km/h)$$

Fährt man die 100 km Gesamtstrecke mit dieser Geschwindigkeit, benötigt man 1,45 Stunden.
Mit den oben angegebenen unterschiedlichen Geschwindigkeiten für die Teilstrecken benötigt man aber 1,65 Stunden.
Das arithmetische Mittel liefert eine falsche Durchschnittsgeschwindigkeit.

Der in dem Beispiel zur Berechnung der Durchschnittsgeschwindigkeit verwendete Mittelwert ist das harmonische Mittel.

R 3.2.32

Harmonisches Mittel

a) Gegeben sind n Beobachtungswerte x_i (i = 1,...,n) des Merkmals X. Als **ungewogenes harmonisches Mittel** ergibt sich

$$\bar{x}_H = \frac{n}{\sum_{i=1}^{n} \frac{1}{x_i}}$$

b) Für das **gewogene harmonische Mittel** des Merkmals X, dessen Ausprägungen x_j (j = 1,...,m) mit den absoluten Häufigkeiten $h(x_j)$ bzw. den relativen Häufigkeiten $f(x_j)$ auftreten, gilt:

$$\bar{x}_H = \frac{n}{\sum_{j=1}^{m} \frac{h(x_j)}{x_j}} = \frac{1}{\sum_{j=1}^{m} \frac{f(x_j)}{x_j}}$$

Ü 3.2.33 Ein Pkw-Fahrer legt von einer Gesamtstrecke $\frac{1}{6}$ mit einer Geschwindigkeit von 100 km/h, $\frac{1}{3}$ mit einer Geschwindigkeit von 80 km/h und $\frac{1}{2}$ mit einer Geschwindigkeit von 50 km/h zurück. Mit welcher (konstanten) Geschwindigkeit würde er die gesamte Strecke in der gleichen Zeit bewältigen?

Man beachte, dass zur Bestimmung von Durchschnittsgeschwindigkeiten das arithmetische Mittel dann zum richtigen Ergebnis führt, wenn die gegebenen Geschwindigkeiten sich nicht auf Teilstrecken, sondern auf Teilzeiträume beziehen.

B 3.2.34 Aus den Angaben von B 3.2.31 ergibt sich

Teilstrecken Nr.	1	2	3	4
für die Teilstrecke benötigte Zeit in Stunden	0,75	0,2	0,5	0,2
Geschwindigkeit in km	40	50	80	100

Das mit den jeweils benötigten Zeiten gewogene arithmetische Mittel der Geschwindigkeiten ergibt:

$$V = \frac{40 \cdot 0,75 + 50 \cdot 0,2 + 80 \cdot 0,5 + 100 \cdot 0,2}{0,75 + 0,2 + 0,5 + 0,2} = \frac{100}{1,65} = 60,6 \text{ (km/h)}$$

Das Ergebnis ist dieselbe Durchschnittsgeschwindigkeit wie in B 3.2.31.

Das folgende Beispiel zeigt eine andere Anwendung des harmonischen Mittels.

B 3.2.35 Im Rahmen einer Untersuchung über Wohnverhältnisse von Studenten wurde für fünf Bezirke einer Universitätsstadt die Anzahl der in dem jeweiligen Bezirk wohnenden Studenten ermittelt. Diese Anzahl wurde zur Einwohnerzahl des jeweiligen Bezirks in Beziehung gesetzt und eine Studentendichte als Anzahl der Studenten pro 100 Einwohner bestimmt.

Bezirk	1	2	3	4	5
Anzahl der Studenten	300	1.500	200	800	700
Einwohnerzahl	2.000	5.000	5.000	16.000	7.000
Studentendichte	15	30	4	5	10

Kennt man nur die Studentenzahlen und die Studentendichte, dann ergibt sich die durchschnittliche Studentendichte $\overline{D}$ als harmonisches Mittel:

$$\overline{D} = \frac{300 + 1.500 + 200 + 800 + 700}{\frac{300}{15} + \frac{1.500}{30} + \frac{200}{4} + \frac{800}{5} + \frac{700}{10}} = \frac{3.500}{350} = 10$$

Das gleiche Ergebnis erhält man, wenn man die durchschnittliche Studentendichte aus den Gesamtzahlen von Studenten und Einwohnern berechnet.

Allgemein wird das harmonische Mittel angewendet, wenn Merkmalsausprägungen als Quotienten $x_j = \frac{a_j}{b_j}$ definiert sind, deren Nenner nicht bekannt sind. Für den Durchschnittswert x der Quotienten verlangt man $x = \frac{\Sigma a_j}{\Sigma b_j}$.

B 3.2.36 a) *Bei Geschwindigkeiten (siehe B 3.2.31) gilt*:

$$\text{Durchschnittsgeschwindigkeit} = \frac{\text{Summe aller Strecken}}{\text{Summe aller Zeiten}}$$

b) *Für die durchschnittliche Studentendichte (siehe B 3.2.35) gilt*:

$$\text{durchschnittliche Studentendichte} = \frac{\text{Gesamtzahl der Studenten}}{(\text{Gesamtzahl der Einwohner}):100}$$

Sind nun die b_j unbekannt, dann kann man wegen

$$b_j = \frac{a_j}{x_j}$$

den durchschnittlichen Quotienten x wie folgt berechnen:

$$x = \frac{\Sigma a_j}{\Sigma b_j} = \frac{\Sigma a_j}{\Sigma \frac{a_j}{x_j}}$$

Der durchschnittliche Quotient x ergibt sich somit als gewogenes harmonisches Mittel der gegebenen Quotienten $x_j = \frac{a_j}{b_j}$, wobei die Zähler a_j die Gewichte sind (siehe Formel in R 3.2.32).

Sind die b_j bekannt und die a_j unbekannt, dann kann man wegen $a_j = x_j b_j$ den durchschnittlichen Quotienten x folgendermaßen bestimmen:

$$x = \frac{\Sigma a_j}{\Sigma b_j} = \frac{\Sigma x_j b_j}{\Sigma b_j}$$

Der durchschnittliche Quotient ergibt sich in diesem Fall als (gewogenes) arithmetisches Mittel der gegebenen Quotienten x_j, wobei die Nenner b_j von $x_j = \frac{a_j}{b_j}$ die Gewichte sind. Dieser Fall ist in B 3.2.34 behandelt.

Die Überlegungen können wie folgt zusammengefasst werden:

R 3.2.37

Mittelwerte von Quotienten

Gegeben ist ein **Merkmal** X mit den **Ausprägungen** x_j, die **als Quotienten** $x_j = \dfrac{a_j}{b_j}$ definiert sind (j = 1,...,m).

Gesucht ist der **durchschnittliche Quotient**:

$$\bar{x} = \dfrac{\sum_{j=1}^{m} a_j}{\sum_{j=1}^{m} b_j}$$

a) Sind die a_j gegeben und die b_j nicht, dann erhält man den durchschnittlichen Quotienten als **gewogenes harmonisches Mittel** mit den Gewichten a_j:

$$\bar{x} = \dfrac{\sum_{j=1}^{m} a_j}{\sum_{j=1}^{m} \dfrac{a_j}{x_j}}$$

b) Sind die b_j gegeben und die a_j nicht, dann erhält man den durchschnittlichen Quotienten als **gewogenes arithmetisches Mittel** mit den Gewichten b_j:

$$\bar{x} = \dfrac{\sum_{j=1}^{m} x_j b_j}{\sum_{j=1}^{m} b_j}$$

g) Mittelwertzerlegung

Manchmal sind die Beobachtungswerte einer statistischen Untersuchung in Gruppen gegeben, und man kennt die Lageparameter der einzelnen Gruppen. Bei metrisch messbaren Merkmalen kann man dann aus den Mittelwerten der Gruppen den entsprechenden Mittelwert **aller** Beobachtungswerte nach der folgenden Regel einfach bestimmen.

R 3.2.38

Mittelwerte aus Gruppen von Beobachtungswerten

Gegeben seien k Gruppen von Beobachtungswerten eines metrisch messbaren Merkmals X. Von jeder Gruppe sei die Anzahl der Beobachtungswerte n_i (i =1,...,k) und

    a) das arithmetische Mittel $\bar{x}_i$,
    b) das geometrische Mittel $\bar{x}_{Gi}$ und
    c) das harmonische Mittel $\bar{x}_{Hi}$

bekannt. Das arithmetische, geometrische bzw. harmonische Mittel **aller** n Beobachtungswerte erhält man dann als gewogenes arithmetisches, geometrisches bzw. harmonisches Mittel der Gruppenmittelwerte:

a) $\bar{x} = \dfrac{1}{n} \sum_{i=1}^{k} \bar{x}_i n_i$

b) $\bar{x}_G = \sqrt[n]{\prod_{i=1}^{k} \bar{x}_{Gi}^{n_i}}$

c) $\bar{x}_H = \dfrac{n}{\sum_{i=1}^{k} \dfrac{n_i}{\bar{x}_{Hi}}}$

B 3.2.39 *In 4 Gemeinden wurden die erwerbstätigen Einwohner nach ihrem Einkommen befragt.*

Gemeinde	Anzahl der Erwerbstätigen	Durchschnittseinkommen
1	$n_1 =$ 870	$\bar{x}_1 = 4.347$
2	$n_2 =$ 2.350	$\bar{x}_2 = 4.512$
3	$n_3 =$ 1.378	$\bar{x}_3 = 4.116$
4	$n_4 =$ 5.469	$\bar{x}_4 = 4.478$

Für die Erwerbstätigen aller 4 Gemeinden ergibt sich folgendes Durchschnittseinkommen:

$$\bar{x} = \frac{4.347 \cdot 870 + 4.512 \cdot 2.350 + 4.116 \cdot 1.378 + 4.478 \cdot 5.469}{870 + 2.350 + 1.378 + 5.469} = 4.425$$

B 3.2.40 *Ein Autofahrer fährt 100 km mit einer Durchschnittsgeschwindigkeit von 83 km/h und 60 km mit einem Durchschnitt von 130 km/h. Insgesamt hat er dann folgende Durchschnittsgeschwindigkeit erreicht:*

$$\bar{x}_H = \frac{100 + 60}{\frac{100}{83} + \frac{60}{130}} = 96 \text{ km/h}.$$

Für Median und häufigsten Wert lassen sich „Zusammenfassungen" bzw. „Zerlegungen" nicht in entsprechend einfacher Weise durchführen.

h) Mittelwerte transformierter Merkmale

Bei der Behandlung der Messbarkeit von Merkmalen wurde auch auf die Transformation von Merkmalen bzw. Merkmalswerten und Skalen eingegangen (siehe dazu D 2.3.17 und die daran anschließenden Ausführungen). Für Lageparameter eines transformierten Merkmals gelten folgenden Regeln.

R 3.2.41

> Gegeben sei ein Merkmal X mit dem **häufigsten Wert** $\bar{x}_D$ und die **eineindeutige Transformation** Y = g(X).
> Dann gilt: $\bar{y}_D = g(\bar{x}_D)$

R 3.2.42

> Gegeben sei ein wenigstens ordinal messbares Merkmal X mit dem **Zentralwert** $\bar{x}_Z$ und die **streng monotone Transformation** Y = g(X).
> Dann gilt: $\bar{y}_Z = g(\bar{x}_Z)$

R 3.2.43

> Gegeben sei ein metrisch messbares Merkmal X mit dem **arithmetischen Mittel** $\bar{x}$ und die **lineare Transformation** Y = bX + a.
> Dann gilt: $\bar{y} = b\bar{x} + a$

B 3.2.44 In Florida wurde in einem Monat eine durchschnittliche Tageshöchsttemperatur von $\overline{F} = 84°$ Fahrenheit (F) ermittelt. Da man Fahrenheitgrade in Celsiusgrade nach der Formel $C = \frac{5}{9}F - \frac{160}{9}$ umrechnen kann (siehe auch B 2.3.21), erhält man als Durchschnittstemperatur in Celsius

$$\overline{C} = \frac{5}{9}\overline{F} - \frac{160}{9} = \frac{5}{9} \cdot 84 - \frac{160}{9} = 28{,}9 \ (°C).$$

i) Zusammenfassung zu den Mittelwerten

Die Existenz verschiedener Mittelwerte wirft die Frage auf, wann welcher Mittelwert anzuwenden ist. Dazu ist Folgendes anzumerken:

Der **häufigste Wert** $\overline{x}_D$ ist bei nominal messbaren Merkmalen der einzige sinnvoll zu bestimmende „Mittelwert". Er ist ein **grober** Lageparameter.

Der **Zentralwert** $\overline{x}_Z$ ist bei ordinal messbaren Merkmalen der wichtigste Lageparameter. Bei metrisch messbaren Merkmalen sollte er zusätzlich zum arithmetischen Mittel oder an seiner Stelle bestimmt werden, wenn die Verteilung des betreffenden Merkmals schief (asymmetrisch) oder durch Ausreißer verzerrt ist (vgl. hierzu B 3.2.25).

Das **arithmetische Mittel** $\overline{x}$ ist bei metrisch messbaren Merkmalen der wichtigste Lageparameter. Für $\overline{x}$ gilt (siehe R 3.2.17 bzw. R 3.2.20):

$$n\overline{x} = \sum_{i=1}^{n} x_i \quad \text{bzw.} \quad n\overline{x} = \sum_{j=1}^{m} h(x_j) x_j$$

Die Summe aller Beobachtungswerte liefert also gerade das n-fache des arithmetischen Mittels. **Besäßen alle statistischen Einheiten die Merkmalsausprägung des arithmetischen Mittels, dann ergäbe die Summe für alle Einheiten denselben Wert wie die Summe der tatsächlichen Beobachtungswerte.** Das arithmetische Mittel wird deshalb immer angewendet, wenn eine Addition der Beobachtungswerte sinnvoll ist.

Das **geometrische Mittel** $\overline{x}_G$ ist ebenfalls nur bei metrisch messbaren Merkmalen anwendbar. Es gilt $\overline{x}_G^n = \prod_{i=1}^{n} x_i$ bzw. $\overline{x}_G^n = \prod_{j=1}^{m} x_j^{h(x_j)}$ (siehe R 3.2.27). Das geometrische Mittel wird dann angewendet, wenn die Beobachtungswerte sinnvoll durch Multiplikation verknüpft werden können, wie vor allem bei Zuwachs- oder Wachstumsfaktoren eines Merkmals im Zeitablauf.

Zum **harmonischen Mittel** $\overline{x}_H$, das auch metrische Messbarkeit voraussetzt, sei vor allem auf R 3.2.37 verwiesen.

3.3 Streuungsparameter

a) Zum Streuungsbegriff

Die im vorhergehenden Abschnitt behandelten Lageparameter reichen zur Charakterisierung einer eindimensionalen Verteilung durch eine Kennzahl oft nicht aus. In vielen Fällen ist es auch wichtig zu wissen, ob die Beobachtungswerte bzw. Häufigkeiten der Verteilung sehr nahe bei einem Mittelwert liegen oder ob sie weit auseinander liegen, d. h. stark **streuen**.

3.3 Streuungsparameter

B 3.3.1 **a)** *Auf einem Verpackungsautomaten wird Zucker in 1-kg-Pakete abgefüllt. Nachwiegungen ergaben, dass das durchschnittliche Gewicht der Pakete $\bar{x}$ = 1.000,5 g beträgt, der Sollwert also fast genau eingehalten wird. Dennoch kann es sein, dass der Verpackungsautomat nicht zuverlässig arbeitet, weil die Gewichte der Pakete zu stark streuen. Zur Kontrolle des Verpackungsautomaten bzw. der abgepackten Gewichte ist es deshalb notwendig, neben dem Durchschnittsgewicht auch die Streuung der Gewichte zu ermitteln.*
b) *Für die Einwohner zweier Gemeinden wurde das gleiche durchschnittliche, monatlich verfügbare Nettoeinkommen von 4.200 € ermittelt. Zur Beurteilung der Einkommensverhältnisse reicht dieser Wert insofern nicht aus, als in der einen Gemeinde die individuellen Einkommen stärker streuen können als in der anderen Gemeinde und dadurch z. B. mehr Einwohner mit viel niedrigeren Einkommen als 4.200 € in der Gemeinde leben.*

Die beiden Probleme des Beispiels zeigen, dass das arithmetische Mittel zur Charakterisierung eines metrisch messbaren Merkmals nicht immer ausreicht. Die Streuung der Beobachtungswerte muss in vielen Fällen zusätzlich (oder alternativ) herangezogen werden. In F 3.3.2 sind drei Häufigkeitsverteilungen mit übereinstimmendem arithmetischen Mittel aber verschiedenen Streuungen dargestellt. Die Verteilung A hat eine größere Streuung als B und B hat eine größere Streuung als C.

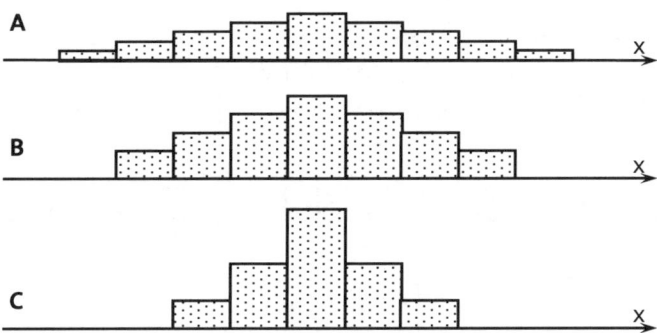

F 3.3.2 Häufigkeitsverteilungen mit gleichem arithmetischen Mittel, aber unterschiedlicher Streuung

Es gibt verschiedene Möglichkeiten, die Streuung von Beobachtungswerten zu messen und durch eine Kennzahl auszudrücken. Die wichtigsten werden im Folgenden behandelt.

b) Spannweite

Das einfachste Streuungsmaß ist die **Spannweite** w.

D 3.3.3
> **Spannweite**
> Gegeben seien n Beobachtungswerte x_i (i = 1,...,n) eines metrisch messbaren Merkmals X. Die Differenz zwischen größtem Beobachtungswert und kleinstem Beobachtungswert heißt Spannweite w der Verteilung des Merkmals:
> $$w = \max_i(x_i) - \min_i(x_i)$$

Ist die Häufigkeitsverteilung eines Merkmals gegeben, für dessen Ausprägungen Klassen gebildet wurden, dann ist w folgendermaßen definiert.

D 3.3.4
> **Spannweite bei Klassenbildung**
> Gegeben seien die Klassengrenzen x_j^* (j = 0,...,m) der Häufigkeitsverteilung eines metrisch messbaren Merkmals X.
> Die Differenz zwischen größter Klassengrenze (x_m^*) und kleinster Klassengrenze (x_0^*) heißt Spannweite w der Verteilung:
> $$w = x_m^* - x_0^*$$

Für die Spannweite w des Merkmals X schreibt man manchmal auch w_X.

B 3.3.5 *Gegeben ist die folgende Reihe von Beobachtungswerten*: 27, 4, 8, 3, 12, 10, 26, 6, 19, 16. *Die Spannweite beträgt*: w = 27 − 3 = 24.

Ü 3.3.6 *Gegeben ist die folgende Reihe von Beobachtungswerten*: 24, 13, 39, 14, 9, 48, 57, 16, 17, 15, 29, 38, 43, 54. *Bestimmen Sie die Spannweite.*

Die Spannweite ist ein sehr einfaches aber wenig aussagefähiges Streuungsmaß. Sie berücksichtigt nur den kleinsten und den größten Wert der Verteilung. Wie die dazwischen liegenden Werte streuen wird nicht ausgesagt. Die beiden in F 3.3.7 dargestellten Verteilungen haben z. B. die gleiche Spannweite.

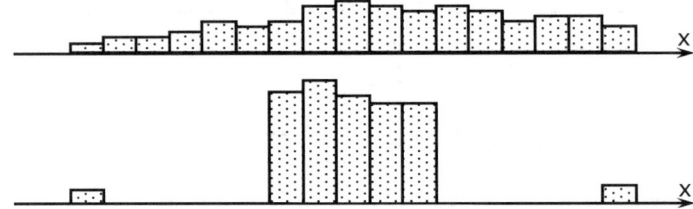

F 3.3.7 unterschiedliche Verteilungen mit gleicher Spannweite

c) Mittlere absolute Abweichung

Ein Streuungsmaß, welches alle Werte einer Verteilung berücksichtigt, ist die mittlere absolute Abweichung.

Bei der mittleren absoluten Abweichung betrachtet man die Abstände aller Beobachtungswerte vom Zentralwert und bestimmt das (gewogene) arithmetische Mittel aus diesen Abständen als Streuungsmaß.

D 3.3.8

> **Mittlere absolute Abweichung**
>
> a) Gegeben seien **n Beobachtungswerte** x_i (i = 1,...,n) eines metrisch messbaren Merkmals X und der Zentralwert $\bar{x}_Z$. Das arithmetische Mittel aus den absoluten Abweichungen der Beobachtungswerte x_i vom Zentralwert $\bar{x}_Z$ heißt mittlere absolute Abweichung d:
>
> $$d = \frac{1}{n}\sum_{i=1}^{n}|x_i - \bar{x}_Z|$$
>
> b) Gegeben sei die **Häufigkeitsverteilung** eines metrisch messbaren Merkmals X mit den Merkmalsausprägungen x_j bzw. den Klassenmitten x_j, den absoluten bzw. relativen Häufigkeiten $h(x_j)$ bzw. $f(x_j)$ und dem Zentralwert $\bar{x}_Z$. Das gewogene arithmetische Mittel aus den absoluten Abweichungen der Merkmalsausprägungen bzw. Klassenmitten x_j vom Zentralwert $\bar{x}_Z$ heißt mittlere absolute Abweichung d:
>
> $$d = \frac{1}{n}\sum_{j=1}^{m}|x_j - \bar{x}_Z|h(x_j) = \sum_{j=1}^{m}|x_j - \bar{x}_Z|f(x_j)$$

Für die mittlere absolute Abweichung d des Merkmals X schreibt man manchmal auch kurz d_X.

B 3.3.9 a) *Für die Werte* 3, 7, 8, 9 *und* 13 *mit dem Zentralwert* 8 *beträgt die mittlere absolute Abweichung*

$$d = \frac{|3-8|+|7-8|+|8-8|+|9-8|+|13-8|}{5} = \frac{5+1+0+1+5}{5} = \frac{12}{5} = 2,4$$

b) *Für die Häufigkeitsverteilung*

Klassen von ... bis unter ...	100-150	150-200	200-250	250-300
Klassenmitten x_j	125	175	225	275
relative Häufigkeiten $f(x_j)$	0,30	0,25	0,40	0,05

ergibt sich als Zentralwert $\bar{x}_Z = 190$ *und als mittlere absolute Abweichung*

$$d = \sum_{j=1}^{m}|x_j - \bar{x}_Z|f(x_j)$$
$$= |125-190|\cdot 0,3 + |175-190|\cdot 0,25 + |225-190|\cdot 0,4 + |275-190|\cdot 0,05$$
$$= 65\cdot 0,3 + 15\cdot 0,25 + 35\cdot 0,4 + 85\cdot 0,05 = 41,5$$

Ü 3.3.10 *Gegeben ist folgende Reihe* 18, 16, 3, 9, 7, 12, 10, 6, 13, 5. *Berechnen Sie die mittlere absolute Abweichung.*

A 3.3.11 Die mittlere absolute Abweichung wurde in D 3.3.8, wie allgemein üblich, auf den Zentralwert bezogen. Es ist aber auch möglich, die mittlere absolute Abweichung auf das arithmetische Mittel $\bar{x}$ oder auf irgendeinen anderen Mittelwert M zu beziehen.

Für Einzelwerte lauten dann die Berechnungsformeln

$$\frac{1}{n}\sum_{i=1}^{n}|x_i - \bar{x}| \quad \text{bzw.} \quad \frac{1}{n}\sum_{i=1}^{n}|x_i - M|$$

> Die auf den Zentralwert bezogene mittlere absolute Abweichung besitzt folgende wichtige Eigenschaft:
> Sie ist kleiner als jede auf einen von $\bar{x}_Z$ verschiedenen Wert M ($\bar{x}_Z \neq M$) bezogene mittlere absolute Abweichung.

d) Varianz und Standardabweichung

Das bei metrisch messbaren Merkmalen am häufigsten verwendete Streuungsmaß ist die **Varianz** s^2 bzw. die positive Quadratwurzel daraus, die **Standardabweichung** s.

Während bei der mittleren absoluten Abweichung die einfachen absoluten Abweichungen als Ausdruck der Streuung verwendet werden, benutzt man für die Varianz die quadratischen Abweichungen. Größere Abstände zum Mittelwert werden auf diese Weise stärker berücksichtigt.

D 3.3.12

> **Varianz**
> a) Gegeben seien n Beobachtungswerte x_i (i = 1,...,n) eines metrisch messbaren Merkmals X.
> Das arithmetische Mittel der quadrierten Abweichungen der Beobachtungswerte x_i von ihrem arithmetischen Mittel $\bar{x}$ (mittlere quadratische Abweichung) heißt Varianz s^2:
> $$s^2 = \frac{1}{n}\sum_{i=1}^{n}(x_i - \bar{x})^2$$
> b) Gegeben sei die Häufigkeitsverteilung eines metrisch messbaren Merkmals X mit den Merkmalsausprägungen x_j bzw. den Klassenmitten x_j, den absoluten bzw. relativen Häufigkeiten $h(x_j)$ bzw. $f(x_j)$ und dem arithmetischen Mittel $\bar{x}$.
> Das gewogene arithmetische Mittel der quadratischen Abweichungen der Merkmalsausprägungen bzw. Klassenmitten x_j vom arithmetischen Mittel $\bar{x}$ heißt Varianz s^2:
> $$s^2 = \frac{1}{n}\sum_{j=1}^{m}(x_j - \bar{x})^2 h(x_j) = \sum_{j=1}^{m}(x_j - \bar{x})^2 f(x_j)$$

D 3.3.13

> **Standardabweichung**
> Die positive Quadratwurzel aus der Varianz heißt Standardabweichung s. Es gilt:
> $$s = \sqrt{s^2} = \sqrt{\frac{1}{n}\sum_{i=1}^{n}(x_i - \bar{x})^2}$$
> bzw.
> $$s = \sqrt{\frac{1}{n}\sum_{j=1}^{m}(x_j - \bar{x})^2 h(x_j)} = \sqrt{\sum_{j=1}^{m}(x_j - \bar{x})^2 f(x_j)}$$

Die **Standardabweichung** hat dieselbe **Dimension** wie das Merkmal, für das sie berechnet wurde. Die Varianz hat als Dimension das Quadrat der Dimension des Merkmals.

Für die Varianz bzw. die Standardabweichung des Merkmals X schreibt man mitunter auch: s_X^2 bzw. s_X

B 3.3.14 *Für die Beobachtungswerte 3, 7, 8, 9, 13 mit dem arithmetischen Mittel $\bar{x} = 8$ ergibt sich als Varianz:*

$$s^2 = \frac{(3-8)^2+(7-8)^2+(8-8)^2+(9-8)^2+(13-8)^2}{5} = \frac{(-5)^2+(-1)^2+0^2+1^2+5^2}{5} = \frac{25+1+1+25}{5} = 10{,}4$$

und für die Standardabweichung: $s = \sqrt{s^2} = \sqrt{10{,}4} = 3{,}225$

Ü 3.3.15 *Für ein Waschpulver eines bestimmten Herstellers wurden in 10 Geschäften Braunschweigs folgende Preise für ein 1-kg-Paket ermittelt (in €): 1,40; 1,60; 1,70; 1,50; 1,40; 1,80; 1,70; 1,60; 1,50; 1,80. Berechnen Sie Varianz und Standardabweichung.*

> **Wichtiger Hinweis:**
> In vielen Lehrbüchern und statistischen Rechenvorschriften wird die Varianz nicht wie in D 3.3.12 mit dem Faktor $\frac{1}{n}$, sondern mit $\frac{1}{n-1}$ definiert. Die entsprechenden Berechnungsformeln lauten dann:
> $$s^2 = \frac{1}{n-1}\sum_{i=1}^{n}(x_i - \bar{x})^2 \quad \text{bzw.} \quad s^2 = \frac{1}{n-1}\sum_{j=1}^{m}(x_j - \bar{x})^2 h(x_j) = \frac{n}{n-1}\sum_{j=1}^{m}(x_j - \bar{x})^2 f(x_j)$$
> Taschenrechner mit einer Funktionstaste für die Varianz und Statistiksoftware verwenden ebenfalls in vielen Fällen die Formeln mit dem Faktor $\frac{1}{n-1}$. Der Leser möge dies bei der Verwendung von Taschenrechnern oder Software beachten. Für die Standardabweichung s gilt Entsprechendes. Die Formeln mit dem Faktor $\frac{1}{n-1}$ anstelle von $\frac{1}{n}$ liefern keine „mittlere quadratische Abweichung" als Varianz und spielen für die beschreibende Statistik eigentlich keine Rolle. Sie sind nur für Stichprobenuntersuchungen von Interesse, wenn mit der Varianz der Stichprobe die Varianz einer übergeordneten Gesamtheit geschätzt werden soll. Auf Einzelheiten dazu wird in Band 2 eingegangen.

Für die manuelle Berechnung der Varianz bzw. Standardabweichung empfiehlt sich die Benutzung einer Rechentabelle wie in dem folgenden Beispiel.

B 3.3.16 *Die Befragung von 30 Mitarbeitern eines Betriebes nach ihrem Alter hat das in der Tabelle angegebene Ergebnis geliefert.*
Die zur Berechnung von $\bar{x}$ und s^2 notwendigen Summen erhält man aus den entsprechenden Spaltensummen. Zur Vereinfachung werden für die offenen Randklassen Klassenmitten angenommen, die zu gleichen Abständen aller Klassenmitten führen.

Alter von ... bis unter ...	Klassenmitte x_j	$h(x_j)$	$x_j h(x_j)$	$x_j - \bar{x}$	$(x_j - \bar{x})^2$	$(x_j - \bar{x})^2 h(x_j)$
unter 20	15	2	30	-24	576	1.152
20 30	25	9	225	-14	196	1.764
30 40	35	5	175	-4	16	80
40 50	45	6	270	6	36	216
50 60	55	5	275	16	256	1.280
60 u. älter	65	3	195	26	676	2.028
			1.170			6.520

Es ergibt sich

$$\bar{x} = \frac{1}{n}\sum_{j=1}^{m} x_j h(x_j) = \frac{1}{30} \cdot 1.170 = 39$$

$$s^2 = \frac{1}{n}\sum_{j=1}^{m}(x_j - \bar{x})^2 h(x_j) = \frac{1}{30} \cdot 6.520 = 217{,}33$$

$$s = \sqrt{217{,}33} = 14{,}74$$

Ü 3.3.17 Studenten wurden nach ihrem verfügbaren Monatseinkommen befragt. Das Ergebnis ist in der Tabelle enthalten. Berechnen Sie arithmetisches Mittel, Varianz und Standardabweichung.

Einkommen von ... bis unter...	unter 400	400 500	500 600	600 700	700 und mehr
Klassenmitte	350	450	550	650	750
relative Häufigkeit	0,2	0,4	0,2	0,1	0,1

Die beiden Beispiele 3.3.14 und 3.3.16 zeigen, dass die Berechnung der Varianz ziemlich aufwändig ist. Durch Verwendung der nachfolgend hergeleiteten Berechnungsformel kann man den Aufwand reduzieren.

$$s^2 = \frac{1}{n}\sum_{i=1}^{n}(x_i - \bar{x})^2 = \frac{1}{n}\sum_{i=1}^{n}(x_i^2 - 2x_i\bar{x} + \bar{x}^2) = \frac{1}{n}\sum_{i=1}^{n}x_i^2 - \frac{1}{n}2\bar{x}\sum_{i=1}^{n}x_i + \frac{1}{n}\sum_{i=1}^{n}\bar{x}^2$$

$$= \frac{1}{n}\sum_{i=1}^{n}x_i^2 - 2\bar{x}\frac{1}{n}\sum_{i=1}^{n}x_i + \frac{1}{n}n\bar{x}^2 = \frac{1}{n}\sum_{i=1}^{n}x_i^2 - 2\bar{x}\bar{x} + \bar{x}^2 = \frac{1}{n}\sum_{i=1}^{n}x_i^2 - \bar{x}^2$$

Entsprechendes kann man für die Varianz einer Häufigkeitsverteilung herleiten. Es gelten somit die folgenden Formeln.

R 3.3.18

Formeln zur vereinfachten Berechnung der Varianz

$$s^2 = \frac{1}{n}\sum_{i=1}^{n}x_i^2 - \bar{x}^2 \quad \text{bzw.}$$

$$s^2 = \frac{1}{n}\sum_{j=1}^{m}x_j^2 h(x_j) - \bar{x}^2 = \sum_{j=1}^{m}x_j^2 f(x_j) - \bar{x}^2$$

Aus den Formeln in R 3.3.18 ergeben sich unmittelbar entsprechende Formeln für die Standardabweichung.

B 3.3.19 a) *Für die Angaben aus* B 3.3.14 *ergibt sich*:

$$s^2 = \tfrac{1}{5}(3^2 + 7^2 + 8^2 + 9^2 + 13^2) - 8^2 = \tfrac{1}{5} \cdot 372 - 64 = 74{,}4 - 64 = 10{,}4$$

b) *Für die Angaben aus* B 3.3.16 *erhält man nach* R 3.3.18:

$$s^2 = \tfrac{1}{30}(15^2 \cdot 2 + 25^2 \cdot 9 + 35^2 \cdot 5 + 45^2 \cdot 6 + 55^2 \cdot 5 + 65^2 \cdot 3) - 39^2$$

$$= \tfrac{1}{30}52150 - 1521 = 1738{,}33 - 1521 = 217{,}33$$

Berechnet man die Varianz für ein Merkmal, bei dessen Häufigkeitsverteilung Klassen gebildet wurden, so ergibt sich allgemein ein anderer Wert, als wenn man die Varianz aus den ursprünglichen Werten berechnet. Das liegt an der Bildung von Klassen und der Verwendung der Klassenmitte als repräsentativem Wert für alle in eine Klasse fallenden Beobachtungswerte.

B 3.3.20 *Es wurden 18 Personen einer Gehaltsgruppe nach ihrem monatlichen Nettoeinkommen (in €) gefragt. Es ergaben sich folgende Werte:*
2.670, 2.549, 2.738, 2.629, 2.582, 2.518, 2.784, 2.763, 2.628, 2.684, 2.654, 2.648, 2.537, 2.723, 2.733, 2.616, 2.572, 2.772.
Es ist $\bar{x} = 2.655{,}56$ *und* $s^2 = 6.654$.
Verwendet man Klassen der Breite 100, so ergibt sich:

Einkommen von ... bis unter...	2.500-2.600	2.600-2.700	2.700-2.800
Klassenmitte x_j	2.550	2.650	2.750
Häufigkeit	5	7	6

Es ist dann $\bar{x} = 2.655{,}56$ *und* $s^2 = 6.056{,}64$. *Die Varianz bei den klassierten Werten ist in diesem Fall kleiner, als wenn sie aus den Einzelwerten berechnet wird.*

Generell kann man Folgendes sagen:
Sind alle Werte innerhalb einer Klasse gleichverteilt, so ergibt sich bei klassierten Werten eine kleinere Varianz als bei Berechnung aus den Einzelwerten.

Mit der folgenden Formel erhält man bei Gleichverteilung der Werte innerhalb der Klasse denselben Wert für die Varianz wie bei Berechnung aus den Einzelwerten:

R 3.3.21

$$s^2 = \frac{1}{n}\sum_{j=1}^{m}\left((x_j - \bar{x})^2 + \frac{(x_j^* - x_{j-1}^*)^2(h(x_j)^2 - 1)}{12h(x_j)^2}\right)h(x_j); \quad h(x_j) \neq 0$$

x_j^* und x_{j-1}^* sind dabei die obere bzw. untere Klassengrenze der j-ten Klasse, m ist die Anzahl der Klassen.

Sind die Werte innerhalb der Klasse nicht gleichverteilt, sondern haben die Beobachtungswerte eine Verteilung wie in F 3.3.22, dann ergibt sich für die klassierten Werte eine größere Varianz als bei Berechnung aus den Einzelwerten.

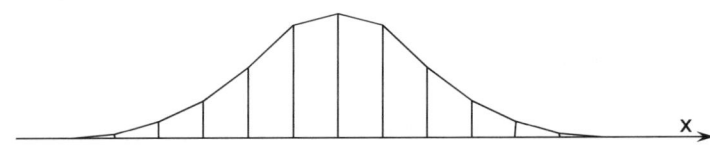

F 3.3.22 Keine Gleichverteilung innerhalb der Klassen

Sind in diesem Fall alle Klassen gleich breit, dann erhält man (annähernd) den gleichen Wert wie bei Berechnung aus den Einzelwerten durch Berücksichtigung der so genannten

SHEPPARDschen Korrektur: $\frac{(x_m^* - x_0^*)^2}{12m^2}$,

wobei x_0^* die untere Grenze der untersten Klasse,
x_m^* die obere Grenze der obersten Klasse und
m die Anzahl der Klassen ist.

Es gilt dann

R 3.3.23
$$s^2 \approx \frac{1}{n}\sum_{j=1}^{m}(x_j - \overline{x})^2 h(x_j) - \frac{(x_m^* - x_0^*)^2}{12m^2}$$

Die durch R 3.3.21 und R 3.3.23 gegebenen Formeln spielen in der praktischen Anwendung kaum eine Rolle, da ihre Anwendung nur sinnvoll ist, wenn man die Verteilung der Einzelwerte kennt. Das ist aber bei klassierten Werten oft nicht der Fall, weil die Einzelwerte nicht mehr bekannt sind oder weil der Aufwand zur Ermittlung der Verteilung unangemessen hoch ist.

A 3.3.24 So wie die mittlere absolute Abweichung durchaus auf einen anderen Wert als den Zentralwert $\overline{x}_Z$ bezogen werden kann (siehe Anmerkung 3.3.11) muss man auch die mittlere quadratische Abweichung nicht zwingend auf das arithmetische Mittel beziehen. Man kann auch jeden anderen „Mittelwert" M verwenden und erhält ein Streuungsmaß aus:

$$S(M) = \frac{1}{n}\sum_{i=1}^{n}(x_i - M)^2$$

Es gilt aber folgende wichtige Eigenschaft:

> Die auf das arithmetische Mittel $\overline{x}$ bezogene mittlere quadratische Abweichung ist kleiner als jede auf einen von $\overline{x}$ verschiedenen Mittelwert M bezogene mittlere quadratische Abweichung.

Um das zu zeigen, untersucht man

$$S(M) = \frac{1}{n}\sum_{i=1}^{n}(x_i - M)^2$$

auf Extremwerte.

Aus

$$\frac{dS(M)}{dM} = \frac{1}{n}\sum_{i=1}^{n}2(x_i - M)(-1) = 0 \text{ ergibt sich}$$

$$\frac{1}{n}\sum_{i=1}^{n}2(x_i - M)(-1) = -2\frac{1}{n}(\sum_{i=1}^{n}x_i - nM) = 0$$

Daraus folgt

$$\frac{1}{n}\sum_{i=1}^{n}x_i - M = 0 \text{ oder } M = \frac{1}{n}\sum_{i=1}^{n}x_i = \overline{x}$$

Da

$$\frac{d^2S(M)}{dM^2} = \frac{1}{n}\sum_{i=1}^{n}2 = \frac{1}{n}(2n) = 2 > 0 \text{ gilt,}$$

nimmt $S(M) = \frac{1}{n}\sum_{i=1}^{n}(x_i - M)^2$ für $M = \overline{x}$ ein Minimum an.

A 3.3.25 Zwischen der Varianz s^2 und der in A 3.3.24 erwähnten „allgemeinen" mittleren quadratischen Abweichung besteht folgende Beziehung (der Summationsindex wird der Einfachheit halber weggelassen):

$$\frac{1}{n}\sum(x_i - M)^2 = \frac{1}{n}\sum(x_i - \overline{x} + \overline{x} - M)^2 = \frac{1}{n}\sum\left((x_i - \overline{x})^2 + 2(x_i - \overline{x})(\overline{x} - M) + (\overline{x} - M)^2\right)$$
$$= \frac{1}{n}\left(\sum(x_i - \overline{x})^2 + 2(\overline{x} - M)\sum(x_i - \overline{x}) + \sum(\overline{x} - M)^2\right)$$
$$= \frac{1}{n}\sum(x_i - \overline{x})^2 + \frac{1}{n}2(\overline{x} - M)\sum(x_i - \overline{x}) + \frac{1}{n}n(\overline{x} - M)^2$$

Da $\sum(x_i - \overline{x}) = 0$ gilt, folgt

$$\frac{1}{n}\sum(x_i - M)^2 = \frac{1}{n}\sum(x_i - \overline{x})^2 + (\overline{x} - M)^2$$

Aus dieser Beziehung ergibt sich unter Benutzung von D 3.3.12a unmittelbar:

$$s^2 = \frac{1}{n}\sum_{i=1}^{n}(x_i - M)^2 - (\overline{x} - M)^2$$

e) Streuungszerlegung

Mitunter sind die Beobachtungswerte einer statistischen Untersuchung in Gruppen gegeben und für jede Gruppe sind arithmetisches Mittel und Varianz bekannt. Dann kann die Varianz für alle Beobachtungswerte mit Hilfe der folgenden Formel bestimmt werden.

R 3.3.26

> **Streuungszerlegung**
> Gegeben seien k Gruppen von Beobachtungswerten eines metrisch messbaren Merkmals X. Von jeder Gruppe sei jeweils die Anzahl der Beobachtungswerte n_i, das arithmetische Mittel $\overline{x}_i$ und die Varianz s_i^2 bekannt (i = 1,...,k). Ferner sei das arithmetische Mittel $\overline{x}$ aller n Beobachtungswerte bekannt.
> Die Varianz **aller** Beobachtungswerte erhält man aus der folgenden Formel der Streuungszerlegung:
>
> $$s^2 = \sum_{i=1}^{k}\frac{n_i}{n}s_i^2 + \sum_{i=1}^{k}\frac{n_i}{n}(\overline{x}_i - \overline{x})^2$$

Man spricht hier von Streuungszerlegung, weil die Varianz aller Beobachtungswerte in zwei Komponenten zerlegt wird:

Gesamte Varianz = Varianz in den Gruppen + Varianz zwischen den Gruppen

$$s^2 \quad = \quad \sum_{i=1}^{k}\frac{n_i}{n}s_i^2 \quad + \quad \sum_{i=1}^{k}\frac{n_i}{n}(\overline{x}_i - \overline{x})^2$$

Die zweite Komponente „Varianz zwischen den Gruppen" ist die Varianz der Gruppenmittelwerte.

B 3.3.27 *Bei Geschwindigkeitsmessungen an* 1.106 *Kraftfahrzeugen wurden an* 5 *aufeinander folgenden Tagen nachstehende Ergebnisse ermittelt*:

Tag	Anzahl gemessener Werte	arithmetisches Mittel	Varianz
1	$n_1 = 180$	$\overline{x}_1 = 48{,}2$	$s_1^2 = 36$
2	$n_2 = 270$	$\overline{x}_2 = 46{,}5$	$s_2^2 = 22$
3	$n_3 = 215$	$\overline{x}_3 = 47{,}1$	$s_3^2 = 48$
4	$n_4 = 248$	$\overline{x}_4 = 49{,}1$	$s_4^2 = 29$
5	$n_5 = 193$	$\overline{x}_5 = 47{,}6$	$s_5^2 = 41$

Es ist dann:

$$\overline{x} = \frac{1}{n}\sum_{i=1}^{5}\overline{x}_i n_i = \frac{52.721{,}1}{1.106} = 47{,}67 \quad und$$

$$s^2 = \frac{1}{1.106}(180 \cdot 36 + 270 \cdot 22 + 215 \cdot 48 + 248 \cdot 29 + 193 \cdot 41) + \frac{1}{1.106}(180(48{,}2 - 47{,}67)^2$$
$$+ 270(46{,}5 - 47{,}67)^2 + 215(47{,}1 - 47{,}67)^2 + 248(49{,}1 - 47{,}67)^2 + 193(47{,}6 - 47{,}67)^2)$$
$$= 34{,}22 + 0{,}9 = 35{,}12$$

f) Variationskoeffizient

Insbesondere für Vergleichszwecke sind die in den vorangegangenen Abschnitten behandelten Streuungsmaße in vielen Fällen ungeeignet.

B 3.3.28 *Für die Preise von Farbfernsehgeräten eines bestimmten Typs hat sich bei einem Durchschnittspreis von $\bar{x}$ = 2.348 € eine Standardabweichung von s = 51 € ergeben. Für Schwarzweißgeräte ergab sich $\bar{x}$ = 530 € und s = 12 €. Die Standardabweichung für die Farbfernsehgeräte-Preise ist etwa viermal so groß wie die der Preise für Schwarzweißgeräte. Das Argument „Farbfernseher-Preise streuen viermal so stark wie Schwarzweiß-Fernseher-Preise" ist jedoch nur unter Vorbehalt verwendbar, denn man kann bei Preisen davon ausgehen, dass sie eine umso größere Standardabweichung haben, je höher sie im Durchschnitt sind.*
Betrachtet man die Relation zwischen Standardabweichung und arithmetischem Mittel, so erhält man als relative Standardabweichung:

$$\frac{s}{\bar{x}} = \frac{51}{2.348} = 0{,}0217 \quad bzw. \quad \frac{12}{530} = 0{,}0226$$

Die relative Streuung ist also in beiden Fällen etwa gleich groß.

Der in dem Beispiel berechnete Quotient aus Standardabweichung und arithmetischem Mittel führt zu folgendem Streuungsmaß:

D 3.3.29

> **Variationskoeffizient**
> Gegeben sei ein metrisch messbares Merkmal X mit dem arithmetischen Mittel $\bar{x}$ und der Standardabweichung s.
> Das relative Streuungsmaß
> $$v = \frac{s}{\bar{x}}$$
> heißt Variationskoeffizient.

In manchen Fällen verwendet man als Variationskoeffizient auch den Quotienten aus mittlerer absoluter Abweichung und Zentralwert:

D 3.3.30

> **Variante des Variationskoeffizienten**
> $$v_Z = \frac{d}{x_Z}$$

Ü 3.3.31 *Die folgende Tabelle gibt die Körpergröße von 5 Kindern in Zoll und cm (es wird der Einfachheit halber 1 Zoll = 2,5 cm gesetzt) an.*

x	cm	120	130	125	130	135
y	Zoll	48	52	50	52	54

Berechnen Sie für beide Messreihen
a) *das arithmetische Mittel,*
b) *die Standardabweichung und*
c) *den Variationskoeffizienten.*

g) Streuung transformierter Merkmale

Werden Merkmalswerte transformiert, dann erhebt sich die Frage, wie sich diese Transformation auf die Streuungsmaße auswirkt. Dazu wird hier nur der Fall betrachtet, dass ein metrisch messbares Merkmal X linear transformiert wird:

$Y = bX + a; b > 0$

Um die Streuungsmaße von X und Y unterscheiden zu können, werden die entsprechenden Symbole mit dem Index für das Merkmal versehen.

Für die Spannweite gilt dann:

$$w_Y = \max(y_i) - \min(y_i) = \max(bx_i + a) - \min(bx_i + a)$$
$$= b\max(x_i) + a - b\min(x_i) - a = b(\max(x_i) - \min(x_i))$$
$$= bw_X$$

Für die Varianz gilt bei Einzelwerten:

$$s_Y^2 = \frac{1}{n}\sum_{i=1}^{n}(y_i - \overline{y})^2 = \frac{1}{n}\sum_{i=1}^{n}(bx_i + a - b\overline{x} - a)^2 = \frac{1}{n}\sum_{i=1}^{n}(b(x_i - \overline{x}))^2 = b^2 \frac{1}{n}\sum_{i=1}^{n}(x_i - \overline{x})^2$$
$$= b^2 s_X^2$$

Für die Varianz einer Häufigkeitsverteilung erhält man das gleiche Ergebnis. Für die mittlere absolute Abweichung kann man d_Y ähnlich wie die Varianz herleiten.

Allgemein gilt:

R 3.3.32

> **Streuung linear transformierter metrisch messbarer Merkmale**
> Gegeben seien die metrisch messbaren Merkmale X und $Y = bX + a; b > 0$.
> Für die Streuungsmaße von Y gilt:
> a) Spannweite: $w_Y = bw_X$
> b) mittlere absolute Abweichung: $d_Y = bd_X$
> c) Varianz: $s_Y^2 = b^2 s_X^2$
> d) Standardabweichung: $s_Y = bs_X$

Der Variationskoeffizient ändert sich bei der speziellen linearen Merkmalstransformation $Y = bX$ mit $b > 0$ nicht. Es gilt nämlich:

$s_Y = bs_X$, $d_Y = bd_X$, $\overline{y} = b\overline{x}$ und $\overline{y}_Z = b\overline{x}_Z$

Für die Variationskoeffizienten ergibt sich damit:

$$v_Y = \frac{s_Y}{\overline{y}} = \frac{bs_X}{b\overline{x}} = \frac{s_X}{\overline{x}} = v_X$$

bzw.

$$v_{Z_Y} = \frac{d_Y}{\overline{y}_Z} = \frac{bd_X}{b\overline{x}_Z} = \frac{d_X}{\overline{x}_Z} = v_{Z_X}$$

R 3.3.33

> **Variationskoeffizient linear transformierter metrisch messbarer Merkmale**
> Die Variationskoeffizienten $v = \frac{s}{\bar{x}}$ und $v_Z = \frac{d}{\bar{x}_Z}$ sind invariant gegenüber der speziellen linearen Merkmalstransformation $Y = bX$ mit $b > 0$.

h) Zusammenfassung zu den Streuungsmaßen

Die Ausführungen zu den Streuungsmaßen zeigen, dass man zwischen
- **absoluten Streuungsmaßen** (Spannweite w, mittlere absolute Abweichung d, Varianz s^2, Standardabweichung s) und
- **relativen Streuungsmaßen** (Variationskoeffizienten v und v_Z)

unterscheiden kann.

Neben den Variationskoeffizienten können weitere relative Streuungsmaße definiert werden. Dabei wird immer ein absolutes Streuungsmaß zu einem Lageparameter in Beziehung gesetzt.

Die **absoluten Streuungsmaße** können nach unterschiedlichen **Konstruktionsprinzipien** gebildet werden.

(1) Bei der mittleren absoluten Abweichung und der Varianz werden die **Abstände der Beobachtungswerte zu einem Lageparameter** für die Konstruktion des Streuungsmaßes benutzt. Je nach Lagemaß und je nach Abstandsmaß (absolut oder quadratisch) ergeben sich verschiedene Streuungsmaße als Mittelwert der „Abstände", wobei hier nur zwei (mittlere absolute Abweichung und Varianz) behandelt wurden. Werden quadrierte Abstände verwendet, erhält man ein zusätzliches Streuungsmaß, wenn man aus der mittleren quadratischen Abweichung die Quadratwurzel zieht.

Die einfachen Abweichungen der Beobachtungswerte von einem Lageparameter sind für die Konstruktion von Streuungsmaßen ungeeignet. So ist z. B.:

$$\frac{1}{n}\sum(x_i - \bar{x}) = \frac{1}{n}(\sum x_i - n\bar{x}) = \frac{1}{n}\sum x_i - \bar{x} = \bar{x} - \bar{x} = 0$$

(2) Bei der Spannweite wird der **Abstand zweier Werte** (größter und kleinster Beobachtungswert) als Streuungsmaß verwendet. Für die Konstruktion anderer Streuungsmaße nach diesem Prinzip kommen insbesondere die **Quantile** in Frage (siehe D 3.2.15).
Als so genannten **Quartilsabstand** erhält man z. B. $\bar{x}_{3/4} - \bar{x}_{1/4}$. Manchmal wird auch nur der halbe Abstand („mittlerer Abstand") verwendet. Als **mittleren Quartilsabstand** erhält man
$\frac{1}{2}(\bar{x}_{3/4} - \bar{x}_{1/4})$.

(3) Schließlich kann man die Abstände aller Beobachtungswerte untereinander für die Konstruktion eines Streuungsmaßes heranziehen. Da die Berechnung eines derartigen Streuungsmaßes sehr aufwändig ist, hat dieses Konstruktionsprinzip keine praktische Bedeutung und wird hier nicht weiter erörtert.

3.4 Weitere Parameter eindimensionaler Häufigkeitsverteilungen

a) Momente

Durch Lageparameter (Mittelwerte) und Streuungsparameter kann eine eindimensionale Häufigkeitsverteilung im Allgemeinen ausreichend charakterisiert werden. Es gibt aber Fälle, in denen unterschiedliche Verteilungen sowohl in einem Lageparameter als auch in einem Streuungsparameter übereinstimmen.

B 3.4.1 *Die folgenden drei Häufigkeitsverteilungen haben übereinstimmende arithmetische Mittelwerte $\bar{x} = 10$ und Varianzen $s^2 = 6{,}4$. (Es wurden jeweils nur die Klassenmitten angegeben. Die Klassengrenzen sind 3, 5, 7 usw.)*

a)

x_j	4	6	8	10	12	14	16
$f(x_j)$	0,05	0,05	0,15	0,5	0,15	0,05	0,05

b)

x_j		6	8	10	12	14	
$f(x_j)$		0,15	0,2	0,3	0,2	0,15	

c)

x_j	4	6	8	10	12	14	
$f(x_j)$	0,05	0,1	0,15	0,25	0,4	0,05	

Die Histogramme der 3 Verteilungen in F 3.4.2 zeigen deutlich, wie sich die Verteilungen voneinander unterscheiden.

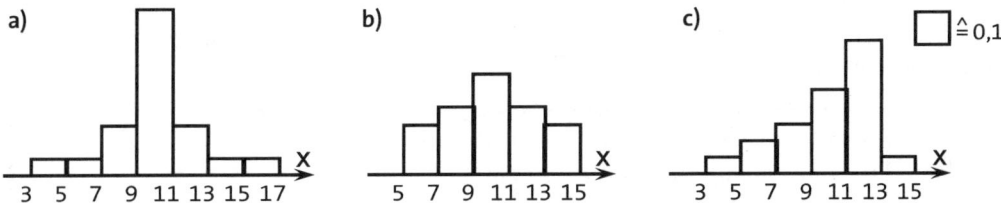

F 3.4.2 Verschiedene Verteilungen mit übereinstimmendem arithmetischem Mittel und gleicher Varianz

Die Verteilungen a) und b) sind symmetrisch, während c) eine deutliche Asymmetrie aufweist. a) und b) unterscheiden sich darin, dass bei a) an den „Rändern" die Häufigkeiten kleiner sind und in der Mitte eine ausgeprägte Spitze liegt. Bei b) sind die Häufigkeiten „gleichmäßiger" verteilt.

Das Beispiel zeigt, dass es in manchen Fällen erforderlich sein kann, weitere Maßzahlen (Parameter) zur Charakterisierung von Verteilungen heranzuziehen.

Es werden zunächst als allgemeine Parameter in D 3.4.3 (nächste Seite) die so genannten Momente eingeführt.

Aus der Definition ist sofort zu ersehen, dass **arithmetisches Mittel und Varianz spezielle Momente** sind. Das arithmetische Mittel ist das erste Moment in Bezug auf 0 ($a = 0$) und die Varianz ist das zweite Moment in Bezug auf das arithmetische Mittel ($a = \bar{x}$). Mit Hilfe der Momente können weitere Parameter zur Charakterisierung einer Verteilung definiert werden.

D 3.4.3

Momente einer Verteilung
Gegeben sei ein metrisch messbares Merkmal X und die n Beobachtungswerte x_i (i = 1,...,n) bzw. die Häufigkeitsverteilung mit den Merkmalsausprägungen x_j und den relativen bzw. absoluten Häufigkeiten $f(x_j)$ bzw. $h(x_j)$.

$$M_k^a = \frac{1}{n}\sum_{i=1}^{n}(x_i-a)^k; \; k \in \mathbb{N}, a \in \mathbb{R} \text{ bzw.}$$

$$M_k^a = \frac{1}{n}\sum_{j=1}^{m}(x_j-a)^k h(x_j) = \sum_{j=1}^{m}(x_j-a)^k f(x_j)$$

heißt k-tes Moment in Bezug auf a.
Die Momente in Bezug auf $\bar{x}$ heißen auch **zentrale Momente**.

Verwendet man statt der einfachen Differenz (x–a) die absoluten Abstände |x–a|, dann erhält man **absolute Momente**.

b) Symmetrie und Schiefe

In B 3.4.1 wurde der Begriff der Symmetrie einer Verteilung erwähnt.

D 3.4.4

Symmetrie einer Verteilung
Die Häufigkeitsverteilung des metrisch messbaren Merkmals X heißt symmetrisch bezüglich $\bar{x}$, falls für alle Merkmalsausprägungen $\bar{x}-c$ und $\bar{x}+c$ gilt: $h(\bar{x}-c) = h(\bar{x}+c)$.

In den meisten Fällen spricht man kurz von einer symmetrischen Verteilung. In F 3.4.2 sind die Verteilungen a) und b) symmetrisch.

R 3.4.5

Mittelwerte einer symmetrischen Verteilung
Für eine symmetrische Verteilung gilt $\bar{x} = \bar{x}_Z$.
Falls eine symmetrische Verteilung eingipflig ist und nur ein häufigster Wert existiert gilt $\bar{x} = \bar{x}_Z = \bar{x}_D$.

Die Verteilung c) in F 3.4.2 ist nicht symmetrisch.

D 3.4.6

Schiefe einer Verteilung
Eine nicht symmetrische Verteilung heißt schief oder asymmetrisch.
Gilt $\bar{x} > \bar{x}_Z$, so heißt die Verteilung auch **rechtsschief**.
Gilt $\bar{x} < \bar{x}_Z$, so heißt die Verteilung auch **linksschief**.

Eine rechtsschiefe Verteilung nennt man auch **linkssteil** und eine linksschiefe Verteilung **rechtssteil**. Statt von der Schiefe einer Verteilung spricht man manchmal auch von der Steilheit einer Verteilung.

F 3.4.7 verdeutlicht die Begriffe.

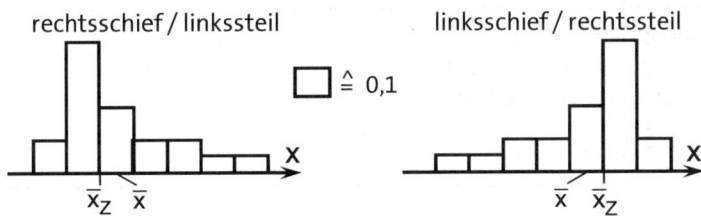

F 3.4.7 Schiefe Verteilungen

A 3.4.8 Aus $\bar{x} = \bar{x}_Z$ kann nicht auf eine symmetrische Verteilung geschlossen werden. Die Beobachtungswerte 2, 3, 5, 6 und 9 ergeben eine asymmetrische Verteilung mit $\bar{x} = \bar{x}_Z = 5$.

Für manche Anwender der Statistik ist es nützlich, eine Maßzahl bzw. einen Parameter zu haben, mit dem die Ausgeprägtheit der Schiefe einer Verteilung gemessen werden kann. Es gibt dazu verschiedene Parameter, die hier jedoch nicht alle behandelt werden können. Die üblichen Schiefemaße besitzen folgende Eigenschaften:
- bei **rechtsschiefer** Verteilung wird die Maßzahl positiv,
- bei **symmetrischer** Verteilung wird die Maßzahl Null,
- bei **linksschiefer** Verteilung wird die Maßzahl negativ.

D 3.4.9

> **Schiefemaße**
> Gegeben ist ein metrisch messbares Merkmal X mit den Parametern $\bar{x}$, $\bar{x}_Z$, $\bar{x}_D$, s und $M_3^{\bar{x}}$. Die Schiefe der Verteilung von X kann durch folgende Kennzahlen gemessen werden.
>
> **a)** Schiefemaß nach PEARSON: $g_1 = \dfrac{\bar{x} - \bar{x}_D}{s}$
>
> **b)** Schiefemaß nach YULE-PEARSON: $g_2 = \dfrac{3(\bar{x} - \bar{x}_Z)}{s}$
>
> **c)** Schiefemaß nach dem 3. zentralen Moment: $g_3 = \dfrac{M_3^{\bar{x}}}{s^3}$

B 3.4.10 *Für die Verteilungen b) und c) aus B 3.4.1 gilt:*

b) $\bar{x} = 10$; $\bar{x}_Z = 10$; $\bar{x}_D = 10$; $s = 2{,}53$; $M_3^{\bar{x}} = 0$
Also ist $g_1 = g_2 = g_3 = 0$.

c) $\bar{x} = 10$; $\bar{x}_Z = 10{,}6$; $\bar{x}_D = 12$; $s = 2{,}53$; $M_3^{\bar{x}} = -12$
Die Verteilung ist linksschief, da $\bar{x} < \bar{x}_Z$. *Es ist:*

$g_1 = \dfrac{10-12}{2{,}53} = -0{,}79$; $g_2 = \dfrac{3 \cdot (10-10{,}6)}{2{,}53} = -0{,}71$ *und* $g_3 = \dfrac{-12}{2{,}53^3} = -0{,}74$

c) Wölbung

Die Unterschiede der Verteilungen a) und b) in B 3.4.1 bzw. F 3.4.2 werden durch den Begriff **Wölbung** oder **Kurtosis** erfasst.

Kapitel 3 Statistische Analyse eines einzelnen Merkmals

D 3.4.11

Wölbungskoeffizient
Die Wölbung der Verteilung eines metrisch messbaren Merkmals kann gemessen werden durch den **Wölbungskoeffizienten**

$$W = \frac{M_4^{\bar{x}}}{s^4} - 3$$

B 3.4.12 *Für die Verteilungen* a) *und* b) *aus* B 3.4.1 *ergibt sich*:
a) $M_4^{\bar{x}} = 160$ *und* $W = \frac{160}{2{,}53^4} - 3 = 0{,}91$

b) $M_4^{\bar{x}} = 83{,}2$ *und* $W = \frac{83{,}2}{40{,}97} - 3 = -0{,}97$

Mitunter wird die Wölbung von Verteilungen folgendermaßen bezeichnet:
- $W > 0$: **leptokurtische** Verteilung,
- $W = 0$: **mesokurtische** Verteilung,
- $W < 0$: **platykurtische** Verteilung.

d) Schiefe und Wölbung linear transformierter Merkmale

Schiefemaße und Wölbungskoeffizient besitzen eine wichtige Eigenschaft:

R 3.4.13

Schiefe und Wölbung linear transformierter Merkmale
a) Gegeben sei ein metrisch messbares Merkmal X mit den Schiefemaßen g_{1X}, g_{2X}, g_{3X}. Für das linear transformierte Merkmal $Y = bX + a$ gilt:
$g_{1Y} = g_{1X}$; $g_{2Y} = g_{2X}$; $g_{3Y} = g_{3X}$.

b) Gegeben sei ein metrisch messbares Merkmal X mit dem Wölbungskoeffizienten W_X. Für das linear transformierte Merkmal $Y = bX + a$ gilt:
$W_Y = W_X$.

Da Schiefe und Wölbung bei Anwendungen der Statistik selten betrachtet werden, wird hier auf weitere Einzelheiten verzichtet.

4 Mehrdimensionale Häufigkeitsverteilungen

4.1 Zweidimensionale Häufigkeitsverteilungen

a) Das gemeinsame Auftreten von Merkmalen

Bei vielen statistischen Untersuchungen werden an den statistischen Einheiten gleichzeitig mehrere Merkmale erfasst.

B 4.1.1 a) *Bei Volkszählungen werden bei den einzelnen befragten Personen verschiedenartige Angaben erhoben, u. a. Geschlecht, Alter, Beruf, Religionszugehörigkeit.*
b) *Will man das Bremsverhalten von Kraftfahrzeugen untersuchen, so werden bei jedem Versuch u. a. Geschwindigkeit und Länge des Bremsweges gemessen.*
c) *Bei der Untersuchung der Ertragsfähigkeit landwirtschaftlicher Nutzflächen wird man u. a. den Ertrag je ha und den Düngemitteleinsatz je ha untersuchen.*

Merkmale, die gemeinsam auftreten und im Rahmen einer statistischen Erhebung auch gemeinsam erhoben werden, müssen nicht notwendig gemeinsam weiterverarbeitet werden. In vielen Fällen legt jedoch das gemeinsame Auftreten von Merkmalen eine ganz bestimmte Frage nahe:

Gibt es zwischen gemeinsam auftretenden Merkmalen einen Zusammenhang?

B 4.1.2 a) *Bei Kraftfahrzeugen besteht ein Zusammenhang zwischen der Geschwindigkeit und der Länge des Bremsweges.*
b) *Der Ernteertrag je ha landwirtschaftliche Nutzfläche hängt mit dem Düngemitteleinsatz zusammen.*

In Naturwissenschaft und Technik können Zusammenhänge zwischen Merkmalen häufig eindeutig durch eine Funktion ausgedrückt werden, da ihnen z. B. physikalische oder chemische Gesetze zugrunde liegen. Bei wirtschaftlichen, biologischen, medizinischen und anderen Fragestellungen lassen sich Zusammenhänge nicht immer eindeutig durch eine Funktion beschreiben.

B 4.1.3 *Bei 40 Personen wurden Körpergröße X (in cm) und Körpergewicht Y (in kg) gemessen. Für jede Person i erhält man dann ein Paar von Beobachtungswerten (x_i;y_i).*

Größe x_i in cm	Gewicht y_i in kg	Größe x_i in cm	Gewicht y_i in kg	Größe x_i in cm	Gewicht y_i in kg	Größe x_i in cm	Gewicht y_i in kg
150	48	160	63	170	80	180	75
150	51	160	68	170	85	180	85
150	55	160	75	172	68	181	89
150	58	165	55	175	64	185	80
152	63	165	62	175	68	186	74
153	57	165	73	175	84	186	85
155	50	166	79	176	73	186	90
155	63	167	65	176	77	189	77
157	70	170	60	178	93	189	85
160	58	170	75	180	65	189	96

Diese Wertepaare kann man in einem (x,y)-Koordinatensystem grafisch als Punkte darstellen, wie in F 4.1.4.

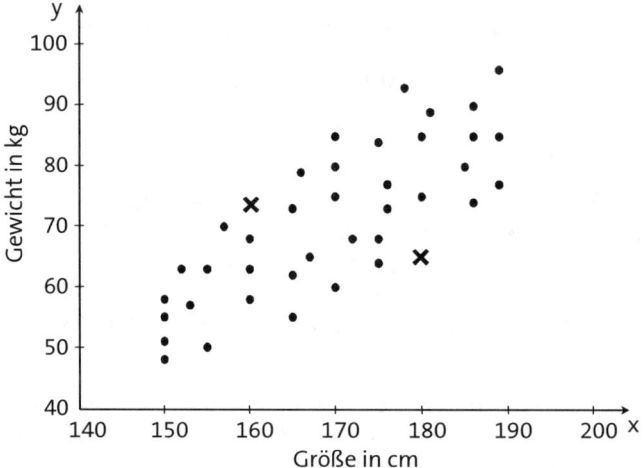

F 4.1.4   Darstellung von Wertepaaren (Streuungsdiagramm)

Das Bild macht deutlich, dass zwischen Körpergröße und Körpergewicht der untersuchten Personen kein eindeutiger Zusammenhang besteht. Man kann die beiden Merkmale nicht über eine einfache Funktion zueinander in Beziehung setzen. Andererseits ist aus der Zeichnung zu erkennen, dass größere Leute im Mittel auch schwerer sind. Körpergröße und Körpergewicht hängen offensichtlich voneinander ab, wobei diese Beziehung aber nur tendenziell gilt. Bei großen Personen wird man im Durchschnitt ein höheres Gewicht registrieren als bei kleineren. Im Einzelfall muss diese Aussage nicht zutreffen, wie ein Vergleich der beiden in F 4.1.4 als Kreuz gezeichneten Wertepaare zeigt. Im einen Punkt hat man eine Person, die 180 cm groß und 65 kg schwer ist, und im anderen Fall eine, die 160 cm groß ist, aber 75 kg wiegt.

Das Beispiel zeigt deutlich das grundlegende Problem der statistischen Untersuchung von Zusammenhängen zwischen zwei Merkmalen:
Es sind zwei Merkmale gegeben. Zwischen beiden Merkmalen besteht ein Zusammenhang. Dieser ist jedoch nicht eindeutig und kann nicht durch eine Funktion (z. B. durch eine Gerade oder Parabel) beschrieben werden. Es ist nur eine Tendenz des Zusammenhangs erkennbar (z. B. je größer die Beobachtungswerte des Merkmals X sind, desto größer sind im Durchschnitt die Beobachtungswerte des Merkmals Y). Diese Tendenz des Zusammenhangs kann häufig durch eine Funktion beschrieben werden.

Die Zeichnungen in F 4.1.5 (nächste Seite) können das Problem verdeutlichen. Die dargestellten verschiedenen Zusammenhänge zwischen den Merkmalen X und Y unterscheiden sich deutlich.

Im Hinblick auf mögliche Unterschiede in den Zusammenhängen zwischen Merkmalen werden bei der statistischen Analyse vor allem drei Fragen untersucht.

(1) Besteht zwischen den Merkmalen tendenziell ein Zusammenhang oder nicht?
In F 4.1.5 ist sofort zu sehen, dass in den Fällen a) bis e) ein deutlich zu erkennender Zusammenhang besteht. Im Fall f) ist keine Tendenz eines Zusammenhangs erkennbar.

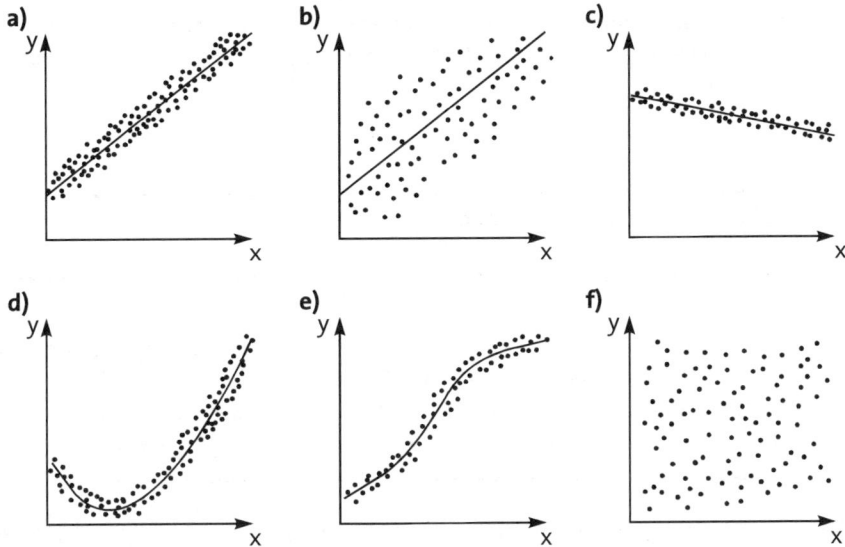

F 4.1.5 Unterschiedliche Zusammenhänge zwischen Merkmalen

Liegt ein Zusammenhang vor, spricht man von
- **Korrelation** bei metrisch oder ordinal messbaren Merkmalen;
- **Assoziation** oder **Kontingenz** bei nominal messbaren Merkmalen.

(2) Wie ausgeprägt ist ein Zusammenhang?
Sehr stark ausgeprägte Zusammenhänge sind in F 4.1.5 in den Fällen a), c), d) und e) dargestellt. Im Fall b) liegt ein wesentlich schwächer ausgeprägter Zusammenhang vor. Im Fall f) ist kein Zusammenhang erkennbar.

Für die Untersuchung von Zusammenhängen ist es wünschenswert, solche Unterschiede in der „Stärke" oder „Ausgeprägtheit" eines Zusammenhangs messbar zu machen. Das geschieht durch Berechnung von so genannten **Korrelations-**, **Assoziations-** oder **Kontingenzkoeffizienten**. Darauf wird in den Abschnitten 4.4, 4.6 und 4.7 eingegangen.

(3) Von welchem Typ ist die Tendenz eines Zusammenhangs? Durch welche Funktion kann diese Tendenz beschrieben werden?
In den Fällen a), b) und c) in F 4.1.5 liegt jeweils ein linearer Zusammenhang vor. Im Fall d) handelt es sich um eine Parabel und im Fall e) um eine so genannte logistische Funktion der Form

$$y = \frac{k}{1+\exp(a+bx)} \quad (b < 0).$$

Die Ermittlung von Funktionen, die die Tendenz eines Zusammenhangs beschreiben, ist Aufgabe der **Regressionsrechnung**. Die Bestimmung von **Regressionsfunktionen** ist nur sinnvoll für metrisch messbare Merkmale. Darauf wird in den Abschnitten 4.3 und 4.5 eingegangen.

Zusammenhänge wie in F 4.1.4 und F 4.1.5 sind in der Realität sehr häufig zu beobachten. Sie treten auch dort in vielen Fällen auf, wo ein eindeutiges physikalisches oder anderes Gesetz zugrunde liegt, aber zusätzliche Einflussgrößen den Zusammenhang überlagern oder Messfehler und Beobachtungsfehler zu Schwankungen führen.

Kapitel 4 Mehrdimensionale Häufigkeitsverteilungen

Bevor auf Zusammenhangsmaße und die Regressionsrechnung im Einzelnen eingegangen wird, sind in den folgenden Unterabschnitten noch einige Begriffe und Eigenschaften zweidimensionaler Verteilungen zu behandeln.

b) Zweidimensionale Häufigkeitstabellen

D 4.1.6

> **Häufigkeit gemeinsam auftretender Merkmale**
> Gegeben sind die Merkmale X mit den Ausprägungen x_j ($j = 1,...,m$) und Y mit den Ausprägungen y_k ($k = 1,...,q$), die an denselben statistischen Einheiten erhoben werden.
> Die Anzahl der Beobachtungswerte, bei denen die Ausprägungskombination $(x_j;y_k)$ auftritt, heißt **absolute Häufigkeit** $h(x_j;y_k)$.
> Der Anteil der absoluten Häufigkeit an der Gesamtzahl n der Beobachtungen heißt **relative Häufigkeit** $f(x_j;y_k) = \frac{1}{n}h(x_j;y_k)$ bzw. $f(x_j;y_k) = \frac{1}{n}h(x_j;y_k) \cdot 100[\%]$.

Die **Paare von Beobachtungswerten** werden allgemein mit $(x_i;y_i)$ ($i = 1,...,n$) bezeichnet, während $(x_j;y_k)$ die Kombination der Merkmalsausprägungen x_j und y_k angibt ($j = 1,...,m$; $k = 1,...,q$).

Die Beobachtungen $(x_j;y_k)$ ordnet man in der Regel so, dass die Paare zuerst nach den Ausprägungen des Merkmals X geordnet werden. Bei gleicher Ausprägung x_j ordnet man nach den Ausprägungen des Merkmals Y.
Ein derartiges Ordnungsprinzip bezeichnet man als **lexikographische Ordnung**.

B 4.1.7 *Von 70 Studienanfängern wurden folgende Mathematik- und Englischnoten beim Abitur erfasst (Mathematiknote;Englischnote):*
(4;2), (3;1), (3;3), (2;3), (4;4), (3;4), (3;3), (1;3), (3;2), (5;3), (3;3), (3;4), (3;3), (3;4), (2;3), (2;1), (2;2),
(3;4), (3;3), (3;3), (1;1), (4;5), (5;4), (2;5), (2;2), (2;3), (2;3), (3;4), (3;3), (3;3), (3;2), (3;3), (4;1), (4;2),
(2;3), (2;3), (3;3), (3;3), (4;4), (4;4), (3;5), (5;3), (4;4), (3;2), (2;1), (4;3), (3;4), (3;3), (3;5), (2;2), (4;3),
(3;4), (2;4), (1;2), (2;2), (2;3), (3;1), (3;4), (4;4), (2;1), (4;1), (3;4), (1;3), (1;3), (3;4), (3;2), (2;2), (1;2),
(2;3), (2;4).
Diese Wertepaare können geordnet werden, indem man sie zunächst nach der Mathematiknote ordnet. Bei gleicher Mathematiknote werden die Wertepaare nach der Englischnote geordnet.
(1;1), (1;2), (1;2), (1;3), (1;3), (1;3),
(2;1), (2;1), (2;1), (2;2), (2;2), (2;2), (2;2), (2;2), (2;3), (2;3), (2;3), (2;3), (2;3), (2;3), (2;3), (2;3), (2;4),
(2;4), (2;5),
(3;1), (3;1), (3;2), (3;2), (3;2), (3;2), (3;3), (3;3), (3;3), (3;3), (3;3), (3;3), (3;3), (3;3), (3;3), (3;3), (3;3),
(3;3), (3;4), (3;4), (3;4), (3;4), (3;4), (3;4), (3;4), (3;4), (3;4), (3;4), (3;5), (3;5),
(4;1), (4;1), (4;2), (4;2), (4;3), (4;3), (4;4), (4;4), (4;4), (4;4), (4;4), (4;5),
(5;3), (5;3), (5;4).

D 4.1.8

> **Zweidimensionale Häufigkeitsverteilung**
> Die Gesamtheit aller Kombinationen von Merkmalsausprägungen mit den dazugehörigen absoluten oder relativen Häufigkeiten heißt zweidimensionale Häufigkeitsverteilung.

4.1 Zweidimensionale Häufigkeitsverteilungen

Die tabellarische Darstellung der Häufigkeitsverteilung heißt (zweidimensionale) **Häufigkeitstabelle** und hat allgemein folgende Form:

	y_1	y_2	...	y_q
x_1	$h(x_1;y_1)$	$h(x_1;y_2)$	...	$h(x_1;y_q)$
x_2	$h(x_2;y_1)$	$h(x_2;y_2)$	...	$h(x_2;y_q)$
...	...	...	...	...
x_m	$h(x_m;y_1)$	$h(x_m;y_2)$	...	$h(x_m;y_q)$

B 4.1.9 *Für die Beobachtungswerte aus B 4.1.7 erhält man folgende Häufigkeitstabelle:*

		\multicolumn{5}{c}{Englischnote}			
		1	2	3	4	5
Mathematiknote	1	1	2	3	-	-
	2	3	5	8	2	1
	3	2	4	12	10	2
	4	2	2	2	5	1
	5	-	-	2	1	-

Für Häufigkeitstabellen werden mitunter auch spezielle Begriffe verwendet.

D 4.1.10 **Korrelationstabelle und Kontingenztabelle**
a) Eine Häufigkeitstabelle zweier metrisch oder ordinal messbarer Merkmale wird Korrelationstabelle genannt.
b) Eine Häufigkeitstabelle zweier nominal messbarer Merkmale heißt Kontingenztabelle.

Bei einer Korrelationstabelle ist zu beachten, dass für die Merkmalsausprägungen häufig Klassen gebildet werden. Dafür gelten die in Abschnitt 2.3 gemachten Ausführungen.

Ü 4.1.11 20 *Haushalte (H) wurden nach ihrem monatlichen Einkommen (y) und den monatlichen Konsumausgaben (c) befragt. Das Ergebnis enthält die nachfolgende Tabelle.*

H	1	2	3	4	5	6	7	8	9	10
y	800	1.200	1.100	1.480	1.300	900	1.000	1.200	800	925
c	700	820	930	1.270	1.160	840	620	970	680	750

H	11	12	13	14	15	16	17	18	19	20
y	1.150	870	1.420	950	1.350	1.280	1.040	1.470	1.220	1.120
c	870	870	1.050	920	1.250	1.010	820	1.310	1.200	980

Stellen Sie die Beobachtungswerte in einer Korrelationstabelle dar.
Verwenden Sie dabei folgende Klassen: 500 bis unter 700, 700 bis unter 900, 900 bis unter 1.100, 1.100 bis unter 1.300, 1.300 bis unter 1.500.

c) Grafische Darstellung zweidimensionaler Verteilungen

Die grafische Darstellung zweidimensionaler Häufigkeitsverteilungen ist für nicht metrisch messbare Merkmale schwierig, denn es werden drei Dimensionen benötigt. Da der Bau eines plastischen Modells zu aufwändig wird, bleibt dann nur die Möglichkeit einer perspektivischen Darstellung. Darauf wird jedoch wegen des großen Aufwands und der nicht besonders guten Anschaulichkeit nur selten zurückgegriffen. Eine einfache Ersatzlösung bietet sich in der Verwendung einer Art Tabelle, deren Felder je nach Häufigkeit unterschiedlich starke Schraffierung oder verschieden große Kreise enthalten, so wie in dem folgenden Beispiel.

B 4.1.12 *In* F 4.1.13 *sind zwei verschiedene grafische Darstellungen der Häufigkeitstabelle aus* B 4.1.7 *bzw.* B 4.1.9 *gegeben.*

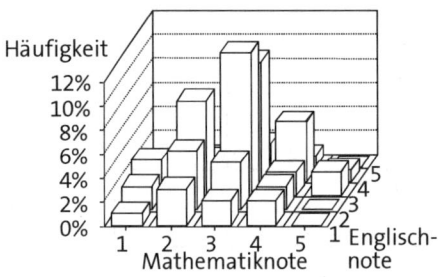

F 4.1.13 Grafische Darstellungen einer zweidimensionalen Verteilung

Bei metrisch messbaren Merkmalen gibt es für viele Fragestellungen eine sehr nützliche grafische Darstellungsmöglichkeit, die bereits in F 4.1.4 und in F 4.1.5 verwendet wurde. Die Beobachtungswerte $(x_i; y_i)$ zweier gemeinsam auftretender Merkmale (Körpergröße und Körpergewicht) wurden dort als Punkte in einem kartesischen Koordinatensystem dargestellt.

D 4.1.14
> **Streuungsdiagramm**
> Eine grafische Darstellung von Wertepaaren $(x_i; y_i)$ zweier gemeinsam auftretender metrisch messbarer Merkmale X und Y als Punkte in einem kartesischen Koordinatensystem heißt Streuungsdiagramm.

d) Randverteilungen

Bei einer zweidimensionalen Häufigkeitsverteilung kann man sich außer für die gemeinsame Verteilung der beiden Merkmale auch für die zwei eindimensionalen Verteilungen der Merkmale interessieren. Das jeweils andere Merkmal bleibt dabei unberücksichtigt.

D 4.1.15
> **Randverteilung oder marginale Verteilung**
> Gegeben sei die zweidimensionale Häufigkeitsverteilung der Merkmale X und Y. Die zugehörige eindimensionale Verteilung des Merkmals X (bzw. Y), bei der das Auftreten des Merkmals Y (bzw. X) unberücksichtigt bleibt, heißt Randverteilung oder marginale Verteilung von X (bzw. Y).

4.1 Zweidimensionale Häufigkeitsverteilungen

Aus der tabellarischen Darstellung der zweidimensionalen Häufigkeitsverteilung erhält man die Randverteilungen der beiden Merkmale durch Berechnung der Zeilen- bzw. Spaltensummen, so wie das in der folgenden Tabelle angedeutet ist.

	y_1	y_2	...	y_q	Randverteilung für x
x_1	$h(x_1;y_1)$	$h(x_1;y_2)$	...	$h(x_1;y_q)$	$h(x_1) = \sum_{k=1}^{q} h(x_1;y_k)$
x_2	$h(x_2;y_1)$	$h(x_2;y_2)$	...	$h(x_2;y_q)$	$h(x_2) = \sum_{k=1}^{q} h(x_2;y_k)$
...	...	...	...	...	...
x_m	$h(x_m;y_1)$	$h(x_m;y_2)$	...	$h(x_m;y_q)$	$h(x_m) = \sum_{k=1}^{q} h(x_m;y_k)$
Randverteilung für y	$h(y_1) = \sum_{j=1}^{m} h(x_j;y_1)$	$h(y_2) = \sum_{j=1}^{m} h(x_j;y_2)$	...	$h(y_q) = \sum_{j=1}^{m} h(x_j;y_q)$	$\sum_{j=1}^{n}\sum_{k=1}^{q} h(x_j;y_k) = n$

B 4.1.16 *Eine Messung von Körpergröße und Körpergewicht bei 200 Personen hat das dargestellte Ergebnis geliefert. Als Spalten- bzw. Zeilensummen erhält man die Randverteilungen für Körpergröße bzw. Körpergewicht.*

Körpergewicht	Körpergröße in cm (von ... bis unter ...)					
	150 - 160	160 - 170	170 - 180	180 - 190	190 - 200	
50 bis u. 60	3	5	8	3	1	20
60 bis u. 70	4	25	40	10	1	80
70 bis u. 80	2	10	20	6	2	40
80 bis u. 90	1	8	10	16	5	40
90 bis u. 100	0	2	2	5	11	20
	10	50	80	40	20	200

e) Bedingte Verteilungen

Eine bei zweidimensionalen Häufigkeitsverteilungen oft auftretende Frage ist die nach der Verteilung eines Merkmals für einen gegebenen Wert des anderen Merkmals. Aus allen gegebenen Merkmalskombinationen $(x_j;y_k)$ werden nur noch die betrachtet, bei denen X oder Y einen vorgegebenen Wert annimmt. Für gegebenes x_j (bzw. y_k) betrachtet man dann die Häufigkeitsverteilung von Y bzw. X.

B 4.1.17 *In B 4.1.9 wurde die Verteilung der Mathematiknoten und Englischnoten von Studienanfängern dargestellt. Für Studienanfänger mit der Englischnote 2 erhält man als bedingte Verteilung der Mathematiknoten:*

Mathematiknote	1	2	3	4	5
absolute Häufigkeit	2	5	4	2	0
relative Häufigkeit	15,4%	38,5%	30,8%	15,4%	0%

D 4.1.18

> **Bedingte Verteilung**
> Gegeben sei die zweidimensionale Häufigkeitsverteilung der Merkmale X und Y. Die Häufigkeitsverteilung des Merkmals X (bzw. Y), die sich für eine gegebene Ausprägung y_k (bzw. x_j) oder Klasse mit der Klassenmitte y_k (bzw. x_j) des Merkmals Y (bzw. X) ergibt, heißt bedingte Verteilung oder konditionale Verteilung von X (bzw. Y) für gegebenes y_k (bzw. x_j).
> Die Häufigkeiten der bedingten Verteilungen bezeichnet man mit
> $h(x_j|Y = y_k)$ oder kurz $h(x_j|y_k)$ und entsprechend $f(x_j|y_k)$ $(j = 1,...,m)$
> bzw. $h(y_k|x_j)$ und $f(y_k|x_j)$ $(k = 1,...,q)$.

Die absoluten Häufigkeiten der bedingten Verteilungen können unmittelbar aus der Häufigkeitstabelle abgelesen werden. Es gilt:

$$h(x_j|y_k) = h(x_j; y_k)$$

und

$$h(y_k|x_j) = h(x_j; y_k)$$

Die bedingten relativen Häufigkeiten erhält man, indem man die absoluten bzw. relativen Häufigkeiten der entsprechenden Zeile oder Spalte der zweidimensionalen Häufigkeitsverteilung durch den zugehörigen Wert der Randverteilung dividiert. Es gilt also:

$$f(x_j|y_k) = \frac{f(x_j; y_k)}{f(y_k)} = \frac{h(x_j; y_k)}{h(y_k)}$$

bzw.

$$f(y_k|x_j) = \frac{f(x_j; y_k)}{f(x_j)} = \frac{h(x_j; y_k)}{h(x_j)}$$

für $j = 1,...,m$; $k = 1,...,q$ sowie $f(y_k) > 0$, $f(x_j) > 0$, $h(y_k) > 0$ und $h(x_j) > 0$.

B 4.1.19 *Für die zweidimensionale Verteilung in B 4.1.16 erhält man als bedingte relative Häufigkeitsverteilung für die Körpergröße der Personen mit einem Gewicht von 80 bis unter 90 kg:*

Körpergröße	150 bis unter 160	160 bis unter 170	170 bis unter 180	180 bis unter 190	190 bis unter 200
bedingte Häufigkeit	2,5%	20%	25%	40%	12,5%

Als bedingte Verteilung des Körpergewichts für Personen, die 170 bis unter 180 cm groß sind, erhält man:

Körpergewicht	50 bis unter 60	60 bis unter 70	70 bis unter 80	80 bis unter 90	90 bis unter 100
bedingte Häufigkeit	10%	50%	25%	12,5%	2,5%

Für Randverteilungen und für bedingte Verteilungen gelten alle Ausführungen, die in Kapitel 3 für eindimensionale Verteilungen gemacht wurden. Es erübrigt sich deshalb, hier weiter darauf einzugehen.

f) Parameter zweidimensionaler Verteilungen

Zur Charakterisierung zweidimensionaler Häufigkeitsverteilungen können für die Randverteilungen und für die bedingten Verteilungen die Lage- und Streuungsparameter berechnet werden, die man auch für eindimensionale Verteilungen bestimmen kann (vgl. dazu die Abschnitte 3.2 und 3.3). Ein spezieller Parameter für zweidimensionale Verteilungen quantitativer Merkmale ist die Kovarianz.

D 4.1.20

> **Kovarianz**
> Gegeben seien die beiden gemeinsam auftretenden, metrisch messbaren Merkmale X und Y mit den arithmetischen Mitteln $\bar{x}$ und $\bar{y}$.
> Die Kovarianz der zweidimensionalen Häufigkeitsverteilung ist wie folgt definiert:
> a) Für Paare von Beobachtungswerten $(x_i; y_i)$ $(i = 1,...,n)$:
>
> $$COV(X,Y) = \frac{1}{n} \sum_{i=1}^{n} (x_i - \bar{x})(y_i - \bar{y})$$
>
> b) Für die zweidimensionale Häufigkeitsverteilung mit den absoluten Häufigkeiten $h(x_j; y_k)$ bzw. den relativen Häufigkeiten $f(x_j; y_k)$ $(j = 1,...,m; k = 1,...,q)$:
>
> $$COV(X,Y) = \frac{1}{n} \sum_{j=1}^{m} \sum_{k=1}^{q} (x_j - \bar{x})(y_k - \bar{y}) h(x_j; y_k) \text{ bzw.}$$
>
> $$COV(X,Y) = \sum_{j=1}^{m} \sum_{k=1}^{q} (x_j - \bar{x})(y_k - \bar{y}) f(x_j; y_k)$$

B 4.1.21 *Gegeben ist die folgende zweidimensionale Verteilung*:

	$y_1 = 1$	$y_2 = 2$	$y_3 = 3$	$y_4 = 4$	
$x_1 = 2$	3	9	2	1	15
$x_2 = 4$	8	7	2	3	20
$x_3 = 6$	4	9	1	1	15
	15	25	5	5	50

Es ist $\bar{x} = 4$ *und* $\bar{y} = 2$. *Für die Kovarianz ergibt sich*:

$$COV(X,Y) = \frac{1}{n} \sum_{j=1}^{3} \sum_{k=1}^{4} (x_j - \bar{x})(y_k - \bar{y}) h(x_j; y_k)$$

$$= \frac{1}{50}((-2)\cdot(-1)\cdot 3 + (-2)\cdot 0 \cdot 9 + (-2)\cdot 1 \cdot 2 + (-2)\cdot 2 \cdot 1 + 0 \cdot (-1) \cdot 8$$
$$+ 0 \cdot 0 \cdot 7 + 0 \cdot 1 \cdot 2 + 0 \cdot 2 \cdot 3 + 2 \cdot (-1) \cdot 4 + 2 \cdot 0 \cdot 9 + 2 \cdot 1 \cdot 1 + 2 \cdot 2 \cdot 1)$$

$$= \frac{1}{50}(6 - 4 - 4 - 8 + 2 + 4) = \frac{1}{50}(-4) = -\frac{4}{50} = -0{,}08$$

Eine Umrechnung der Formel für die Kovarianz, bei der relative Häufigkeiten verwendet werden, ergibt:

$$COV(X,Y) = \sum_{j=1}^{m}\sum_{k=1}^{q}(x_j - \overline{x})(y_k - \overline{y})f(x_j;y_k) = \sum_{j=1}^{m}\sum_{k=1}^{q}(x_jy_k - \overline{x}y_k - x_j\overline{y} + \overline{x}\overline{y})f(x_j;y_k) =$$

$$= \sum_{j=1}^{m}\sum_{k=1}^{q}x_jy_kf(x_j;y_k) - \overline{x}\sum_{k=1}^{q}y_k\sum_{j=1}^{m}f(x_j;y_k) - \overline{y}\sum_{j=1}^{m}x_j\sum_{k=1}^{q}f(x_j;y_k) + \overline{x}\overline{y}\sum_{j=1}^{m}\sum_{k=1}^{q}f(x_j;y_k)$$

$$= \sum_{j=1}^{m}\sum_{k=1}^{q}x_jy_kf(x_j;y_k) - \overline{x}\sum_{k=1}^{q}y_kf(y_k) - \overline{y}\sum_{j=1}^{m}x_jf(x_j) + \overline{x}\overline{y}$$

$$= \sum_{j=1}^{m}\sum_{k=1}^{q}x_jy_kf(x_j;y_k) - \overline{x}\overline{y} - \overline{x}\overline{y} + \overline{x}\overline{y}$$

$$= \sum_{j=1}^{m}\sum_{k=1}^{q}x_jy_kf(x_j;y_k) - \overline{x}\overline{y}$$

Für die beiden anderen Formeln der Kovarianz lassen sich entsprechende Umformungen durchführen. Es ergeben sich folgende Formeln.

R 4.1.22

> **Formeln zur vereinfachten Berechnung der Kovarianz**
>
> $$COV(X,Y) = \frac{1}{n}\sum_{i=1}^{n}x_iy_i - \overline{x}\,\overline{y}$$
>
> $$COV(X,Y) = \frac{1}{n}\sum_{j=1}^{m}\sum_{k=1}^{q}x_jy_kh(x_j;y_k) - \overline{x}\,\overline{y}$$
>
> $$COV(X,Y) = \sum_{j=1}^{m}\sum_{k=1}^{q}x_jy_kf(x_j;y_k) - \overline{x}\,\overline{y}$$

Die Varianz (siehe hierzu Abschnitt 3.3) ist ein Maß für die Streuung oder Variabilität eines einzelnen, metrisch messbaren Merkmals. Die Kovarianz ist ein Maß für die gemeinsame Variabilität zweier Merkmale. Es gelten folgende Aussagen:
- Gibt es keine Abhängigkeit bzw. keinen Zusammenhang zwischen den Merkmalen X und Y, dann ist COV(X,Y) = 0.
- Die Kovarianz wird umso größer, je häufiger die Differenzen $(x_i - \overline{x})$ und $(y_i - \overline{y})$ das **gleiche** Vorzeichen haben.
- Die Kovarianz wird umso kleiner (meistens negativ), je häufiger die Vorzeichen der Differenzen $(x_i - \overline{x})$ und $(y_i - \overline{y})$ entgegengesetzt sind.

Die Kovarianz wird selten als eigenständiger Parameter verwendet. In erster Linie ist sie eine Hilfsgröße, auf die später zurückgegriffen wird[4].

---

4 Vgl. dazu Abschnitt 4.4 b), S. 128 f.

4.2 Abhängige Merkmale

a) Abhängigkeit und Unabhängigkeit von Merkmalen

Im Abschnitt 4.1 wurde bereits darauf hingewiesen, dass bei der Betrachtung der gemeinsamen Verteilung zweier Merkmale vor allem die Frage interessiert, inwieweit Beziehungen oder Abhängigkeiten zwischen den Merkmalen existieren.

Die Untersuchung des Zusammenhangs zwischen Merkmalen wird im Einzelnen in den folgenden Abschnitten erörtert. Hier soll zunächst der Frage nachgegangen werden, welches Aussehen eine zweidimensionale Häufigkeitsverteilung der Merkmale X und Y hat, wenn die beiden betrachteten Merkmale unabhängig voneinander sind. Dazu wird zunächst das folgende Beispiel betrachtet.

B 4.2.1 a) *Gegeben ist folgende Häufigkeitsverteilung:*

	y_1	y_2	y_3	y_4	
x_1	2	4	10	4	20
x_2	2	8	24	16	50
x_3	6	8	6	10	30
	10	20	40	30	100

Sind die Merkmale X und Y unabhängig voneinander oder hängen die Häufigkeiten, mit denen die Ausprägungen des Merkmals X auftreten, davon ab, welche Ausprägung das Merkmal Y annimmt? Im letzteren Fall werden die **bedingten Verteilungen der relativen Häufigkeiten** *des Merkmals X für die verschiedenen Ausprägungen des Merkmals Y nicht übereinstimmen.*

Für die bedingten Verteilungen von X und Y ergibt sich (auf zwei Nachkommastellen genau):

bedingte Verteilungen von Y

	y_1	y_2	y_3	y_4
x_1	0,1	0,2	0,5	0,2
x_2	0,04	0,16	0,48	0,32
x_3	0,2	0,27	0,2	0,33

bedingte Verteilungen von X

	y_1	y_2	y_3	y_4
x_1	0,2	0,2	0,25	0,13
x_2	0,2	0,4	0,6	0,54
x_3	0,6	0,4	0,15	0,33

Die bedingten Verteilungen der relativen Häufigkeiten sind verschieden. Die bedingte Verteilung von X hängt davon ab, welche Ausprägung Y annimmt und umgekehrt. Man sagt: Die beiden Merkmale hängen voneinander ab.

b) *Zu der zweidimensionalen Häufigkeitsverteilung*

	y_1	y_2	y_3	
x_1	2	5	3	10
x_2	6	15	9	30
x_3	4	10	6	20
	12	30	18	60

ergeben sich folgende bedingte Verteilungen der relativen Häufigkeiten:

Kapitel 4   Mehrdimensionale Häufigkeitsverteilungen

	y_1	y_2	y_3
x_1	0,2	0,5	0,3
x_2	0,2	0,5	0,3
x_3	0,2	0,5	0,3

	y_1	y_2	y_3
x_1	0,17	0,17	0,17
x_2	0,5	0,5	0,5
x_3	0,33	0,33	0,33

Die bedingten Verteilungen für X (bzw. für Y) hängen nicht davon ab, welche Ausprägung das andere Merkmal Y (bzw. X) annimmt. X und Y sind voneinander **unabhängig**.

Das Beispiel macht deutlich, dass für die Untersuchung der Unabhängigkeit von Merkmalen die bedingten Verteilungen der **relativen** Häufigkeiten herangezogen werden können. Es genügt dabei, alle bedingten Verteilungen **eines** Merkmals zu bestimmen. Die bedingten Verteilungen der absoluten Häufigkeiten sind ungeeignet, weil sie bei unterschiedlichen Gesamthäufigkeiten für die verschiedenen bedingten Verteilungen nicht vergleichbar sind.

Bei abhängigen Merkmalen hängen die bedingten Verteilungen der relativen Häufigkeiten eines Merkmals davon ab, welche Ausprägung das andere Merkmal annimmt bzw. welche Klasse des anderen Merkmals vorliegt. Bei unabhängigen Merkmalen stimmen **alle** bedingten Verteilungen der relativen Häufigkeiten eines Merkmals überein.

D 4.2.2

> **Empirisch abhängige bzw. unabhängige Merkmale**[5]
> Gegeben sei die zweidimensionale Häufigkeitsverteilung der beiden Merkmale X und Y. Stimmen alle bedingten Verteilungen der relativen Häufigkeiten überein, d. h. es gilt
> $f(x_j|y_k) = f(x_j|y_l)$ für alle $k,l = 1,...,q$ und für alle $j = 1,...,m$
> oder
> $f(y_k|x_j) = f(y_k|x_h)$ für alle $j,h = 1,...,m$ und für alle $k = 1,...,q$,
> dann heißen X und Y empirisch unabhängig, andernfalls heißen sie empirisch abhängig.

Bei Bestimmung der bedingten relativen Häufigkeiten als Dezimalbrüche ist darauf zu achten, dass nicht eine vorgetäuschte Abhängigkeit durch Rundungsdifferenzen ausgewiesen wird.

Ü 4.2.3   *Prüfen Sie durch Bestimmung der bedingten Verteilungen der relativen Häufigkeiten, bei welcher der beiden angegebenen Verteilungen die Merkmale abhängig sind.*

a)

	y_1	y_2	y_3
x_1	4	6	10
x_2	5	7	8
x_3	11	7	2

b)

	y_1	y_2	y_3	y_4
x_1	20	12	8	4
x_2	10	6	4	2
x_3	5	3	2	1

Für die Interpretation und Anwendung der Überlegungen dieses Abschnitts ist Folgendes zu beachten:

---

5   In der Statistik, speziell der Wahrscheinlichkeitstheorie, betrachtet man üblicherweise die stochastische Abhängigkeit bzw. Unabhängigkeit. Dazu wird auf Band 2 dieser *Grundlagen der Statistik* verwiesen. Hier geht es um das deskriptive Pendant dazu.

Alle Ergebnisse und Aussagen im Bereich der beschreibenden Statistik beziehen sich immer nur auf die jeweils erfasste Masse. Verallgemeinerungen auf übergeordnete Massen sind unzulässig. Das gilt für Häufigkeitsverteilungen, für deren Parameter und auch für die empirische Unabhängigkeit von Merkmalen.

Wird für eine gegebene zweidimensionale Häufigkeitsverteilung empirische Unabhängigkeit (oder Abhängigkeit) der beiden Merkmale festgestellt, dann gilt diese nur bezüglich der erfassten Beobachtungswerte, aber nicht notwendig allgemein.

Deshalb wird hier zu dem allgemeinen Begriff der Unabhängigkeit (bzw. Abhängigkeit) aus der induktiven Statistik der Begriff **empirische** Unabhängigkeit (bzw. Abhängigkeit) verwendet.

B 4.2.4 *200 der 500 Mitarbeiter eines Betriebes werden nach Alter und Einkommen befragt. Für jede Altersklasse ergibt sich die gleiche bedingte Einkommensverteilung. Bei den 200 erfassten Mitarbeitern sind somit Einkommen und Alter unabhängige Merkmale. Für den Betrieb insgesamt muss das nicht zutreffen, da über Alter und Einkommen der übrigen 300 Mitarbeiter nichts bekannt ist.*

Hinsichtlich der Interpretation einer festgestellten Unabhängigkeit ist weiterhin Folgendes zu beachten: Die Unabhängigkeit wird für eine gegebene Verteilung ermittelt. Sind für die Merkmalsausprägungen Klassen gebildet worden, so kann es sein, dass sich bei anderer Klasseneinteilung keine Unabhängigkeit mehr ergibt.

Eine festgestellte Unabhängigkeit bezieht sich also immer nur auf die gegebenen Beobachtungswerte und auf eine gegebene Klasseneinteilung.

b) Zweidimensionale Verteilung unabhängiger Merkmale

Bei unabhängigen Merkmalen sind nicht nur alle bedingten Verteilungen der relativen Häufigkeiten eines Merkmals gleich, sondern sie stimmen auch mit der entsprechenden Randverteilung der relativen Häufigkeiten überein.

R 4.2.5

> **Bedingte Häufigkeiten unabhängiger Merkmale**
> Für unabhängige Merkmale X und Y gilt:
> $\quad f(x_j|y_k) = f(x_j)$ $\qquad$ für $k = 1,...,q$ und $j = 1,...,m$
> sowie
> $\quad f(y_k|x_j) = f(y_k)$ $\qquad$ für $j = 1,...,m$ und $k = 1,...,q$

Aus der Definition der bedingten relativen Häufigkeiten
$$f(x_j|y_k) = \frac{f(x_j; y_k)}{f(y_k)}$$
folgt dann
$$f(x_j) = \frac{f(x_j; y_k)}{f(y_k)}$$
und damit
$$f(x_j)f(y_k) = f(x_j; y_k).$$

Kapitel 4   Mehrdimensionale Häufigkeitsverteilungen

R 4.2.6

Zweidimensionale Häufigkeit unabhängiger Merkmale
Die relative Häufigkeit für das gemeinsame Auftreten der Ausprägungen x_j und y_k der Merkmale X und Y stimmt bei unabhängigen Merkmalen mit dem Produkt der entsprechenden relativen Häufigkeiten der Randverteilungen überein:

$$f(x_j; y_k) = f(x_j)f(y_k)$$

Für die absoluten Häufigkeiten gilt:

$$h(x_j; y_k) = \frac{1}{n} h(x_j)h(y_k)$$

B 4.2.7   *Die folgende Tabelle enthält eine zweidimensionale Verteilung der Merkmale X und Y. Die beiden Merkmale sind unabhängig.*

	y_1	y_2	y_3	
x_1	0,1·0,2=0,02	0,1·0,6=0,06	0,1·0,2=0,02	$f(x_1)$=0,1
x_2	0,7·0,2=0,14	0,7·0,6=0,42	0,7·0,2=0,14	$f(x_2)$=0,7
x_3	0,2·0,2=0,04	0,2·0,6=0,12	0,2·0,2=0,04	$f(x_3)$=0,2
	$f(y_1)$=0,2	$f(y_2)$=0,6	$f(y_3)$=0,2	

Die relativen Häufigkeiten der gemeinsamen Verteilung der (unabhängigen) Merkmale stimmen mit dem Produkt der relativen Häufigkeiten der Randverteilungen überein.

Ü 4.2.8   *Gegeben sind unabhängige Merkmale X und Y mit den Verteilungen:*

x_j	x_1	x_2	x_3
$h(x_j)$	8	40	16

y_k	y_1	y_2	y_3	y_4
$h(y_k)$	8	32	16	8

Bestimmen Sie die zweidimensionale Verteilung der absoluten Häufigkeiten.

Bei Bestimmung der absoluten Häufigkeiten für die gemeinsame Verteilung zweier unabhängiger Merkmale nach R 4.2.6 sind die Ergebnisse nicht immer ganze Zahlen. Es ist dann gegebenenfalls auf- bzw. abzurunden.

c) Zur Interpretation statistisch nachweisbarer Abhängigkeiten

Bevor in den folgenden Abschnitten auf die Untersuchung von Zusammenhängen zwischen Merkmalen im Einzelnen eingegangen wird, ist darauf hinzuweisen, dass vielfach ein statistisch nachgewiesener Zusammenhang sachlich nicht gerechtfertigt sein kann.
Zwei Beispiele dazu wurden bereits in Abschnitt 1.3 behandelt (B 1.3.1 b); c) und d) sowie F 1.3.2, F 1.3.3 und F 1.3.4).
Diese Beispiele verdeutlichen folgendes allgemeine Problem der Statistik:

Bei allen Anwendungen der Statistik hat man es mit einem realen sachlichen Problem zu tun. Inwieweit die Anwendung bestimmter formaler statistischer Verfahren überhaupt sinnvoll ist und in welcher Weise die Ergebnisse statistischer Aufbereitung und Analyse zu interpretieren sind, ergibt sich oft erst aus der genauen Kenntnis der sachlich-inhaltlichen Seite eines Problems.

Für die den Zeichnungen in F 1.3.2 und F 1.3.3 in Kapitel 1 zugrunde liegenden Zahlen kann ein Zusammenhang **rechnerisch** nachgewiesen werden, der bereits aus den Zeichnungen unmittelbar deutlich wird.

Zur sachlichen Seite des Problems ist damit noch nichts gesagt. Man hüte sich davor, einen statistisch-rechnerisch nachgewiesenen Zusammenhang als sachlich bewiesen anzusehen. Hierin liegt ein häufiger und gefährlicher Fehlschluss in der Statistik.

In den folgenden Abschnitten wird auf das Sachproblem nicht weiter eingegangen, weil dieses fallweise anders gelagert ist und Sachkenntnis bzw. Fachwissen erfordert. Es werden nur die statistischen Verfahren und ihre formalen Voraussetzungen behandelt.

d) Arten von Abhängigkeiten

Sind zwei Merkmale X und Y voneinander abhängig, dann sind zwei Arten von Abhängigkeiten zu unterscheiden.

(1) Es gibt zu jeder Ausprägung x_j des Merkmals X genau eine Ausprägung[6] $y_j = g(x_j)$ des Merkmals Y (j = 1,...,m). y_j ist dann **eindeutig abhängig** von x_j und man spricht von einem **eindeutigen Zusammenhang**.
B 4.2.9 enthält Fälle eindeutiger Abhängigkeiten.

B 4.2.9 a) *Amtsbezeichnung eines Gymnasiallehrers* X / *Besoldungsgruppe* Y: *Beide Merkmale sind ordinal messbar. Die Zuordnung von Studienrat, Oberstudienrat, Studiendirektor zu den Besoldungsgruppen A 13, A 14, A 15 ist umkehrbar eindeutig. Y ist eindeutig abhängig von X und die Amtsbezeichnung X ist eindeutig abhängig von der Besoldungsgruppe Y des Gymnasiallehrers.*
b) *PKW-Typen in bestimmter Ausstattung* X / *Preis ab Werk* Y: *Das erste Merkmal ist nominal messbar, das zweite metrisch. Die Zuordnung ist nicht umkehrbar eindeutig, da es zu verschiedenen PKWs denselben Preis geben kann. Y ist von X eindeutig abhängig, während X von Y nicht eindeutig abhängig ist.*

(2) Es gibt zu wenigstens einer Ausprägung x_j des Merkmals X mehr als eine mögliche Ausprägung y_k des Merkmals Y. Es liegt dann ein **mehrdeutiger Zusammenhang** vor. Vgl. dazu B 4.2.10.

B 4.2.10 a) *Körpergröße von Menschen* X / *Körpergewicht* Y: *Menschen mit derselben Körpergröße können verschiedene Körpergewichte haben. Das durchschnittliche Körpergewicht nimmt jedoch mit der Körpergröße zu.*
b) *Verfügbares Monatseinkommen eines Haushalts* X / *monatliche Durschnittsausgaben für Kleidung* Y: *Haushalte mit gleichem Einkommen können unterschiedliche Beträge für Kleidung ausgeben. Die Ausgaben für Kleidung nehmen aber der Tendenz nach bzw. im Durchschnitt zu, je höher das Einkommen ist.*

---

6 Mit g( ) wird die eindeutige Zuordnungsvorschrift, d. h. die Funktion, bezeichnet. Der Funktionsbegriff wird dabei allgemein verwendet.

c) *Geschwindigkeit X eines PKW / Länge des Bremswegs Y: Bedingt durch unterschiedliche Windrichtung und Windgeschwindigkeit, Unterschiede in der Straßenoberfläche (Material, Verschmutzung usw.) und andere Einflüsse wird ein PKW bei derselben Geschwindigkeit unterschiedlich lange Bremswege haben. Grundsätzlich (d. h. tendenziell) kann man jedoch davon ausgehen, dass die Länge des Bremsweges mit der Geschwindigkeit zunimmt.*

Anstelle von „mehrdeutigem Zusammenhang" wird hier der folgende Begriff verwendet.

D 4.2.11
> **Statistischer Zusammenhang**
> Gibt es in der gemeinsamen Häufigkeitsverteilung der abhängigen Merkmale X und Y wenigstens eine Ausprägung x_j von X, zu der mehr als eine Ausprägung y_k von Y möglich ist, dann heißt **Y statistisch abhängig von X**. Es liegt ein statistischer Zusammenhang vor.

Aus den Beispielen geht hervor, dass bei der Untersuchung von Abhängigkeiten mitunter auch die Richtung der Abhängigkeit beachtet werden muss. Y kann von X eindeutig abhängen, während X von Y „nur" statistisch abhängt.

F 4.2.12 verdeutlicht den Unterschied zwischen eindeutigen und mehrdeutigen Zusammenhängen grafisch. In den ersten beiden Bildern hängt Y eindeutig von X ab, in den beiden anderen Bildern liegen statistische Zusammenhänge vor.

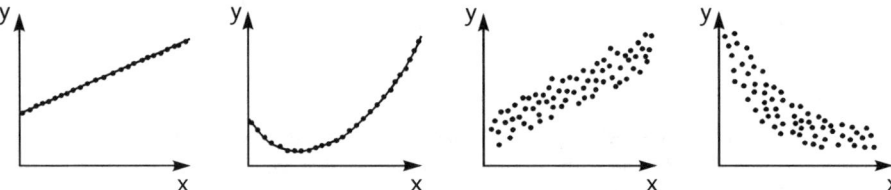

F 4.2.12 Eindeutige und statistische Zusammenhänge

Für den Begriff der statistischen Abhängigkeit ist Folgendes zu beachten (siehe D 4.2.11):

> Maßgebend für das Vorliegen einer statistischen Abhängigkeit des Merkmals Y vom Merkmal X ist nicht, dass zu wenigstens einem x_j mehrere y_k beobachtet werden, sondern dass mehrere y_k **möglich** sind.

Die Existenz einer statistischen Abhängigkeit ergibt sich aus dem **Sachzusammenhang**. Ohne eine Kenntnis bzw. Analyse der sachlich-inhaltlichen Hintergründe eines Problems ist es nicht möglich, die Frage des Zusammenhangs von Merkmalen zu erörtern. Die Beobachtungswerte der gemeinsamen Verteilung der Merkmale X und Y können z. B. zu einem Ergebnis wie in F 4.2.13 führen. Aus den Beobachtungen allein bzw. dem Bild kann durchaus auf einen eindeutigen Zusammenhang geschlossen werden, der anschaulich durch die Verbindungslinie der Beobachtungspunkte dargestellt werden kann. Tatsächlich kann es sich hier aber auch nur um einen **quasieindeutigen Zusammenhang** handeln, bei dem die **möglichen** Ausprägungen Y zu jedem x_j um die eingezeichnete Gerade streuen. Die scheinbare Eindeutigkeit der Abhängigkeit ergibt sich aus der begrenzten Anzahl von Beobachtungen.

4.2 Abhängige Merkmale

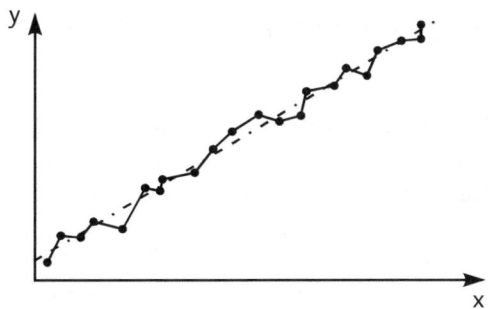

F 4.2.13 Quasieindeutiger Zusammenhang

Bei metrisch messbaren Merkmalen ergibt sich ein **statistischer Zusammenhang** mitunter nicht aus dem Sachproblem, sondern durch **Mängel bei der Beobachtung**. So bestehen z. B. bei manchen physikalischen, chemischen oder technischen Prozessen eindeutige Abhängigkeiten, die jedoch nur beobachtet werden können bei Konstanthaltung aller anderen Einflussgrößen und unendlicher Messgenauigkeit – ein Idealfall, der praktisch nicht verwirklicht werden kann. Durch Unzulänglichkeiten der Messinstrumente, Irrtümer beim Erfassen der Daten und durch die Einwirkung zusätzlicher Einflussgrößen wird man auch bei solchen – theoretisch eindeutigen – Abhängigkeiten nur eine statistische Abhängigkeit beobachten können. So z. B. bei dem Zusammenhang zwischen Geschwindigkeit eines PKW und der Länge des Bremswegs (siehe B 4.2.10c).

Bei zweidimensionalen Verteilungen abhängiger Merkmale, bei denen wenigstens ein Merkmal **nicht** metrisch messbar ist, wird hier nur der Frage nachgegangen, wie ausgeprägt ein Zusammenhang ist (Abschnitte 4.6 und 4.7).

e) Abhängigkeit metrisch messbarer Merkmale

Bei metrisch messbaren Merkmalen besteht bei der Untersuchung der gemeinsamen Verteilung zweier Merkmale im Allgemeinen die Aufgabe nicht nur darin, festzustellen, ob Abhängigkeit vorliegt oder nicht und wie ausgeprägt diese gegebenenfalls ist, sondern auch in der Beschreibung der Form des Zusammenhangs bzw. der Tendenz des Zusammenhangs. Es geht also darum, für eine statistische Abhängigkeit des Merkmals Y vom Merkmal X eine Funktion y = g(x) zu bestimmen, die die Tendenz des Zusammenhangs möglichst gut beschreibt. F 4.2.14 verdeutlicht dieses Problem. Die eingezeichneten Geraden bzw. Kurven beschreiben den in den Streuungsdiagrammen zum Ausdruck kommenden Zusammenhang. Mit der Bestimmung von Funktionen y = g(x) zur Beschreibung der **Tendenz einer statistischen Abhängigkeit** beschäftigt sich der nächste Abschnitt.

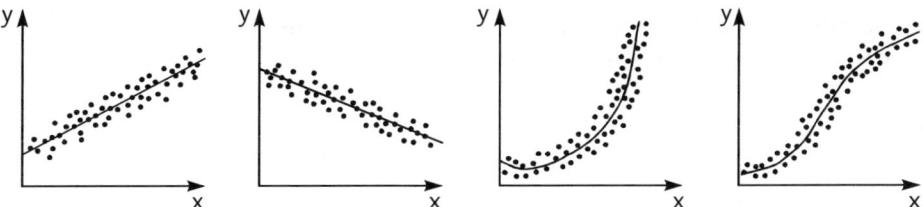

F 4.2.14 Unterschiedliche statistische Abhängigkeiten

4.3 Regressionsfunktionen für zwei metrisch messbare Merkmale

a) Aufgabenstellung der Regressionsrechnung

Es wird die gemeinsame Verteilung zweier metrisch messbarer Merkmale X und Y betrachtet, bei der Y statistisch von X abhängt. Zu wenigstens einer Ausprägung x_j von X gibt es dann mehrere mögliche Ausprägungen von Y. Die allgemeine Aufgabe der Regressionsrechnung besteht nun darin, die Tendenz oder den durchschnittlichen Verlauf der Abhängigkeit des Merkmals Y vom Merkmal X durch eine dem Sachzusammenhang angemessene, möglichst einfache Funktion

$$\hat{y} = g(x)$$

zu beschreiben[7].

Durch $\hat{y}$ wird dabei symbolisiert, dass die Regressionsfunktion einem beobachteten x-Wert nicht den oder die zugehörigen beobachteten y-Werte zuordnet, sondern einen auf der Regressionsfunktion liegenden „durchschnittlichen" oder „mittleren" Wert $\hat{y}$ (siehe hierzu F 4.2.14).

D 4.3.1

> **Regressionsfunktion**
> Gegeben sei die zweidimensionale Verteilung der metrisch messbaren Merkmale X und Y. Y sei statistisch abhängig von X.
> Eine Funktion $\hat{y} = g(x)$, die die Tendenz oder den durchschnittlichen Verlauf der Abhängigkeit beschreibt, heißt Regressionsfunktion.

Durch eine Regressionsfunktion wird bei der Untersuchung des Zusammenhangs zwischen zwei Merkmalen die Tendenz der Abhängigkeit des einen Merkmals vom anderen Merkmal beschrieben. Daraus ergibt sich folgende Unterscheidung:

D 4.3.2

> **y-x- und x-y-Regressionsfunktion**
> Gegeben sei eine zweidimensionale Verteilung der metrisch messbaren, statistisch abhängigen Merkmale X und Y.
> Die Regressionsfunktion, die die Tendenz der Abhängigkeit des Merkmals Y vom Merkmal X beschreibt, heißt **y-x-Regressionsfunktion** oder **Regression von y auf x**.
> Die Regressionsfunktion, die die Tendenz der Abhängigkeit des Merkmals X vom Merkmal Y beschreibt, heißt **x-y-Regressionsfunktion** oder **Regression von x auf y**.

Auf Einzelheiten wird weiter unten noch eingegangen. Bei der Bestimmung einer Regressionsfunktion geht man üblicherweise wie folgt vor:

---

[7] $\hat{y}$ wird „y Dach" gelesen.

Der Typ der Regressionsfunktion wird vorgegeben, d. h. man legt fest, ob der Zusammenhang zwischen den quantitativen Merkmalen durch eine

Gerade: $y = a + bx$

Parabel: $y = a + bx + cx^2$

Potenzfunktion: $y = ax^b$

Exponentialfunktion: $y = ab^x (b > 0)$

logistische Funktion: $y = \dfrac{k}{1 + e^{a+bx}}$ $(b < 0)$

oder durch einen anderen Funktionstyp beschrieben werden soll.

Der Funktionstyp ergibt sich dabei entweder aus den Beobachtungsdaten bzw. dem Streuungsdiagramm (siehe hierzu z. B. F 4.1.4 und F 4.2.14) oder aus dem Sachzusammenhang.

B 4.3.3 *Für die Untersuchung der statistischen Abhängigkeit der Länge des Bremswegs Y eines PKW in m von der Geschwindigkeit X in m/s ist aufgrund physikalischer Gesetze bei konstanter Bremskraft eine Parabel anzusetzen.*

Mit der Vorgabe eines Funktionstyps ist das Problem der Bestimmung einer Regressionsfunktion aber noch nicht gelöst, da dazu auch die Werte der Koeffizienten (a, b usw.) ermittelt werden müssen. Diese Koeffizienten sind so zu bestimmen, dass die Regressionsfunktion den Zusammenhang möglichst gut beschreibt.

Für dieses „möglichst gut" benötigt man eine operationalisierbare Definition. Ein Ansatz dafür ergibt sich aus dem im folgenden Abschnitt behandelten Kriterium der Kleinsten Quadrate.

b) Das Kriterium der Kleinsten Quadrate (KQ-Kriterium)

Die Bestimmung einer Regressionsfunktion bzw. der numerischen Werte ihrer Koeffizienten geschieht in den meisten Fällen nach folgendem Kriterium:

R 4.3.4

> **Kriterium der Kleinsten Quadrate (KQ-Kriterium)**
> Die Koeffizienten einer Regressionsfunktion $\hat{y} = g(x)$ zur Beschreibung des Zusammenhangs zwischen den Merkmalen X und Y werden so bestimmt, dass die **Summe der quadrierten Abweichungen der Beobachtungswerte** y_i (i = 1,...,n) von den zugehörigen Werten auf der Regressionsfunktion $\hat{y}_i = g(x_i)$, also $\sum_{i=1}^{n}(y_i - \hat{y}_i)^2$,
> zu einem **Minimum** wird.
> Die so bestimmte Regressionsfunktion heißt Kleinste-Quadrate-Regressionsfunktion oder kurz KQ-Regressionsfunktion.

F 4.3.5 veranschaulicht das Kriterium der Kleinsten Quadrate. Mit y_i werden die y-Koordinaten von Beobachtungswerten bezeichnet, mit $\hat{y}_i$ die zugehörigen Werte auf der Regressionsfunktion.

Kapitel 4   Mehrdimensionale Häufigkeitsverteilungen

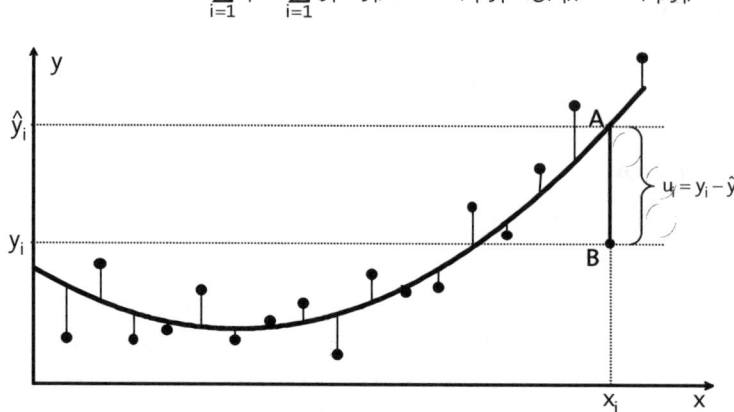

F 4.3.5   Veranschaulichung zum Kriterium der Kleinsten Quadrate

Für die wichtigsten Funktionstypen wird die Anwendung des Kriteriums der Kleinsten Quadrate in den folgenden Unterabschnitten beschrieben.

c) Bestimmung einer linearen KQ-Regressionsfunktion

Für den Fall einer linearen y-x-Regressionsfunktion besagt das Kriterium der Kleinsten Quadrate, dass die Koeffizienten a und b der linearen y-x-Regressionsfunktion $\hat{y} = a + bx$ so zu bestimmen sind, dass die Summe der Quadrate der Abweichungen der y-Koordinaten y_i der beobachteten Wertepaare $(x_i; y_i)$ von den durch die Regressionsfunktion bestimmten Koordinaten $\hat{y}_i = a + bx_i$ ein Minimum wird. Wenn insgesamt n Wertepaare vorliegen, bestimmt man also a und b so, dass die Funktion

$$S(a,b) = \sum_{i=1}^{n}(y_i - \hat{y}_i)^2 = \sum_{i=1}^{n}(y_i - a - bx_i)^2$$

ein Minimum annimmt. Notwendige Bedingung für ein Minimum der Summe der quadrierten Abweichungen ist das Verschwinden der partiellen Ableitung erster Ordnung von S(a,b) nach a und b. Für die partiellen Ableitungen ergibt sich:

$$\frac{\partial S(a,b)}{\partial a} = \sum_{i=1}^{n} 2(y_i - a - bx_i)(-1)$$

und

$$\frac{\partial S(a,b)}{\partial b} = \sum_{i=1}^{n} 2(y_i - a - bx_i)(-x_i)$$

Diese Ableitungen werden null gesetzt, und man erhält ein lineares Gleichungssystem mit den beiden Unbekannten a und b. Die beiden Gleichungen werden in dem vorliegenden Zusammenhang auch als Normalgleichungen bezeichnet.

R 4.3.6

Normalgleichungen einer linearen KQ-Regressionsfunktion
zur Bestimmung der Koeffizienten a und b der Regressionsfunktion $\hat{y} = a + bx$:

I. Normalgleichung: $\sum_{i=1}^{n} y_i = na + b\sum_{i=1}^{n} x_i$

II. Normalgleichung: $\sum_{i=1}^{n} y_i x_i = a\sum_{i=1}^{n} x_i + b\sum_{i=1}^{n} x_i^2$

Das System der Normalgleichungen kann man nach den Regressionskoeffizienten a und b auflösen[8].

R 4.3.7

Regressionskoeffizienten
einer linearen KQ-Regressionsfunktion $\hat{y} = a + bx$:

$$a = \frac{\sum_{i=1}^{n} x_i^2 \sum_{i=1}^{n} y_i - \sum_{i=1}^{n} x_i \sum_{i=1}^{n} x_i y_i}{n\sum_{i=1}^{n} x_i^2 - (\sum_{i=1}^{n} x_i)^2}; \quad b = \frac{n\sum_{i=1}^{n} x_i y_i - \sum_{i=1}^{n} x_i \sum_{i=1}^{n} y_i}{n\sum_{i=1}^{n} x_i^2 - (\sum_{i=1}^{n} x_i)^2}$$

Auf eine Untersuchung der 2. Ableitung, durch die nachgewiesen werden kann, dass S(a,b) für die in R 4.3.7 angegebenen Werte tatsächlich ein Minimum annimmt, wird verzichtet.

Man beachte, dass die Quotienten zur Berechnung von a und b denselben Nenner haben. Auf die Angabe der Summationsindizes wird im Folgenden verzichtet, da Missverständnisse ausgeschlossen sind.

Für die Bestimmung der Regressionskoeffizienten werden die Summen $\sum x_i, \sum x_i^2, \sum y_i, \sum x_i y_i$ benötigt, die man sich bei manueller Bestimmung am besten mit einer Tabelle, wie in dem folgenden Beispiel, berechnet.

B 4.3.8 *Gegeben sind folgende Beobachtungswerte* $(x_i; y_i)$:
(1;2), (2;3), (3;5), (4;4), (4;6), (5;4), (6;8), (7;7), (9;8).
Die Berechnung der Hilfssummen geschieht in folgender Tabelle:

x_i	y_i	x_i^2	$x_i y_i$
1	2	1	2
2	3	4	6
3	5	9	15
4	4	16	16
4	6	16	24
5	4	25	20
6	8	36	48
7	7	49	49
9	8	81	72
41	47	237	252

---

8 Verfahren zur Auflösung linearer Gleichungssysteme werden behandelt in Kapitel 18 des Buches SCHWARZE, J.: Mathematik für Wirtschaftswissenschaftler. Band 3: Lineare Algebra, Lineare Optimierung und Graphentheorie. Herne (NWB-Verlag).

Mit den Hilfssummen ergibt sich:

$$a = \frac{\sum x_i^2 \sum y_i - \sum x_i \sum x_i y_i}{n \sum x_i^2 - (\sum x_i)^2} = \frac{237 \cdot 47 - 41 \cdot 252}{9 \cdot 237 - 41^2} = 1{,}7845$$

und

$$b = \frac{n \sum x_i y_i - \sum x_i \sum y_i}{n \sum x_i^2 - (\sum x_i)^2} = \frac{9 \cdot 252 - 41 \cdot 47}{9 \cdot 237 - 41^2} = 0{,}7544$$

Die lineare KQ-Regressionsfunktion (Regressionsgerade) lautet somit:

$$\hat{y} = 1{,}7845 + 0{,}7544x.$$

Die Beobachtungswerte und die Regressionsgerade sind in F 4.3.9 dargestellt.

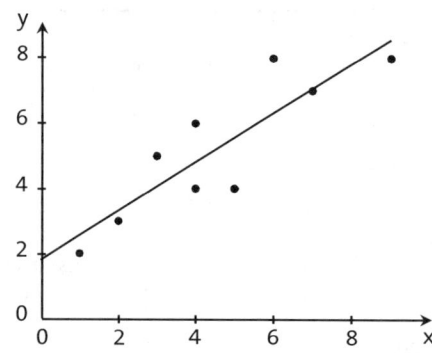

F 4.3.9 Lineare KQ-Regression

Ü 4.3.10 *Für die Merkmale X und Y wurden folgende Beobachtungswerte* $(x_i; y_i)$ *ermittelt*:
(2;5), (2;7), (4;4), (4;6), (5;4,5), (6;3), (6;5), (8;3).
Bestimmen Sie eine lineare KQ-Regressionsfunktion $\hat{y} = a + bx$.

Für die Berechnung einer linearen Regressionsfunktion ergeben sich aus den folgenden Überlegungen häufig Rechenvereinfachungen.

Dividiert man beide Seiten der I. Normalgleichung (siehe R 4.3.6) durch n, so erhält man:

$\dfrac{\sum y_i}{n} = a + b \dfrac{\sum x_i}{n}$ oder, da $\dfrac{\sum y_i}{n} = \bar{y}$ und $\dfrac{\sum x_i}{n} = \bar{x}$ ist, $\bar{y} = a + b\bar{x}$

Die Berechnung von $\bar{y}$ und $\bar{x}$ bereitet, da $\sum y$ und $\sum x$ sowieso berechnet werden müssen, keine besonderen Schwierigkeiten. Hat man den Koeffizienten b berechnet, kann man a mit Hilfe der Gleichung $\bar{y} = a + b\bar{x}$ leicht berechnen. Die Gleichung $\bar{y} = a + b\bar{x}$ besagt außerdem, dass eine lineare Regressionsfunktion durch den Punkt $(\bar{x}; \bar{y})$ verläuft.

Es wird die folgende Regel festgehalten.

R 4.3.11
> Für eine lineare KQ-Regressionsfunktion $\hat{y} = a + bx$ der Merkmale Y und X mit den arithmetischen Mittelwerten $\bar{y}$ und $\bar{x}$ gilt $\bar{y} = a + b\bar{x}$.

B 4.3.12 In B 4.3.8 ist $\bar{x}=\frac{41}{9}=4{,}5556$ und $\bar{y}=\frac{47}{9}=5{,}2222$. Damit gilt unter Anwendung von R 4.3.11 $a=\bar{y}-b\bar{x}=5{,}2222-0{,}7544\cdot 4{,}5556=1{,}7854$ wie in B 4.3.8.

Erweitert man die Quotienten in den Formeln zur Bestimmung der Regressionskoeffizienten (siehe R 4.3.7) mit $\frac{1}{n^2}$, so erhält man für a:

$$a=\frac{\frac{1}{n^2}(\sum x_i^2 \sum y_i - \sum x_i \sum x_i y_i)}{\frac{1}{n^2}(n\sum x_i^2 - (\sum x_i)^2)} = \frac{\frac{\sum x_i^2}{n}\frac{\sum y_i}{n} - \frac{\sum x_i}{n}\frac{\sum x_i y_i}{n}}{\frac{\sum x_i^2}{n} - (\frac{\sum x_i}{n})^2}$$

Der Nenner ist die Varianz von X (siehe R 3.3.18), so dass sich ergibt:

R 4.3.13
$$a = \frac{\frac{\sum x_i^2}{n}\bar{y} - \bar{x}\frac{\sum x_i y_i}{n}}{s_X^2}$$

Für b erhält man

$$b = \frac{\frac{1}{n^2}(n\sum x_i y_i - \sum x_i \sum y_i)}{\frac{1}{n^2}(n\sum x_i^2 - (\sum x_i)^2)} = \frac{\frac{\sum x_i y_i}{n} - \frac{\sum x_i}{n}\frac{\sum y_i}{n}}{\frac{\sum x_i^2}{n} - (\frac{\sum x_i}{n})^2}$$

Für den Nenner ergibt sich auch hier die Varianz von X (s. o.) und somit:

$$b = \frac{\frac{1}{n}\sum x_i y_i - \overline{xy}}{s_X^2}$$

Der Zähler dieses Quotienten ist die Kovarianz der gemeinsamen Verteilung von X und Y (siehe R 4.1.22 bzw. D 4.1.20). Es ergibt sich also:

R 4.3.14
$$b = \frac{COV(X,Y)}{s_X^2}$$

Für eine lineare x-y-Regressionsfunktion nach dem Kriterium der Kleinsten Quadrate $\hat{x}=a'+b'y$ erhält man entsprechende Berechnungsformeln (siehe hierzu auch R 4.3.7, R 4.3.11, R 4.3.13 und R 4.3.14).

R 4.3.15

Lineare x-y-Regressionsfunktion
Die Bestimmungsgleichungen für die Regressionskoeffizienten einer linearen KQ-Regressionsfunktion $\hat{x}=a'+b'y$ lauten:

$$a' = \frac{\sum y_i^2 \sum x_i - \sum y_i \sum x_i y_i}{n\sum y_i^2 - (\sum y_i)^2} = \frac{\frac{\sum y_i^2}{n}\bar{x} - \bar{y}\frac{\sum x_i y_i}{n}}{s_Y^2}$$

und

$$b' = \frac{n\sum x_i y_i - \sum x_i \sum y_i}{n\sum y_i^2 - (\sum y_i)^2} = \frac{COV(X,Y)}{s_Y^2}.$$

Für eine x-y-Regressionsfunktion gilt $\bar{x} = a' + b'\bar{y}$.

In dem folgenden Beispiel ist für zwei Merkmale die lineare y-x- und die lineare x-y-Regressionsfunktion berechnet worden.

B 4.3.16 *Die nachfolgende Tabelle enthält 8 Paare von Beobachtungswerten ($x_i; y_i$) der Merkmale X und Y. Außerdem sind die zur Berechnung der Regressionskoeffizienten notwendigen Hilfssummen in der Tabelle enthalten.*

x_i	y_i	x_i^2	y_i^2	$x_i y_i$
1	2	1	4	2
1	4	1	16	4
2	4	4	16	8
3	3	9	9	9
4	6	16	36	24
6	5	36	25	30
7	9	49	81	63
8	8	64	64	64
32	41	180	251	204

Es ist $\bar{x} = 4$, $\bar{y} = 5{,}125$, $s_X^2 = \frac{180}{8} - 4^2 = 6{,}5$ *und* $s_Y^2 = \frac{251}{8} - 5{,}125^2 = 5{,}109$.

Ferner gilt $COV(X,Y) = \frac{204}{8} - 4 \cdot 5{,}125 = 5$.

Für die Regressionskoeffizienten der beiden Regressionsfunktionen ergeben sich damit nach R 4.3.13, R 4.3.14 und R 4.3.15:

$$a = \frac{\frac{180}{8} \cdot 5{,}125 - 4 \cdot \frac{204}{8}}{6{,}5} = 2{,}05; \quad b = \frac{5}{6{,}5} = 0{,}77$$

$$a' = \frac{\frac{251}{8} \cdot 4 - 5{,}125 \cdot \frac{204}{8}}{5{,}11} = -1{,}02; \quad b' = \frac{5}{5{,}11} = 0{,}98$$

Die Regressionsfunktionen lauten also:

$\hat{y} = 2{,}05 + 0{,}77x$ *und* $\hat{x} = -1{,}02 + 0{,}98y$

Sie sind zusammen mit den Beobachtungswerten in F 4.3.17 dargestellt.

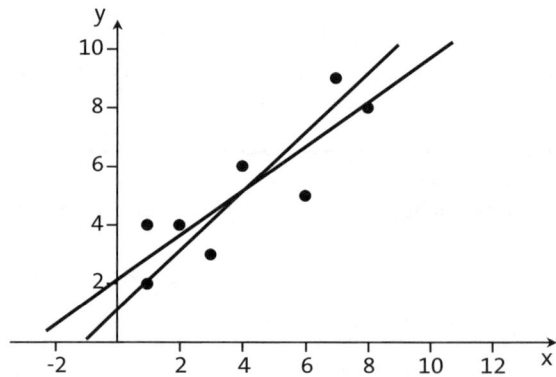

F 4.3.17 y-x- und x-y-Regression zu B 4.3.16

Das Beispiel veranschaulicht folgende Regel:

R 4.3.18

> **Verschiedenheit von y-x- und x-y-Regressionsfunktion**
> Gegeben sei eine zweidimensionale Verteilung metrisch messbarer, abhängiger Merkmale X und Y.
> Sofern nicht alle Beobachtungswerte auf einer Geraden liegen, stimmen die nach dem Kriterium der Kleinsten Quadrate bestimmte lineare y-x-Regressionsfunktion und die x-y-Regressionsfunktion **nicht** überein.

Man hüte sich deshalb davor, die lineare x-y-Regressionsfunktion als (mathematische) Umkehrfunktion der y-x-Regressionsfunktion aufzufassen und zu berechnen. Die Umkehrung einer Regressionsbeziehung hat **nichts** mit der Umkehrung einer funktionalen Beziehung zu tun.

Ü 4.3.19 *Gegeben sind folgende Paare von Beobachtungswerten* $(x_i; y_i)$: (1;2), (1;6), (3;5), (5;6), (7;6), (7;8).
Zeichnen Sie ein Streuungsdiagramm, bestimmen Sie die linearen KQ-Regressionsfunktionen $\hat{y} = a + bx$ *und* $\hat{x} = a' + b'y$ *und stellen Sie diese grafisch dar.*

Aus R 4.3.11 und R 4.3.15 ergibt sich unmittelbar folgende Regel (vgl. dazu auch B 4.3.16):

R 4.3.20

> **Schnittpunkt von y-x- und x-y-Regressionsfunktion**
> Lineare y-x-Regressionsfunktion und lineare x-y-Regressionsfunktion schneiden sich im Punkt $(\bar{x}; \bar{y})$.

d) Interpretation einer linearen KQ-Regressionsfunktion

Für die Interpretation einer linearen KQ-Regressionsfunktion $\hat{y} = a + bx$ gilt Folgendes:

- Die Regressionsfunktion beschreibt die **Tendenz** des Zusammenhangs oder den **durchschnittlichen Zusammenhang**.
  Zu gegebenem x_i liefert die Regressionsfunktion den Durchschnittswert $\hat{y}_i$ für das Merkmal Y.
- Im Allgemeinen liegen nicht alle (in vielen Fällen gar keine) Beobachtungswerte auf der Regressionsfunktion.
  Die **Beobachtungswerte streuen um die Regressionsfunktion**.
- Der Regressionskoeffizient b gibt an, um wie viel Einheiten sich der Wert des Merkmals Y durchschnittlich ändert, wenn man den Wert des Merkmals X um eine Einheit ändert.

B 4.3.21 *14 Haushalte werden nach ihrem monatlichen Einkommen und den monatlichen Konsumausgaben befragt. Man erhält folgendes Ergebnis:*

Haushalt		1	2	3	4	5	6	7
Einkommen	Y	1.000	2.500	2.000	2.500	1.500	1.000	2.000
Konsumausgaben	C	1.000	2.000	1.800	2.200	1.200	800	1.600
Haushalt		8	9	10	11	12	13	14
Einkommen	Y	1.500	1.200	1.800	1.700	1.300	2.300	2.200
Konsumausgaben	C	1.400	1.060	1.540	1.460	1.140	1.940	1.860

Für diese Beobachtungswerte erhält man als lineare KQ-Regressionsfunktion $\hat{c} = 100 + 0{,}8y$.

*Die Beobachtungswerte und die Regressionsgerade sind in F 4.3.22 gezeichnet. Man sieht, dass nicht alle Beobachtungswerte auf der Geraden liegen. Mit Hilfe der Regressionsfunktion kann man bestimmen, wie hoch die **durchschnittlichen** Konsumausgaben $\hat{c}_i$ zu einem vorgegebenen Einkommen y_i sind. Der Regressionskoeffizient b = 0,8 besagt, dass sich die durchschnittlichen Konsumausgaben um 0,8 Einheiten ändern, wenn man das Einkommen um eine Einheit ändert.*

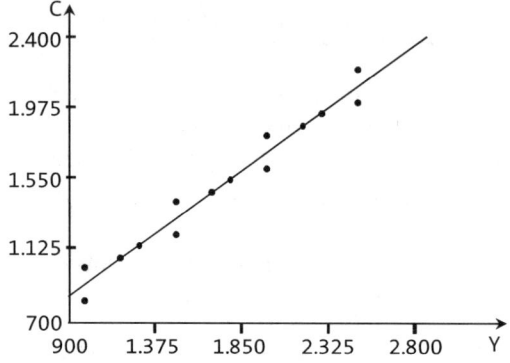

F **4.3.22** Beobachtungswerte und lineare KQ-Regression zu B 4.3.21

Für die Interpretation einer linearen KQ-Regressionsfunktion sind ferner die folgenden beiden Punkte zu beachten:
- Die Koeffizienten einer linearen KQ-Regressionsfunktion geben **keine** Auskunft darüber, wie ausgeprägt der Zusammenhang ist. Die Regressionsfunktion gibt „nur" die Tendenz des Zusammenhangs an. Die **Ausgeprägtheit** eines linearen Zusammenhangs wird mit der Korrelationsrechnung untersucht (vgl. dazu Abschnitt 4.4).
- Eine lineare KQ-Regressionsfunktion kann (näherungsweise) darüber Auskunft geben, ob die Beobachtungswerte der Merkmale X und Y annähernd proportional zueinander sind. Bei genau proportionalen Werten müssen alle Punkte auf einer Ursprungsgeraden (Gerade durch den Koordinatenursprung) liegen. Gilt also a = 0 (oder ist a klein im Vergleich zu den beobachteten x-Werten), dann kann man davon ausgehen, dass y der Tendenz nach (annähernd) proportional zu x ist. Eine Verdopplung, Verdreifachung usw. von x führt dann (annähernd) zu einer Verdopplung, Verdreifachung usw. des Durchschnittswerts von Y.

B **4.3.23** *In den Bildern A und B von F 4.3.24 sind unterschiedlich stark ausgeprägte Zusammenhänge mit übereinstimmenden linearen KQ-Regressionsfunktionen dargestellt. In Bild C ist ein annähernd proportionaler Zusammenhang zwischen X und Y wiedergegeben.*

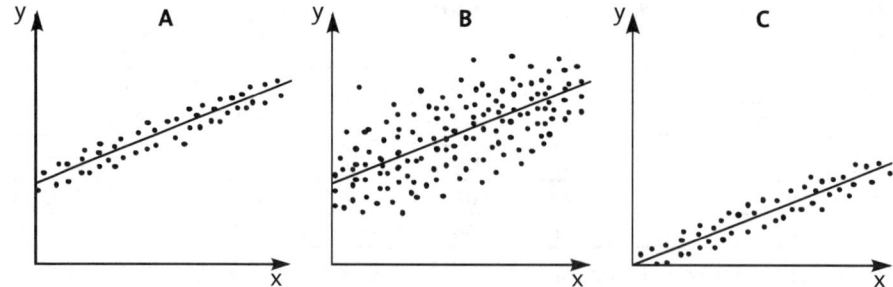

F **4.3.24** Unterschiedliche lineare Zusammenhänge

e) Nichtlineare KQ-Regressionsfunktionen

Für nichtlineare KQ-Regressionen gelten prinzipiell die gleichen Überlegungen wie für eine lineare Regression.

(1) Parabel $y = a + bx + cx^2$

Das Kriterium der Kleinsten Quadrate besagt, dass die Koeffizienten der Regressionsfunktion $\hat{y} = a + bx + cx^2$ so zu bestimmen sind, dass die Summe der Abweichungsquadrate der y-Koordinaten der beobachteten Werte von denen der Regressionsfunktion ein Minimum wird. Es wird also die Minimierung der Funktion

$$S(a,b,c) = \sum (y_i - \hat{y}_i)^2 = \sum (y_i - a - bx_i - cx_i^2)^2$$

verlangt. Notwendige Bedingung für ein Minimum dieser Funktion ist das Verschwinden der drei partiellen Ableitungen 1. Ordnung nach den Variablen a, b und c. Man erhält für die partiellen Ableitungen:

$$\frac{\partial S(a,b,c)}{\partial a} = \sum 2(y_i - a - bx_i - cx_i^2)(-1)$$

$$\frac{\partial S(a,b,c)}{\partial b} = \sum 2(y_i - a - bx_i - cx_i^2)(-x_i)$$

$$\frac{\partial S(a,b,c)}{\partial c} = \sum 2(y_i - a - bx_i - cx_i^2)(-x_i^2)$$

Setzt man diese Ableitungen null, ergeben sich folgende Normalgleichungen:

R 4.3.25

> **Normalgleichungen** zur Bestimmung der Koeffizienten einer KQ-Regressionsfunktion $\hat{y} = a + bx + cx^2$
>
> I. Normalgleichung: $\quad \sum y_i = na + b\sum x_i + c\sum x_i^2$
>
> II. Normalgleichung: $\quad \sum x_i y_i = a\sum x_i + b\sum x_i^2 + c\sum x_i^3$
>
> III. Normalgleichung: $\quad \sum x_i^2 y_i = a\sum x_i^2 + b\sum x_i^3 + c\sum x_i^4$

B 4.3.26 *Bei einem physikalischen Versuch, bei dem für einen frei fallenden Körper die Zeit t (in Sekunden) und die zurückgelegte Strecke s (in Meter) gemessen wurde, ergaben sich folgende Beobachtungswerte:*

t_i	0,14	0,20	0,29	0,35	0,40	0,45	0,50	0,55	0,64	0,70
s_i	0,1	0,2	0,4	0,6	0,8	1,0	1,2	1,5	2,0	2,4

Es soll eine Regressionsfunktion $\hat{s} = a + bt + ct^2$ *bestimmt werden. Die erforderlichen Hilfssummen (siehe R 4.3.25) lauten:*

$$\sum t_i = 4{,}22; \quad \sum t_i^2 = 2{,}0808; \quad \sum t_i^3 = 1{,}12965; \quad \sum t_i^4 = 0{,}65255;$$

$$\sum s_i = 10{,}2; \quad \sum s_i t_i = 5{,}535; \quad \sum s_i t_i^2 = 3{,}19655.$$

Damit ergeben sich die folgenden Normalgleichungen:

I. $\quad 10{,}2 \quad = 10a + 4{,}22b + 2{,}0808c$

II. $\quad 5{,}535 \quad = 4{,}22a + 2{,}0808b + 1{,}12965c$

III. $\quad 3{,}19655 = 2{,}0808a + 1{,}12965b + 0{,}65255c$

Die Auflösung des Gleichungssystems ergibt[9]:

a = 0,00168; b = 0,00228 und c = 4,88927

Die KQ-Regressionsfunktion lautet somit[10]:

$\hat{s} = 0{,}00168 + 0{,}00228t + 4{,}88927t^2$

Das Beispiel lässt erkennen, dass die Bestimmung nichtlinearer Regressionen erheblichen Rechenaufwand erfordert und ohne den Einsatz entsprechender Software kaum noch praktikabel ist.

Ü 4.3.27 *Bestimmen Sie die Normalgleichungen zur Berechnung der Koeffizienten einer KQ-Regressionsfunktion* $\hat{y} = a + bx^2$.

(2) Ganze rationale Funktion r-ten Grades $y = \sum_{k=0}^{r} a_k x^k$

Für eine ganze rationale Funktion r-ten Grades

$$\hat{y} = a_0 + a_1 x + a_2 x^2 + a_3 x^3 + \ldots + a_{r-1} x^{r-1} + a_r x^r = \sum_{k=0}^{r} a_k x^k$$

erhält man die Normalgleichungen zur Bestimmung der Koeffizienten a_k (k = 0,...,r), indem man das Minimum von

$$S(a_0, a_1, \ldots, a_r) = \sum_{i=1}^{n} (y_i - \hat{y}_i)^2 = \sum_{i=1}^{n} (y_i - a_0 - a_1 x_i - a_2 x_i^2 - \ldots - a_r x_i^r)^2 = \sum_{i=1}^{n} (y_i - \sum_{k=0}^{r} a_k x_i^k)^2$$

durch partielle Differentiation nach a_k (k = 0,...,r) ermittelt. Es ergeben sich r+1 partielle Ableitungen erster Ordnung:

$$\frac{\partial S(a_0, \ldots, a_r)}{\partial a_k} = \sum_{i=1}^{n} 2(y_i - a_0 - a_1 x_i - a_2 x_i^2 - \ldots - a_r x_i^r)(-x_i^k) \text{ für } k = 0, \ldots, r$$

Daraus ergeben sich durch Nullsetzen r+1 Normalgleichungen.

R 4.3.28

Normalgleichungen
zur Bestimmung der Koeffizienten einer KQ-Regressionsfunktion der Form

$$\hat{y} = a_0 + a_1 x + a_2 x^2 + \ldots + a_r x^r = \sum_{k=0}^{r} a_k x^k$$

I. Normalgleichung	$\sum y_i$	$= na_0 + a_1 \sum x_i + \ldots + a_r \sum x_i^r$
II. Normalgleichung	$\sum y_i x_i$	$= a_0 \sum x_i + a_1 \sum x_i^2 + \ldots + a_r \sum x_i^{r+1}$
III. Normalgleichung	$\sum y_i x_i^2$	$= a_0 \sum x_i^2 + a_1 \sum x_i^3 + \ldots + a_r \sum x_i^{r+2}$
...		
(r+1). Normalgleichung	$\sum y_i x_i^r$	$= a_0 \sum x_i^r + a_1 \sum x_i^{r+1} + \ldots + a_r \sum x_i^{2r}$

Man erhält also ein System von r+1 linearen Gleichungen zur Bestimmung der r+1 Koeffizienten der Regressionsfunktion.

---

9   Man beachte, dass sich je nach Rechengenauigkeit unterschiedliche Werte ergeben können.
10 Nach den Fallgesetzen ergibt sich im Idealfall (keine Messfehler, kein Luftwiderstand usw.) $s = 0{,}5gt^2$, mit der Erdbeschleunigung $g \approx 9{,}81$. Da die Regressionskoeffizienten a und b gegenüber c sehr klein sind, zeigt sich eine gute Übereinstimmung.

Für das in R 4.3.28 angegebene Gleichungssystem kann man auch kürzer schreiben
$$\sum y_i x_i^k = a_0 \sum x_i^k + a_1 \sum x_i^{k+1} + \ldots + a_r \sum x_i^{k+r} \quad \text{für } k = 0,\ldots,r$$
bzw.
$$\sum y_i x_i^k = \sum_{j=0}^{r} a_j \sum x_i^{k+j} \quad \text{für } k = 0,\ldots,r$$

A 4.3.29 Hat man für die gemeinsam auftretenden metrisch messbaren Merkmale X und Y insgesamt n Paare von Beobachtungswerten erhoben und gehören zu gleichen x-Werten niemals verschiedene y-Werte, dann liegen auf einer KQ-Regressionsfunktion der Form
$$\hat{y} = a_0 + a_1 x + a_2 x^2 + \ldots + a_{n-1} x^{n-1},$$
d. h. einer ganzen rationalen Funktion (n–1)-ten Grades, alle Paare von Beobachtungswerten $(x_i; y_i)$.

F 4.3.30 zeigt hierzu ein Beispiel. Bei einer statistischen Abhängigkeit, bei der Schwankungen der Beobachtungswerte um eine Regressionsfunktion als „normal" anzusehen sind, ist ein solcher Ansatz in der Regel jedoch nicht angemessen.

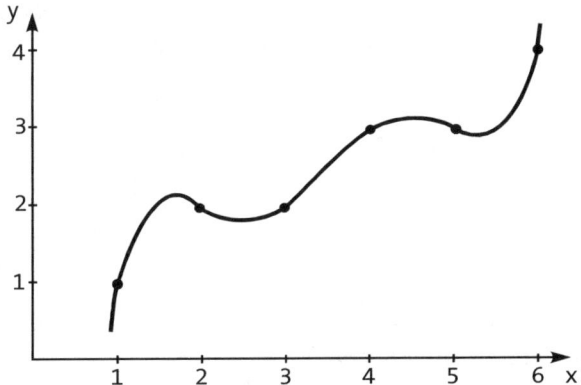

F 4.3.30 Regressionsfunktion durch alle Beobachtungswerte (zu A 4.3.29)

(3) Potenzfunktion $y = ax^b$

Bei einer Potenzfunktion, bei der b beliebige reelle Werte annehmen kann und $a > 0$ und $x > 0$ gilt, bereitet die Anwendung des KQ-Kriteriums rechnerische Schwierigkeiten, da sich keine linearen Normalgleichungen (d. h. linear in den Koeffizienten) ergeben. Man hilft sich dann dadurch, dass man die **Potenzfunktion durch eine geeignete Transformation linearisiert**. Dies erreicht man durch Logarithmieren der Gleichung.

Aus
$$\hat{y} = ax^b$$
ergibt sich
$$\log \hat{y} = \log a + b \log x$$
Mit log wird der Dekadische Logarithmus (zur Basis 10) bezeichnet. Die Linearisierung ist jedoch auch mit jedem anderen Logarithmus möglich.

Auf die durch die logarithmische Transformation linearisierte Potenzfunktion wendet man dann das Kriterium der Kleinsten Quadrate an.

Kapitel 4   Mehrdimensionale Häufigkeitsverteilungen

R 4.3.31

> **KQ-Regression einer Potenzfunktion**
> Für die Bestimmung einer Regressionsfunktion $\hat{y} = ax^b$ wendet man das Kriterium der Kleinsten Quadrate auf die **durch Logarithmierung linearisierte Funktion**
> $$\log \hat{y} = \log a + b \log x$$
> an.
> Die Bestimmungsgleichungen für die Koeffizienten $\log a$ und b der linearisierten Funktion lauten (vgl. R 4.3.7):
> $$\log a = \frac{\sum (\log x_i)^2 \sum \log y_i - \sum \log x_i \sum \log x_i \log y_i}{n \sum (\log x_i)^2 - (\sum \log x_i)^2}$$
> und
> $$b = \frac{n \sum \log x_i \log y_i - \sum \log x_i \sum \log y_i}{n \sum (\log x_i)^2 - (\sum \log x_i)^2}$$

B 4.3.32 *Ein Unternehmer hat in fünf aufeinander folgenden Jahren, in denen ein starker Anstieg des allgemeinen Preisniveaus stattgefunden hat, folgende Preise und Absatzmengen eines Gutes beobachtet:*

Jahr i	Preisniveau (Jahr 1=100)	Preis p_i (€ pro Einheit)	Absatzmenge m_i
1	100	30	610
2	125	45	460
3	130	52	395
4	140	63	330
5	160	80	280

Es soll nach dem Kriterium der Kleinsten Quadrate eine Preisabsatzfunktion konstanter Preiselastizität bestimmt werden. Diese Funktion hat die allgemeine Form:

$$\hat{m} = ap^b$$

Durch Logarithmierung ergibt sich $\log \hat{m} = \log a + b \log p$.

Die Koeffizienten dieser linearen Funktion sind $\log a$ *und* b. *Die Formeln zur Bestimmung dieser Koeffizienten lauten nach R 4.3.31:*

$$\log a = \frac{\sum (\log p_i)^2 \sum \log m_i - \sum \log p_i \sum \log p_i \log m_i}{n \sum (\log p_i)^2 - (\sum \log p_i)^2}$$

und

$$b = \frac{n \sum \log p_i \log m_i - \sum \log p_i \sum \log m_i}{n \sum (\log p_i)^2 - (\sum \log p_i)^2}$$

Aus den Daten ergibt sich folgendes zusätzliche Problem: Die Wertepaare $(p_i; m_i)$ wurden zu verschiedenen Zeitpunkten beobachtet. In dem Beobachtungszeitraum hat, wie aus der Aufgabe hervorgeht, ein starker Anstieg des Preisniveaus stattgefunden. Das bedeutet, dass die Beobachtungswerte den Zusammenhang zwischen Preisen und Mengen nur ungenau wiedergeben, da in den Preisen nicht nur die Preiserhöhung enthalten ist. Der Zusammenhang wird durch die Überlagerung der Preisniveauverschiebung verfälscht. Man muss deshalb den Einfluss der Preisniveauverschiebung eliminieren und bereinigte Preise $\tilde{p}$ ermitteln.

Das geschieht nach folgender Formel:

$$\tilde{p} = p \frac{100}{Preisniveau}$$

Mit Hilfe dieser vom Einfluss der Preisniveauverschiebung bereinigten Preise wird dann die gesuchte Preisabsatzfunktion ermittelt. Statt p muss es im Folgenden dann $\tilde{p}$ heißen, da mit bereinigten Preisen gerechnet wird. Für diese Durchführung der Berechnung legt man sich zweckmäßigerweise wieder ein Rechenschema an. Alle Zwischenergebnisse wurden auf zwei Nachkommastellen gerundet.

Jahr	1	2	3	4	5	
Preisniveau	100	125	130	140	160	
Preis p_i	30	45	52	63	80	
bereinigter Preis $\tilde{p}_i$	30	36	40	45	50	
$\log \tilde{p}_i$	1,48	1,56	1,60	1,65	1,70	Σ=7,99
Menge m_i	610	460	395	330	280	
$\log m_i$	2,79	2,66	2,60	2,52	2,45	Σ=13,02
$\log \tilde{p}_i \log m_i$	4,13	4,15	4,16	4,16	4,17	Σ=20,77
$(\log \tilde{p}_i)^2$	2,19	2,43	2,56	2,72	2,89	Σ=12,79

Es ist n = 5 *und* $(\sum \log \tilde{p}_i)^2 = 63{,}84$. *Setzt man diese Werte und die Zwischensummen der Tabelle in obige Formeln ein, ergibt sich* $\log a = 5{,}22$ *oder* a = 165.959 *und* b = −1,64. *Die Preisabsatzfunktion konstanter Preiselastizität (die Elastizität ist* b = −1,64) *lautet somit*:

$$\hat{m} = 165.959 \tilde{p}^{-1{,}64}$$

Ü 4.3.33 *Es wurden folgende Preise* p_i *und Absatzmengen* m_i *beobachtet*:

p_i	20	18	15	12	10
m_i	220	260	350	480	600

Bestimmen Sie eine Regressionsfunktion $\hat{m} = ap^b$. *Verwenden Sie dabei zweistellige Logarithmen.*

(4) Exponentialfunktion $y = ab^x$

Für die Exponentialfunktion gilt Ähnliches, wie für die Potenzfunktion, so dass auf Einzelheiten verzichtet wird.

R 4.3.34

> **KQ-Regression einer Exponentialfunktion**
>
> Für die Bestimmung einer **Regressionsfunktion** $\hat{y} = ab^x$ (a,b > 0) wendet man das Kriterium der Kleinsten Quadrate auf die mittels Logarithmierung linearisierte Funktion $\log \hat{y} = \log a + x \log b$ an.
>
> Die Bestimmungsgleichungen für die Koeffizienten log a und log b der linearisierten Funktion lauten (vgl. R 4.3.7):
>
> $$\log a = \frac{\sum x_i^2 \sum \log y_i - \sum x_i \sum x_i \log y_i}{n \sum x_i^2 - (\sum x_i)^2}$$
>
> und
>
> $$\log b = \frac{n \sum x_i \log y_i - \sum x_i \sum \log y_i}{n \sum x_i^2 - (\sum x_i)^2}$$

(5) Logistische Funktion $y = \dfrac{k}{1 + e^{a+bx}}$ (b < 0)

Die logistische Funktion ist eine Verallgemeinerung der Exponentialfunktion mit einem typischen Verlauf wie in F 4.3.35. Für $x \to \infty$ konvergiert die logistische Funktion gegen eine Parallele zur Abszisse im Abstand k. Verwendet wird die logistische Funktion vor allem zur Beschreibung von Wachstumsprozessen im Zeitablauf. Die Konstante k gibt die Sättigungsgrenze des Wachstumsprozesses an.

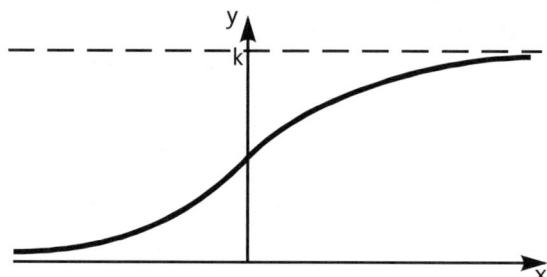

F 4.3.35 Logistische Funktion

Die Bestimmung einer logistischen Funktion mit den 3 Parametern k, a und b nach dem Kriterium der Kleinsten Quadrate kann nur über ein iteratives Verfahren erfolgen und ist sehr aufwändig. Sie wird deshalb hier nicht behandelt.

Kennt man die Sättigungsgrenze k, dann kann man das Kriterium der Kleinsten Quadrate über die folgende Transformation anwenden.

Es ist $\hat{y} = \dfrac{k}{1 + e^{a+bx}}$ und somit $1 + e^{a+bx} = \dfrac{k}{\hat{y}}$. Daraus folgt $e^{a+bx} = \dfrac{k}{\hat{y}} - 1$ und nach Anwendung des natürlichen Logarithmus (Basis e) $\ln(e^{a+bx}) = a + bx = \ln(\dfrac{k}{\hat{y}} - 1)$. Man erhält also die lineare Funktion $\ln(\dfrac{k}{\hat{y}} - 1) = a + bx$ mit der abhängigen Variablen $\ln(\dfrac{k}{\hat{y}} - 1)$, deren Werte man aus den Beobachtungswerten y_i bei gegebenem k ausrechnen kann.

R 4.3.36

> **KQ-Regression einer logistischen Funktion**
> Für die Bestimmung der Koeffizienten der **Regressionsfunktion**
> $$\hat{y} = \frac{k}{1 + e^{a+bx}}$$
> mit bekanntem k wendet man auf die **transformierte Funktion**
> $$\ln\left(\frac{k}{y} - 1\right) = a + bx$$
> das Kriterium der Kleinsten Quadrate an. Die Bestimmungsgleichungen für die Koeffizienten a und b lauten dann (vgl. R 4.3.7):
> $$a = \frac{\sum x_i^2 \sum \ln\left(\frac{k}{y_i} - 1\right) - \sum x_i \sum x_i \ln\left(\frac{k}{y_i} - 1\right)}{n \sum x_i^2 - (\sum x_i)^2} \quad \text{und}$$
> $$b = \frac{n \sum x_i \ln\left(\frac{k}{y_i} - 1\right) - \sum x_i \sum \ln\left(\frac{k}{y_i} - 1\right)}{n \sum x_i^2 - (\sum x_i)^2}$$

Ein Beispiel dazu wird bei der Behandlung von Zeitreihen (Abschnitt 5.3 c) vorgestellt. Auf weitere nichtlineare Regressionen wird nicht eingegangen. Es wird dazu auf Spezialliteratur verwiesen.

f) Residuen und Residualvarianz

Für die nähere Untersuchung von Zusammenhängen spielen die Abweichungen der Beobachtungswerte y_i von den zugehörigen Werten der Regressionsfunktion $\hat{y}_i$ eine Rolle.

D 4.3.37

> **Residuum**
> Gegeben seien die metrisch messbaren Merkmale X und Y und eine KQ-Regressionsfunktion $\hat{y} = f(x)$. $\hat{y}_i$ sei der zu y_i gehörige Wert auf der Regressionsfunktion. Die Differenz $u_i = y_i - \hat{y}_i$ heißt Residuum (des i-ten Beobachtungswertes).

Das Kriterium der Kleinsten Quadrate entspricht einer Minimierung der Summe der Residuenquadrate (siehe R 4.3.4).

Für eine lineare KQ-Regressionsfunktion folgt aus der I. Normalgleichung (siehe R 4.3.6):
$$\sum y_i - na - b\sum x_i = \sum(y_i - a - bx_i) = \sum(y_i - \hat{y}_i) = \sum u_i = 0.$$

R 4.3.38

> **Residuensumme**
> Für eine lineare KQ-Regressionsfunktion ist die Summe der Residuen gleich Null:
> $$\sum u_i = 0$$

Diese Aussage kann verallgemeinert werden. Für eine KQ-Regressionsfunktion $\hat{y} = a + f^*(x)$, wobei $f^*(x)$ keine additive Konstante mehr hat, fordert das Kriterium der Kleinsten Quadrate die Minimierung von:
$$S(a, \ldots) = \sum u_i^2 = \sum(y_i - \hat{y}_i)^2 = \sum(y_i - a - f^*(x))^2$$

Partielle Differentiation nach a ergibt:

$$\frac{\partial S}{\partial a} = \sum 2(y_i - a - f^*(x))(-1)$$

Setzt man diese Ableitung gleich Null, so ergibt sich:

$$\sum (y_i - a - f^*(x)) = \sum u_i = 0$$

R 4.3.39
> Für jede KQ-Regressionsfunktion mit additiver Konstante verschwindet die Summe der Residuen, d. h. es gilt: $\sum u_i = 0$.

Aus R 4.3.39 folgt wegen $\bar{u} = \frac{1}{n} \sum u_i$ unmittelbar:

R 4.3.40
> Für jede KQ-Regressionsfunktion mit einer additiven Konstante ($\hat{y} = a + f^*(x)$) verschwindet das arithmetische Mittel der Residuen, d. h. es gilt: $\bar{u} = 0$.

Der Leser möge das für B 4.3.8 und B 4.3.16 selbst überprüfen. Für die Varianz der Residuen s_u^2 gilt wegen $\bar{u} = 0$ (siehe R 3.3.18):

R 4.3.41
> **Residualvarianz**
> $s_u^2 = \frac{1}{n} \sum u_i^2$.

Da $\frac{1}{n}$ für eine gegebene zweidimensionale Verteilung eine Konstante ist, folgt daraus in Verbindung mit R 4.3.40:

R 4.3.42
> Das **Kriterium der Kleinsten Quadrate** entspricht bei einer Regressionsfunktion ($\hat{y} = a + f^*(x)$) mit der additiven Konstanten a einer **Minimierung der Varianz der Residuen**.

Damit kann das Kriterium der Kleinsten Quadrate für Regressionsfunktionen der Form $\hat{y} = a + f^*(x)$ wie folgt interpretiert werden:

Gesucht ist die Regressionsfunktion eines gegebenen Typs, bei der die als Varianz gemessene Streuung der Residuen minimal wird.

g) Andere Kriterien zur Bestimmung von Regressionen

Das Kriterium der Kleinsten Quadrate in der beschriebenen Form liefert nicht den einzigen Ansatz zur Bestimmung von Regressionsfunktionen. Zur Erläuterung einiger anderer Ansätze bzw. Kriterien wird von folgender Überlegung ausgegangen:

Um statistische Zusammenhänge zu analysieren und in einfacher Form zu beschreiben, geht man davon aus, dass zu einer gegebenen Ausprägung des einen Merkmals für das andere Merkmal eine (bekannte) Häufigkeitsverteilung existiert. Betrachtet man die gemeinsame Verteilung der beiden Merkmale, so handelt es sich hier um bedingte Häufigkeitsverteilungen. Aufgabe der **Regressionsrechnung** ist es nun, eine **eindeutige Aussage über die Tendenz** eines Zusammenhangs zu machen. Dazu kann man jeder Ausprägung des einen Merkmals einen charakteristischen Wert (meistens einen Lageparameter) der zugehörigen bedingten Verteilung des anderen Merkmals eindeutig zuordnen.

In diesem Zusammenhang interessieren insbesondere folgende drei Möglichkeiten:

(1) Zuordnung des arithmetischen Mittels (der bedingten Verteilungen).
Eine solche Regression besitzt die folgenden Eigenschaften:
- Die Summe der einfachen Abweichungen der Beobachtungswerte von den zugehörigen Regressionswerten, also die Summe der Residuen, wird Null (siehe R 4.3.38).
- Die Summe der quadrierten Abweichungen der Beobachtungswerte von den zugehörigen Regressionswerten wird zu einem Minimum, d. h. sie ist kleiner als bei jeder anderen Regression. Dies ergibt sich aus der in A 3.3.24 erläuterten Eigenschaft des arithmetischen Mittels. Die so bestimmte punktweise Regression erfüllt also auch das Kriterium der Kleinsten Quadrate.

B 4.3.43 *In* F 4.3.44 *sind für die auf der y-Achse und auf der x-Achse gekennzeichneten Klassen bedingte arithmetische Mittelwerte der x-Werte (Kreuze) und der y-Werte (Kreise) bestimmt und eingezeichnet worden. Diese Punkte sind jeweils geradlinig miteinander verbunden worden.*

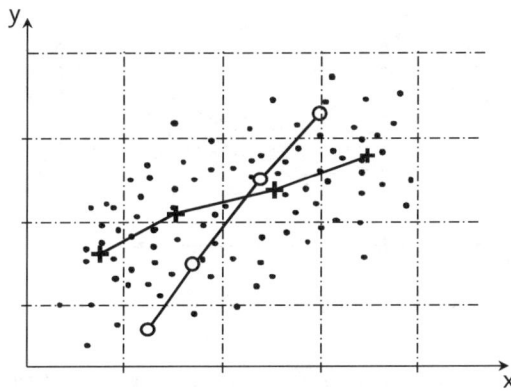

F 4.3.44 y-x-Regression und x-y-Regression durch bedingte Mittelwerte

Die Bestimmung von bedingten Mittelwerten empfiehlt sich immer dann, wenn bei der Bestimmung einer KQ-Regression Unklarheit oder Unsicherheit über den angemessenen Funktionstyp besteht. Aus den bedingten Mittelwerten (vor allem ihrer grafischen Darstellung) erhält man oft wichtige Anhaltspunkte zur Festlegung eines geeigneten Funktionstyps.

Neben der Zuordnung von bedingten arithmetischen Mittelwerten können Regressionen auch bestimmt werden durch:

(2) Zuordnung des dichtesten oder häufigsten Werts der bedingten Verteilungen. Man erhält dann die **Maximale-Häufigkeits-Regression** oder **Maximum-Likelihood-Regression**.

(3) Zuordnung des Zentralwerts oder Medians der bedingten Verteilungen. Man erhält dann die **Zentralwert-Regression**. Sie besitzt folgende Eigenschaft: Die Summe der absoluten

Abweichungen der Beobachtungswerte von den zugehörigen Regressionswerten wird zu einem Minimum, d. h. sie ist kleiner als bei jeder anderen Regression. Für den Zentralwert wurde diese Eigenschaft in A 3.3.11 erläutert.

Auf die Maximum-Likelihood-Regression und die Zentralwert-Regression wird hier nicht weiter eingegangen.

4.4 Zusammenhangsmaße für zwei metrisch messbare Merkmale

a) Aufgabenstellung

Ebenso wie in Abschnitt 4.3 wird die gemeinsame Verteilung zweier metrisch messbarer Merkmale X und Y betrachtet. In Abschnitt 4.3 wurde davon ausgegangen, dass Y statistisch von X abhängt, und es wurde gezeigt, wie man eine Regressions**funktion** bestimmen kann, die beschreibt, wie Y von X „durchschnittlich" oder „tendenziell" abhängt. Eine solche Regressionsfunktion gibt **keine** Auskunft darüber, wie ausgeprägt ein Zusammenhang ist. Für die drei in F 4.4.1 dargestellten Streuungsdiagramme ergeben sich z. B. übereinstimmende Regressionsfunktionen, obwohl sich die Zusammenhänge voneinander unterscheiden (siehe hierzu auch die Beispiele in F 4.1.5 und F 4.3.24).

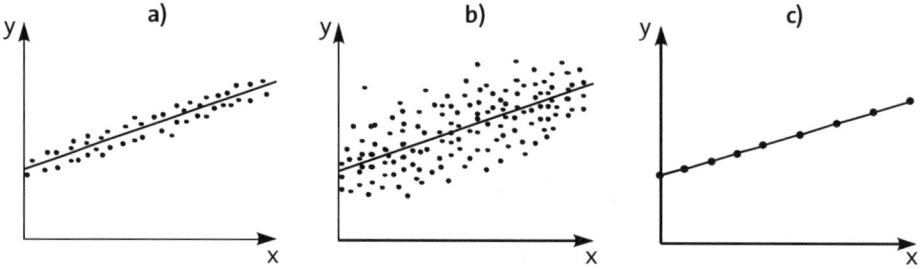

F 4.4.1 Unterschiedlich stark ausgeprägte Zusammenhänge mit übereinstimmenden Regressionsfunktionen

Im Bild b) liegt offensichtlich nur ein schwacher statistischer Zusammenhang vor, in Bild a) ist der (lineare) Zusammenhang deutlich zu erkennen und in Bild c) liegt ein eindeutiger Zusammenhang vor, denn alle Beobachtungswerte liegen auf einer Geraden. Die dargestellten Zusammenhänge sind **unterschiedlich stark ausgeprägt**. Zur Erfassung bzw. Analyse von Unterschieden in der Ausgeprägtheit eines Zusammenhangs ist die Regressionsrechnung nicht in der Lage. Die Messung der Stärke bzw. Ausgeprägtheit eines statistischen Zusammenhangs zweier metrisch messbarer Merkmale ist Aufgabe der **Korrelationsrechnung**.

b) Korrelationskoeffizient eines linearen Zusammenhangs

Ist es sinnvoll, die Tendenz eines statistischen Zusammenhangs durch eine lineare Funktion zu beschreiben, dann ergibt sich eine Maßzahl zur Bestimmung der Stärke des linearen Zusammenhangs unter Verwendung der Kovarianz. Sie wurde als Parameter der gemeinsamen Variabilität zweier metrisch messbarer Merkmale in Abschnitt 4.1f) eingeführt (siehe D 4.1.20).

4.4 Zusammenhangsmaße für zwei metrisch messbare Merkmale

D 4.4.2

Korrelationskoeffizient
Gegeben sei die gemeinsame Verteilung zweier metrisch messbarer Merkmale X und Y. Ferner seien die Kovarianz COV(X,Y) und die Standardabweichungen s_X und s_Y gegeben.

$$r_{XY} = \frac{COV(X,Y)}{s_X s_Y}$$

heißt **Korrelationskoeffizient** und ist ein Maß für die Ausgeprägtheit des linearen Zusammenhangs von X und Y. Es gilt $-1 \leq r_{XY} \leq 1$.

Nach dem englischen Statistiker PEARSON[11] wird r manchmal auch als PEARSONscher Korrelationskoeffizient bezeichnet. Sofern keine Missverständnisse möglich sind, schreibt man meistens nur r ohne Angabe der Merkmale.

B 4.4.3 *Es wird auf B 4.3.16 zurückgegriffen. Dort wurden folgende Werte berechnet* COV(X,Y) = 5, $s_X^2 = 6{,}5$ *und* $s_Y^2 = 5{,}11$. *Für den Korrelationskoeffizienten erhält man somit*

$$r_{XY} = \frac{5}{\sqrt{6{,}5}\sqrt{5{,}11}} = 0{,}87.$$

Liegen alle Beobachtungswerte auf einer Geraden, so gilt
$y_i = a + bx_i$ für i = 1,...,n.

Aus R 4.1.22 folgt dann in Verbindung mit R 3.2.43 und R 3.3.18:

$$COV(X,Y) = COV(X, a+bX) = \frac{1}{n}\sum_{i=1}^{n} x_i(a+bx_i) - \overline{x}(a+b\overline{x})$$

$$= \frac{a}{n}\sum_{i=1}^{n} x_i + \frac{b}{n}\sum_{i=1}^{n} x_i^2 - a\overline{x} - b\overline{x}^2$$

$$= a\overline{x} - a\overline{x} + b(\frac{1}{n}\sum_{i=1}^{n} x_i^2 - \overline{x}^2)$$

$$= bs_X^2$$

Weiterhin gilt[12] (siehe R 3.3.32):
$s_Y^2 = s_{a+bX}^2 = b^2 s_X^2$ bzw. $s_{a+bX} = |b|s_X$

Damit ergibt sich[13]:

$$r_{XY} = \frac{COV(X, a+bX)}{s_X s_{a+bX}} = \frac{bs_X^2}{s_X |b| s_X} = sign(b) \cdot 1$$

R 4.4.4

Korrelationskoeffizient bei eindeutig linear abhängigen Merkmalen
Gegeben sei die gemeinsame Verteilung zweier metrisch messbarer Merkmale X und Y. Liegen alle Beobachtungswerte auf einer Geraden, dann gilt |r|=1.
Bei einer steigenden Geraden gilt r = +1, bei einer fallenden Geraden r = −1.

---

11 KARL PEARSON, 1857-1936.
12 Für s_{a+bX} ist |b| zu wählen, da zur Bestimmung der Standardabweichung immer die positive Wurzel zu nehmen ist, b aber negativ sein kann.
13 sign(b) bedeutet: Vorzeichen von b.

Für unabhängige Merkmale X und Y gilt COV(X,Y) = 0. Damit ergibt sich:

R 4.4.5 Sind die metrisch messbaren Merkmale X und Y **unabhängig**, so gilt r = 0.

Die Umkehrung dieser Aussage ist nicht zulässig, d. h. **aus r = 0 kann nicht gefolgert werden, dass X und Y unabhängig sind.**

B 4.4.6 *Es sei folgende relative Häufigkeitsverteilung gegeben*:

	$y_1 = 2$	$y_2 = 4$	$y_3 = 6$	
$x_1 = 2$	0,2	0	0,2	0,4
$x_2 = 4$	0	0,2	0	0,2
$x_3 = 6$	0,2	0	0,2	0,4
	0,4	0,2	0,4	

Die bedingten Verteilungen der relativen Häufigkeiten von y lauten:

	$y_1 = 2$	$y_2 = 4$	$y_3 = 6$
für $x_1 = 2$:	0,5	0	0,5
für $x_2 = 4$:	0	1	0
für $x_3 = 6$:	0,5	0	0,5

X und Y sind also **nicht unabhängig** (*siehe* D 4.2.2).
Es ist $\bar{x} = 4$ und $\bar{y} = 4$, *und es ergibt sich mit* R 4.1.22:

$$COV(X,Y) = \sum_{j=1}^{3}\sum_{k=1}^{3} x_j y_k f(x_j; y_k) - \overline{xy} = 2\cdot 2\cdot 0,2 + 2\cdot 6\cdot 0,2 + 4\cdot 4\cdot 0,2 + 6\cdot 2\cdot 0,2 + 6\cdot 6\cdot 0,2 - 4\cdot 4$$
$$= 16 - 16 = 0$$

und damit:

$$r = \frac{COV(X,Y)}{s_X s_Y} = \frac{0}{s_X s_Y} = 0$$

Aus den Formeln R 4.3.14 und R 4.3.15 ergibt sich:

R 4.4.7 $r = \text{sign}(b)\sqrt{bb'} = b\frac{s_X}{s_Y}$

Man beachte, dass der Korrelationskoeffizient r nur dann den Wert +1 oder −1 annimmt, wenn alle Beobachtungspaare auf einer steigenden oder fallenden Geraden liegen. Aus −1 < r < +1 kann nicht geschlossen werden, dass kein eindeutiger Zusammenhang vorliegt, sondern nur, dass kein eindeutiger **linearer** Zusammenhang besteht.

B 4.4.8 *Für die beiden eindeutigen Zusammenhänge in* F 4.4.9 *ergeben sich die eingezeichneten Regressionsgeraden und die in die Zeichnung eingetragenen Korrelationskoeffizienten.*

4.4 Zusammenhangsmaße für zwei metrisch messbare Merkmale

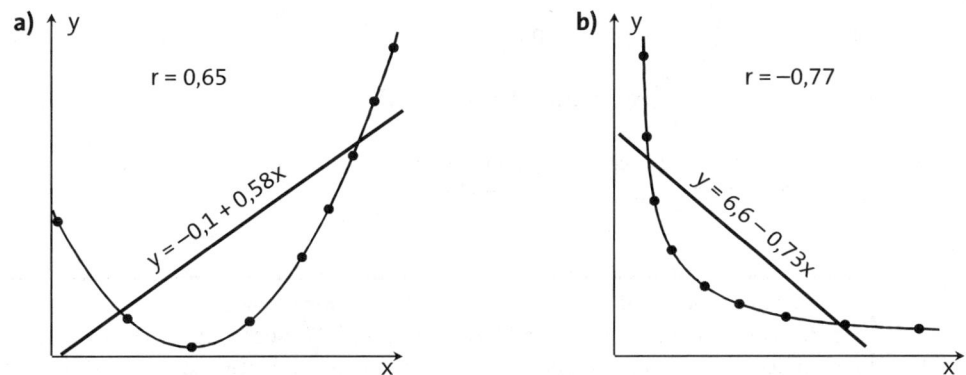

F 4.4.9 Nichtlineare, eindeutige Zusammenhänge

Das Beispiel macht deutlich, dass der Korrelationskoeffizient keine Aussagen über das „Maß der Eindeutigkeit" eines Zusammenhangs liefert, sondern nur Auskunft darüber gibt, wie ausgeprägt ein der Tendenz nach **linearer** Zusammenhang ist. Je enger die Beobachtungswerte um eine steigende oder fallende Gerade liegen, desto mehr nähert sich der Korrelationskoeffizient dem Wert +1 oder −1. F 4.4.10 zeigt dazu einige Beispiele.

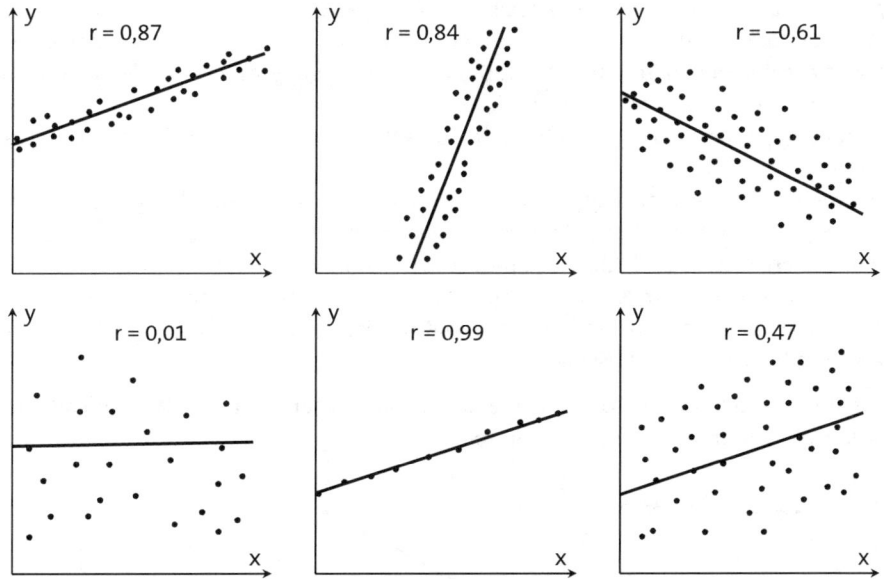

F 4.4.10 Unterschiedlich ausgeprägte Zusammenhänge

Auf Zusammenhangsmaße bei nichtlinearen Regressionen wird weiter unten eingegangen[14].

Werden die Merkmale X und Y linear transformiert, d. h. $X' = a + bX$ und $Y' = c + dY$, so ergibt sich für die Kovarianz:

---

14 Vgl. Abschnitt 4.4. d) (S. 134 f.).

$$\text{COV}(a+bX, c+dY) = \frac{1}{n}\sum_{i=1}^{n}(a+bx_i - a - b\overline{x})(c + dy_i - c - d\overline{y}) = \frac{1}{n}\sum_{i=1}^{n}b(x_i - \overline{x})d(y_i - \overline{y})$$
$$= bd\frac{1}{n}\sum_{i=1}^{n}(x_i - \overline{x})(y_i - \overline{y}) = bd\,\text{COV}(X, Y)$$

Unter Verwendung von R 3.3.32 ergibt sich damit für den Korrelationskoeffizienten:

$$r_{X'Y'} = \frac{\text{COV}(X', Y')}{s_{X'}s_{Y'}} = \frac{\text{COV}(a+bX, c+dY)}{s_{a+bX}s_{c+dY}} = \frac{bd\,\text{COV}(X, Y)}{|b|s_X|d|s_Y} = \text{sign}(bd)r_{XY}$$

R 4.4.11

> **Korrelationskoeffizient linear transformierter Merkmalswerte**
> Der für zwei metrisch messbare Merkmale X und Y berechnete Korrelationskoeffizient ist bis auf das Vorzeichen invariant gegen lineare Transformation der Merkmalswerte, d. h. es gilt:
> $$|r_{XY}| = |r_{A+BX, C+DY}|$$

Zur Interpretation des in D 4.4.2 (S. 129) definierten Korrelationskoeffizienten lässt sich zusammenfassend Folgendes sagen:
- Der Korrelationskoeffizient sollte **nur** berechnet werden, wenn der untersuchte Zusammenhang **sinnvoll** durch eine **lineare Regressionsfunktion** beschrieben werden kann.
- Der Korrelationskoeffizient nimmt Werte von −1 bis +1 an ($-1 \leq r \leq +1$). **Je enger die Beobachtungswerte** bei gegebenen x-Koordinaten um eine steigende oder fallende **Gerade** streuen, desto mehr nähert sich r dem Wert +1 oder −1.
- Für **unabhängige Merkmale gilt r = 0.** Aus r = 0 kann aber nicht auf Unabhängigkeit geschlossen werden.
- Der Korrelationskoeffizient sagt **nichts über die Art des Zusammenhangs** aus. In den drei Fällen in F 4.4.12 ergibt sich jedes Mal ein Korrelationskoeffizient von r = 1.
- Aus F 4.4.12 ergibt sich auch, dass aus r = 1 (oder $r \approx 1$) **nicht** auf (annähernde) **Proportionalität** der Merkmalswerte von X und Y geschlossen werden kann, wie manchmal bei Anwendungen behauptet wird. Tendenzielle Proportionalität liegt vor, wenn sich eine Regressionsgerade mit a = 0 ergibt (siehe auch Abschnitt 4.3d).

Der Korrelationskoeffizient ist somit zwar eine nützliche, aber nur begrenzt verwendbare Maßzahl, die immer kritisch verwendet werden sollte.

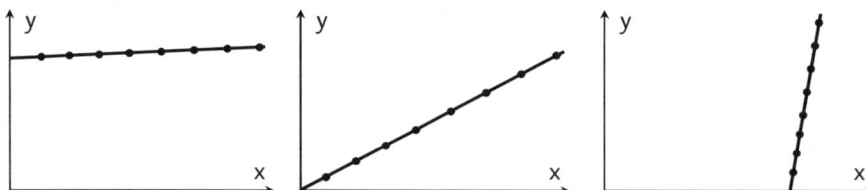

F 4.4.12 Verschiedene Regressionsgeraden mit r = 1

c) Streuungszerlegung

Ist für zwei Merkmale X und Y eine lineare Regressionsfunktion $\hat{y}=a+bx$ bestimmt worden, dann bezeichnet $\hat{y}_i = a+bx_i$ den zu x_i gehörigen y-Wert auf der Regressionsgeraden, der auch **Regressionswert, Regressionsschätzwert** oder **Schätzwert der Regression zu x_i** genannt wird.

Es gilt $a+b\bar{x} = \bar{y}$ (vgl. R 3.2.43 und R 4.3.11) und es ist $s_{\hat{Y}}^2 = \frac{1}{n}\sum(\hat{y}_i - \bar{y})^2$ die Varianz der Regressionswerte. Damit ergibt sich:

$$s_{\hat{Y}}^2 = \frac{1}{n}\sum(\hat{y}_i - \bar{y})^2 = \frac{1}{n}\sum(a+bx_i - a - b\bar{x})^2 = \frac{1}{n}\sum(bx_i - b\bar{x})^2 = b^2 \frac{1}{n}\sum(x_i - \bar{x})^2 = b^2 s_X^2$$

Daraus folgt:

R 4.4.13

> **Varianz der Regressionswerte $\hat{y}$ einer linearen KQ-Regressionsfunktion**
> $$s_{\hat{Y}}^2 = b^2 s_X^2$$

Die Varianz der Regressionswerte $\hat{y}$ kann also auf die Varianz von X zurückgeführt werden.

In Abschnitt 4.3 f) wurde der Begriff des Residuums (D 4.3.37) und die Varianz der Residuen bzw. Residualvarianz s_u^2 (R 4.3.41) eingeführt.

Wegen $u_i = y_i - \hat{y}_i$ bzw. $y_i = \hat{y}_i + u_i$ gilt nun:

$$s_Y^2 = \frac{1}{n}\sum(y_i - \bar{y})^2 = \frac{1}{n}\sum(\hat{y}_i - \bar{y} + u_i)^2 = \frac{1}{n}\sum((\hat{y}_i - \bar{y})^2 + 2(\hat{y}_i - \bar{y})u_i + u_i^2)$$
$$= \frac{1}{n}\sum(\hat{y}_i - \bar{y})^2 + \frac{1}{n}\sum u_i^2 + \frac{2}{n}\sum(\hat{y}_i - \bar{y})u_i$$
$$= s_{\hat{Y}}^2 + s_u^2 + \frac{2}{n}\sum(a+bx_i - a - b\bar{x})(y_i - a - bx_i)$$

Ferner ist

$$\frac{2}{n}\sum(a+bx_i - a - b\bar{x})(y_i - a - bx_i) = \frac{2}{n}b\sum x_i(y_i - a - bx_i) - \frac{2}{n}b\bar{x}\sum(y_i - a - bx_i) = 0,$$

denn die beiden Summen entsprechen Ausdrücken, die auf Grund der zweiten bzw. ersten Normalgleichung verschwinden (siehe R 4.3.6). Damit folgt:

R 4.4.14

> **Streuungszerlegung bei einer linearen KQ-Regression**
> Für eine lineare Regression $y=a+bx$ kann die Varianz des Merkmals Y, das der abhängigen Variablen der Regressionsfunktion entspricht, zerlegt werden in die Summe aus Varianz der Regressionswerte und Varianz der Residuen:
> $$s_Y^2 = s_{\hat{Y}}^2 + s_u^2$$

Nach R 4.4.13 kann die Varianz $s_{\hat{Y}}^2$ der Regressionswerte zurückgeführt werden auf die Varianz von X. Mit anderen Worten:

$s_{\hat{Y}}^2$ ist der Teil der Varianz von Y, der über die Regressionsfunktion durch die Varianz von X erklärt wird. Die Varianz der Residuen ist der Teil der Varianz von Y, der über die Regressionsfunktion nicht erklärt werden kann. Es gilt:

Gesamte Varianz der abhängigen Variablen Y	=	Varianz der Regressionswerte, die durch die unabhängige Variable X erklärt wird	+	Varianz der Residuen, die durch die unabhängige Variable nicht erklärt wird
s_Y^2	=	$s_{\hat{Y}}^2$	+	s_u^2

Es lässt sich zeigen, dass diese Streuungszerlegung nicht nur für lineare Regressionsfunktionen gilt, sondern auch für solche nichtlinearen Regressionen, die linear in den Regressionskoeffizienten sind.
Linearität in den Regressionskoeffizienten bedeutet, dass diese Koeffizienten nicht als Exponenten, Basis einer Potenz oder als Produkte vorkommen und in jedem Summanden der Regressionsfunktion nur ein Regressionskoeffizient als Faktor vorkommt.

d) Bestimmtheitsmaß und Bestimmtheitskoeffizient

Da die Streuungszerlegung auch für nichtlineare Regressionen gilt, kann ein sinnvolles Zusammenhangsmaß für lineare und für nichtlineare Regressionen wie folgt eingeführt werden:

D 4.4.15

> **Bestimmtheitsmaß und Bestimmtheitskoeffizient**
> Gegeben seien zwei metrisch messbare Merkmale X und Y, mit einer in den Regressionskoeffizienten linearen Regressionsfunktion $\hat{y} = f(x)$.
>
> $$B^2 = \frac{s_{\hat{Y}}^2}{s_Y^2} = 1 - \frac{s_u^2}{s_Y^2}$$
>
> heißt Bestimmtheitsmaß der Regressionsfunktion und gibt den Anteil der durch X erklärten Varianz von Y an.
> Es gilt $0 \leq B^2 \leq 1$.
> $B = \sqrt{B^2}$ heißt Bestimmtheitskoeffizient.

Bestimmtheitsmaß und Bestimmtheitskoeffizient geben also an, welcher Anteil der Schwankungen bzw. der Variabilität von Y, gemessen durch die Varianz s_Y^2, durch die Regressionsfunktion auf die Variabilität von X, gemessen durch s_X^2, zurückgeführt oder durch sie erklärt werden kann. B^2 gibt den **Erklärungswert** der Regressionsfunktion an.

B 4.4.16 *Zu B 4.3.26 erhält man* $s_u^2 = 0{,}0001496$ *und* $s_Y^2 = 0{,}03$ *und damit*:

$$B^2 = 1 - \frac{s_u^2}{s_Y^2} = 1 - \frac{0{,}0001496}{0{,}03} = 0{,}995.$$

Bestimmtheitsmaß und Bestimmtheitskoeffizient sind, wie gesagt, geeignete Zusammenhangsmaße auch für nichtlineare Beziehungen. In B 4.4.8 wurden zwei Fälle dargestellt, bei denen der Korrelationskoeffizient nicht sinnvoll war. Bestimmt man für die gegebenen Werte Regressionsfunktionen, die den Kurven entsprechen, auf denen alle Beobachtungswerte liegen (siehe F 4.4.9), erhält man für beide Fälle $s_u^2 = 0$, $B^2 = 1$ und $B = 1$.

Im Falle einer linearen Regressionsfunktion gilt (siehe R 4.4.7 und R 4.4.13):

$$B^2 = \frac{s_{\hat{Y}}^2}{s_Y^2} = \frac{b^2 s_X^2}{s_Y^2} = r^2$$

R 4.4.17

> Für eine **lineare Regressionsfunktion** stimmen Bestimmtheitsmaß und Quadrat des Korrelationskoeffizienten überein:
> $$B^2 = r^2$$

Für die nichtlinearen Regressionen, die auch in den Regressionskoeffizienten nichtlinear sind, wie z. B. Potenzfunktion und Exponentialfunktion, ist eine Streuungszerlegung[15] nicht möglich. Das Bestimmtheitsmaß ist dann „nur" wie folgt definiert:

$$B^2 = \frac{s_{\hat{Y}}^2}{s_Y^2}.$$

Für die Interpretation des Bestimmtheitsmaßes (und teilweise des Bestimmtheitskoeffizienten) gilt Folgendes:

- Das Bestimmtheitsmaß nach D 4.4.15 setzt eine in den Regressionskoeffizienten (nicht in X) lineare Regressionsfunktion voraus[16] und kann **nur zu einer gegebenen Regressionsfunktion bestimmt** werden.
Linearität in den Regressionskoeffizienten heißt, dass diese nicht als Exponenten, Basis einer Potenz oder als Produkte vorkommen; in jedem Summanden der Regressionsfunktion kommt ein Regressionskoeffizient nur als Faktor vor.
- Das Bestimmtheitsmaß gibt den **Anteil der** durch die unabhängige Variable X bzw. durch die Regressionsfunktion **erklärten Varianz an der Gesamtvarianz** von Y an.
- Liegen alle Beobachtungswerte auf der Regressionsfunktion, gilt $B^2 = 1$.
- Das Bestimmtheitsmaß gibt an, wie gut der Zusammenhang zwischen den beiden Merkmalen durch die Regressionsfunktion beschrieben wird.

e) Andere Zusammenhangsmaße für metrisch messbare Merkmale

Korrelationskoeffizient und Bestimmtheitsmaß sind die üblichen Zusammenhangsmaße für metrisch messbare Merkmale. Es lassen sich jedoch auch andere Maßzahlen bestimmen, die angeben, wie ausgeprägt ein Zusammenhang ist. So können die für nicht metrisch messbare Merkmale definierten Zusammenhangsmaße (siehe Abschnitte 4.6 und 4.7) auch für metrisch messbare verwendet werden.

Ein sehr einfaches aber „grobes" Maß ergibt sich wie folgt:

---

15 Vgl. R 4.4.14 und den nachfolgenden Text.
16 Dies gilt wegen der Streuungszerlegung.

D 4.4.18

> **Korrelationsindex**
> Gegeben sei die gemeinsame Verteilung zweier metrisch messbarer Merkmale X und Y, und es sei n^+ die Anzahl der Beobachtungen mit $(x_i - \bar{x})(y_i - \bar{y}) > 0$ und n^- die Anzahl der Beobachtungen mit $(x_i - \bar{x})(y_i - \bar{y}) < 0$. Für jedes Beobachtungspaar mit $(x_i - \bar{x})(y_i - \bar{y}) = 0$ wird zu n^+ und n^- je 0,5 addiert.
> $$k = \frac{n^+ - n^-}{n^+ + n^-}$$
> heißt Korrelationsindex.

Grafisch lässt sich der Korrelationsindex einfach bestimmen, indem man in das Streuungsdiagramm bei $\bar{x}$ und $\bar{y}$ Parallelen zu den Koordinatenachsen zeichnet (siehe F 4.4.20). In den Feldern links unten und rechts oben liegen die zu n^+ gehörigen Werte und in den beiden Feldern links oben und rechts unten die zu n^- gehörigen Beobachtungswerte.

B 4.4.19 *Für die in F 4.4.20 eingezeichneten Beobachtungen (die Strich-Punkt-Linien entsprechen $\bar{x}$ und $\bar{y}$) ergibt sich $n^+ = 8$ und $n^- = 14$. Als Korrelationsindex erhält man*:

$$k = \frac{n^+ - n^-}{n^+ + n^-} = \frac{8-14}{22} = -\frac{6}{22} = -0{,}27$$

Für den Korrelationskoeffizienten erhält man r = –0,47.

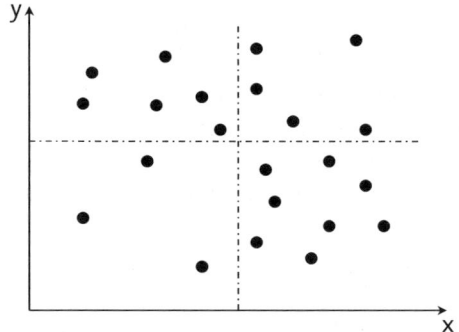

F 4.4.20 Beispiel zum Korrelationsindex

Ü 4.4.21 *Gegeben sind folgende Beobachtungspaare zweier metrisch messbarer Merkmale X und Y*:
(1;3), (1;5), (2;4), (2;6), (4;7), (5;5), (5;8), (6;7), (6;10), (8;7).
a) *Zeichnen Sie ein Streuungsdiagramm.*
b) *Berechnen Sie den Korrelationsindex.*
c) *Bestimmen Sie eine lineare Regressionsfunktion y = a+bx.*
d) *Bestimmen Sie den Korrelationskoeffizienten.*

f) Scheinkorrelationen

Man hüte sich unbedingt davor, einen für gegebene Daten errechneten Zusammenhang zu verallgemeinern. Im Bereich der deskriptiven Statistik beziehen sich alle Aussagen immer nur auf das vorliegende Datenmaterial. Darauf wurde bereits an früherer Stelle hingewiesen (siehe Kapitel 1).

Zum Abschluss sei hier noch einmal auf das Problem der häufig vorhandenen Diskrepanz zwischen Formallogik und Sachlogik hingewiesen. In Abschnitt 1.3 wurden Beispiele behandelt (B 1.3.1b und c sowie F 1.3.2, F 1.3.3 und F 1.3.4), bei denen bereits anhand eines Streuungsdiagramms ein deutlicher Zusammenhang zwischen zwei Merkmalen zu erkennen war. Bei näherer Betrachtung hatte sich dann herausgestellt, dass ein sachlicher Zusammenhang zwischen den Merkmalen kaum sinnvoll erscheint.

Die Gefahr, sachlich nicht zusammenhängende Merkmale miteinander in Beziehung zu bringen, entsteht sehr häufig. Man spricht in diesem Zusammenhang manchmal von Scheinkorrelation. Das Problem der Scheinkorrelation entsteht auf folgende Weise: Mit Hilfe statistischer Verfahren wird Datenmaterial verarbeitet. Wenn nun Paare von Beobachtungswerten gegeben sind, dann kann das Datenmaterial so beschaffen sein, dass zwischen den Daten in den Beobachtungspaaren ein **statistischer** Zusammenhang errechnet werden kann. Ob dann auch ein **kausaler** Zusammenhang zwischen den sich hinter den Daten bzw. Zahlen verbergenden Sachverhalten besteht, ist damit keineswegs sichergestellt. Bei Anwendungen der Statistik und insbesondere bei der Untersuchung von Zusammenhängen zwischen Merkmalen ist deshalb immer besonders auf die sachliche Seite der jeweiligen Fragestellung zu achten, um Fehler und Fehlinterpretationen zu vermeiden.

4.5 Zusammenhänge bei mehr als zwei metrischen Merkmalen

a) Gemeinsame Häufigkeitsverteilungen von drei und mehr Merkmalen

In den vorhergehenden Abschnitten wurden Zusammenhänge zweier metrisch messbarer Merkmale untersucht. Bei manchen Fragestellungen interessierte auch das gemeinsame Auftreten von mehr als zwei Merkmalen, wobei es in erster Linie auch um die Untersuchung statistischer Abhängigkeiten bzw. Zusammenhänge geht.

B 4.5.1 a) *In einem Walzwerk werden (vereinfacht ausgedrückt) Rohmaterialblöcke zu Blechen gewalzt. Die Walzzeit hängt u. a. vom Blockgewicht, von der Kantenlänge des Endquerschnitts, auf den man auswalzt, und von der Art des Walzgutes ab. Um den Zusammenhang zwischen diesen Merkmalen zu untersuchen, müssen alle vier Merkmale (Walzzeit, Blockgewicht, Kantenlänge und Walzgut) erhoben werden.*
b) *Der Rindfleischverbrauch pro Jahr und Kopf der Bevölkerung hängt u. a. ab vom Einkommen in € pro Jahr und Kopf, vom Rindfleischpreis in €/kg und vom Schweinefleischpreis in €/kg. Durch eine Erhebung aller Merkmale kann der Zusammenhang statistisch untersucht werden.*

Die Merkmale werden üblicherweise mit X, Y, Z oder mit $X_1, X_2,..., X_p$ bezeichnet.
Bei drei Merkmalen werden Merkmalstripel (x_i, y_i, z_i), bei vier Merkmalen Merkmalsquadrupel $(x_{1i}, x_{2i}, x_{3i}, x_{4i})$ und allgemein bei p Merkmalen Merkmals-p-tupel $(x_{1i}, x_{2i},..., x_{pi})$ erhoben. Die Merkmals-p-tupel werden sinnvollerweise lexikographisch geordnet (siehe Abschnitt 4.1b).

Bei p Merkmalen erhält man eine **p-dimensionale Häufigkeitsverteilung**. Eine grafische Darstellung ist für drei und mehr Merkmale **nicht möglich** (siehe hierzu Abschnitt 4.1c). Eine tabellarische Darstellung ist schwierig. Für drei Merkmale enthält B 2.5.3 ein Beispiel. Auf weitere Einzelheiten wird hier nicht eingegangen.

Kapitel 4   Mehrdimensionale Häufigkeitsverteilungen

Die p-tupel $(x_{1i}, x_{2i},...,x_{pi})$ $(i = 1,...,n)$ von n Beobachtungen kann man in einer $p \times n$-Matrix darstellen. Von dieser Matrizenschreibweise wird weiter unten Gebrauch gemacht.

$$\begin{pmatrix} x_{11} & x_{12} & \cdots & x_{1i} & \cdots & x_{1n} \\ x_{21} & x_{22} & \cdots & x_{2i} & \cdots & x_{2n} \\ \vdots & \vdots & \cdots & \vdots & \cdots & \vdots \\ x_{j1} & x_{j2} & \cdots & x_{ji} & \cdots & x_{jn} \\ \vdots & \vdots & \cdots & \vdots & \cdots & \vdots \\ x_{p1} & x_{p2} & \cdots & x_{pi} & \cdots & x_{pn} \end{pmatrix}$$

b) Abhängigkeiten zwischen mehr als zwei metrisch messbaren Merkmalen

Es wird an die Ausführungen in den Abschnitten 4.1 a) und 4.2 angeknüpft. Bei der Untersuchung von Abhängigkeiten zwischen zwei Merkmalen wurde mit Hilfe der Regressionsrechnung eine Funktion bestimmt, die die Tendenz der Abhängigkeit der Werte des Merkmals Y von den Werten des Merkmals X beschreibt. Bei mehr als zwei Merkmalen ist eine Funktion gesucht, die beschreibt, wie die Werte eines Merkmals Y tendenziell oder durchschnittlich von den Werten der anderen Merkmale $(X_1,...,X_p)$, die gemeinsam mit Y erhoben wurden, abhängt. Die Bestimmung einer solchen **Mehrfachregression** wird im nächsten Unterabschnitt behandelt.

Man kann sich auch dafür interessieren, wie ausgeprägt ein bestehender Zusammenhang ist. Dafür kann man einen multiplen Korrelationskoeffizienten bestimmen. Darauf wird in Unterabschnitt d) eingegangen.

Nachfolgend können nur die Grundzüge der statistischen Verfahren zur Untersuchung von Abhängigkeiten zwischen mehr als zwei Merkmalen behandelt werden. Für eine detaillierte Darstellung wird auf die im Anhang angegebene weiterführende Literatur verwiesen.

c) Mehrfachregression

Es werden zunächst drei Merkmale X, Y und Z betrachtet und es wird davon ausgegangen, dass Y statistisch von X und Z abhängt. Die Tendenz dieser Abhängigkeit soll durch eine lineare Funktion beschrieben werden. Es ist also eine Regressionsfunktion $\hat{y} = a + bx + cz$ zu bestimmen. Dazu wird das Kriterium der Kleinsten Quadrate angewendet (siehe Abschnitt 4.3b), d. h. die Regressionskoeffizienten a, b und c sind so zu bestimmen, dass

$$S(a,b,c) = \sum_{i=1}^{n}(y_i - \hat{y}_i)^2 = \sum_{i=1}^{n}(y_i - a - bx_i - cz_i)^2$$

zu einem Minimum wird. Notwendige Bedingung dafür ist das Verschwinden der partiellen Ableitungen 1. Ordnung dieser Funktion nach a, b und c. Man erhält dafür:

$$\frac{\partial S(a,b,c)}{\partial a} = \sum 2(y_i - a - bx_i - cz_i)(-1)$$

$$\frac{\partial S(a,b,c)}{\partial b} = \sum 2(y_i - a - bx_i - cz_i)(-x_i)$$

$$\frac{\partial S(a,b,c)}{\partial c} = \sum 2(y_i - a - bx_i - cz_i)(-z_i)$$

Durch Nullsetzen dieser partiellen Ableitungen erhält man die Normalgleichungen.

4.5 Zusammenhänge bei mehr als zwei metrischen Merkmalen

R 4.5.2

Lineare KQ-Regressionsfunktion $\hat{y} = a + bx + cz$

Die Normalgleichungen zur Bestimmung der Koeffizienten a, b und c einer KQ-Regressionsfunktion $\hat{y} = a + bx + cz$ lauten:

I. Normalgleichung: $\sum y_i = na + b\sum x_i + c\sum z_i$

II. Normalgleichung: $\sum y_i x_i = a\sum x_i + b\sum x_i^2 + c\sum x_i z_i$

III. Normalgleichung: $\sum y_i z_i = a\sum z_i + b\sum x_i z_i + c\sum z_i^2$

Die Normalgleichungen ergeben ein lineares Gleichungssystem mit den drei Unbekannten a, b und c. Auf die Lösung linearer Gleichungssysteme wird hier nicht weiter eingegangen[17]. Die zur Aufstellung der Normalgleichungen berechneten Hilfssummen werden zweckmäßigerweise in einer Tabelle berechnet.

B 4.5.3 *In den USA wurden von 20 Bauernhöfen die bewirtschaftete Fläche X (in 10 acres; 1 acre = 0,40467 ha), die Anzahl Z der gehaltenen Milchkühe und das erzielte Jahreseinkommen Y ermittelt. Die Daten stammen aus den späten 20er Jahren. Man erhielt folgendes Ergebnis:*

z	18	0	14	6	1	9	6	12	7	2
x	6	22	18	8	12	10	17	11	16	23
y	960	830	1.260	610	590	900	820	880	860	760
z	17	15	7	0	12	16	2	6	12	15
x	7	12	24	16	9	11	22	11	16	8
y	1.020	1.080	960	700	800	1.130	760	740	980	800

Der (vermutete) Zusammenhang zwischen Einkommen Y auf der einen Seite und bewirtschafteter Fläche X und Anzahl der Kühe Z auf der anderen Seite soll durch eine nach dem Kriterium der Kleinsten Quadrate zu bestimmende lineare Regressionsfunktion $\hat{y} = a + bx + cz$ *beschrieben werden. Für die Hilfssummen ergibt sich:*

$\sum x_i = 279$; $\sum z_i = 177$; $\sum y_i = 17.440$; $\sum x_i^2 = 4.499$;

$\sum z_i^2 = 2.243$; $\sum x_i z_i = 2.075$; $\sum x_i y_i = 243.430$; $\sum y_i z_i = 167.950$.

Unter Verwendung dieser Hilfssummen erhält man folgendes lineare Gleichungssystem mit den 3 Unbekannten a, b und c:

$\quad 20a + \quad 279b + \quad 177c = \quad 17.440$
$\quad 279a + 4.499b + 2.075c = 243.430$
$\quad 177a + 2.075b + 2.243c = 167.950$

Die Auflösung des Gleichungssystems ergibt a = 285,46; b = 21,38; c = 32,57.
Die gesuchte Regressionsfunktion lautet also:

$\quad \hat{y} = 285{,}46 + 21{,}38x + 32{,}57z$

Im Hinblick auf die sachliche Seite dieses Beispiels erscheint folgende Anmerkung notwendig:
In der angegebenen Form kann die Analyse nur zu groben Ergebnissen führen, denn erstens ist eine globale Berücksichtigung der bewirtschafteten Fläche wenig zweckmäßig, ebenso wie die

---

[17] Vgl. dazu z. B. Kapitel 18 von SCHWARZE, J.: Mathematik für Wirtschaftswissenschaftler, Band 3: Lineare Algebra, Lineare Optimierung und Graphentheorie. Herne (NWB-Verlag).

summarische Erfassung der Anzahl der Kühe, und zweitens werden durch die beiden Faktoren „bewirtschaftete Fläche" und „Anzahl der gehaltenen Milchkühe" nicht alle einkommensbildenden Komponenten erfasst.
Eine Verbesserung der Analyse kann man u. a. wie folgt erzielen:
(1) Die Milchkühe werden nach ihrem Alter unterschieden, da die Milchproduktion einer Kuh altersabhängig ist.
(2) Die bewirtschaftete Fläche wird nach Nutzarten aufgeteilt, z. B. Weideland, Anbaufläche für Kartoffeln, Weizen, Rüben usw., da die verschiedenen Nutzarten unterschiedliche Erträge ergeben.
(3) Es werden weitere einkommensbildende Faktoren erfasst, wie z. B. Schlachtviehverkauf, Haltung anderer Tiere (Schweine, Hühner).

Für die Interpretation einer Mehrfachregression und der Regressionskoeffizienten ist Folgendes wichtig: Der Regressionskoeffizient b einer einfachen linearen Regressionsfunktion der Form $\hat{y} = a + bx$ gibt an, wie sich der Durchschnittswert von y ändert, wenn x um eine Einheit geändert wird. In entsprechender Weise kann man auch die Koeffizienten b und c einer Regressionsfunktion $\hat{y} = a + bx + cz$ interpretieren. Der Koeffizient b gibt an, wie sich der Durchschnittswert von y bei konstantem z ändert, wenn x um eine Einheit geändert wird. Der Koeffizient c gibt entsprechend für konstantes x die durchschnittliche Änderung von y bei Änderung von z um eine Einheit an.

B 4.5.4 *Die Koeffizienten der in B 4.5.3 berechneten Regressionsfunktion besagen, dass sich für die gegebenen Daten das Durchschnittseinkommen bei fester Anzahl der Kühe um* 21,38 $ *ändert, wenn die Fläche um* 10 *acres geändert wird. Bei fester Fläche ändert sich das Einkommen um* 32,57 $, *wenn die Anzahl der Kühe um* 1 *variiert wird.*

Die Interpretation des Regressionskoeffizienten bezieht sich immer auf eine bestimmte Regressionsfunktion. Da sich die Werte der Regressionskoeffizienten ändern, wenn man die Anzahl der Variablen (Einflussgrößen) ändert, ist deshalb Vorsicht bei der Interpretation geboten.

B 4.5.5 *Wenn man für die Aufgabe aus B 4.5.3 zwei lineare Einfachregressionen berechnet, erhält man* $\hat{y} = 868{,}74 + 0{,}23x$ *und* $\hat{y} = 694{,}02 + 20{,}11z$. *Die Koeffizienten dieser Regressionsfunktionen weichen stark von denen der linearen Zweifachregression ab*: $\hat{y} = 285{,}46 + 21{,}38x + 32{,}57z$.

Das Beispiel zeigt, dass für Mehrfachregressionen berechnete Regressionskoeffizienten nur für den betreffenden Ansatz, aber nicht mehr bei Weglassen einzelner Variablen (Einflussgrößen) gelten.

Werden allgemein p+1 Merkmale Y, $X_1, X_2, \ldots, X_p$ erhoben und hängt Y statistisch von den übrigen Merkmalen linear ab, dann kann die Tendenz der Abhängigkeit durch die lineare Regressionsfunktion

$$\hat{y} = b_0 + b_1 x_1 + b_2 x_2 + \ldots + b_p x_p = b_0 + \sum_{j=1}^{p} b_j x_j$$

beschrieben werden.

Um zu einer einfacheren Schreibweise zu gelangen, führt man eine Scheinvariable X_0 mit $x_0 \equiv 1$ ein. Damit ergibt sich dann $\hat{y} = \sum_{j=0}^{p} b_j x_j$.

4.5 Zusammenhänge bei mehr als zwei metrischen Merkmalen

Sind $(x_{0i}, x_{1i}, x_{2i}, ..., x_{pi})$ die n Beobachtungen und y_i die zugehörigen y-Werte (i = 1,...,n), dann sind

$$u_i = y_i - \hat{y}_i = y_i - \sum_{j=0}^{p} b_j x_{ji} \quad (i = 1,2,...,n)$$

die Abweichungen zwischen beobachteten und geschätzten y-Werten.

Das Kriterium der Kleinsten Quadrate verlangt, die Koeffizienten b_0, b_1, b_2, ..., b_p so zu bestimmen, dass die Summe

$$\sum_{i=1}^{n} u_i^2 = \sum_{i=1}^{n} (y_i - \sum_{j=0}^{p} b_j x_{ji})^2$$

ein Minimum wird.

Zur Bestimmung des Minimums wird nach den b_j (j = 0,1,2,...,p) partiell differenziert. Es ist dann für k = 0,1,...,p

$$\frac{\partial}{\partial b_k} \sum_{i=1}^{n} (y_i - \sum_{j=0}^{p} b_j x_{ji})^2 = \sum_{i=1}^{n} 2(y_i - \sum_{j=0}^{p} b_j x_{ji})(-x_{ki})$$

$$= \sum_{i=1}^{n} (-2)(y_i x_{ki} - \sum_{j=0}^{p} b_j x_{ji} x_{ki})$$

$$= \sum_{i=1}^{n} (-2)(y_i x_{ki} - b_0 x_{0i} x_{ki} - b_1 x_{1i} x_{ki} - ... - b_p x_{pi} x_{ki})$$

Notwendige Bedingung für ein Minimum ist das Verschwinden dieser p+1 partiellen Ableitungen erster Ordnung. Setzt man die Ableitungen gleich Null, erhält man folgende p+1 Normalgleichungen:

R 4.5.6

> **KQ-Regressionsfunktion** $\hat{y} = b_0 + b_1 x_1 + b_2 x_2 + ... + b_p x_p$
>
> Die Normalgleichungen zur Bestimmung der Koeffizienten einer KQ-Regressionsfunktion $\hat{y} = b_0 + b_1 x_1 + b_2 x_2 + ... + b_p x_p$ lauten:
>
> $$\begin{aligned} nb_0 + b_1 \sum x_{1i} + ... + b_p \sum x_{pi} &= \sum y_i \\ b_0 \sum x_{1i} + b_1 \sum x_{1i}^2 + ... + b_p \sum x_{pi} x_{1i} &= \sum y_i x_{1i} \\ ... ... & ... \\ b_0 \sum x_{pi} + b_1 \sum x_{1i} x_{pi} + ... + b_p \sum x_{pi}^2 &= \sum y_i x_{pi} \end{aligned}$$
>
> In den Summen wird jeweils über i von 1 bis n summiert.

Dieses Gleichungssystem kann man auch unter Verwendung von Matrizen und Vektoren schreiben[18]. Dabei werden Matrizen mit großen halbfetten Buchstaben und Vektoren mit kleinen halbfetten Buchstaben bezeichnet. **a** bezeichnet einen Zeilenvektor, **a'** den entsprechenden Spaltenvektor.

---

[18] Vgl. zu den mathematischen Grundlagen der folgenden Ausführungen z. B. Kapitel 18 in SCHWARZE, J.: Mathematik für Wirtschaftswissenschaftler, Band 3: Lineare Algebra, Lineare Optimierung und Graphentheorie. Herne (NWB-Verlag).

Kapitel 4 Mehrdimensionale Häufigkeitsverteilungen

Es werden folgende Matrizen bzw. Vektoren verwendet:

$$\mathbf{y'} = \begin{pmatrix} y_1 \\ y_2 \\ \vdots \\ y_n \end{pmatrix}; \quad \mathbf{b'} = \begin{pmatrix} b_0 \\ b_1 \\ \vdots \\ b_p \end{pmatrix}; \quad \mathbf{X} = \begin{pmatrix} 1 & 1 & \cdots & 1 \\ x_{11} & x_{12} & \cdots & x_{1n} \\ \vdots & \vdots & \cdots & \vdots \\ x_{p1} & x_{p2} & \cdots & x_{pn} \end{pmatrix}$$

Als Produkt der Matrix $\mathbf{X}$ mit ihrer Transponierten $\mathbf{X'}$ erhält man die Matrix der Produktsummen der x_{ji}, die man für die Beschreibung des Gleichungssystems benötigt:

$$\mathbf{XX'} = \begin{pmatrix} n & \sum x_{1i} & \sum x_{2i} & \cdots & \sum x_{pi} \\ \sum x_{1i} & \sum x_{1i}^2 & \sum x_{1i}x_{2i} & \cdots & \sum x_{1i}x_{pi} \\ \vdots & \vdots & \vdots & \cdots & \vdots \\ \sum x_{pi} & \sum x_{pi}x_{1i} & \sum x_{pi}x_{2i} & \cdots & \sum x_{pi}^2 \end{pmatrix}$$

Weiter ist:

$$\mathbf{Xy'} = \begin{pmatrix} \sum y_i \\ \sum x_{1i}y_i \\ \vdots \\ \sum x_{pi}y_i \end{pmatrix}$$

Unter Verwendung dieser Vektoren bzw. Matrizen erhält man für die Normalgleichungen $\mathbf{XX'b'} = \mathbf{Xy'}$. Die Auflösung dieses Gleichungssystems ergibt $\mathbf{b'} = (\mathbf{XX'})^{-1}\mathbf{Xy'}$.

B 4.5.7 *Gegeben sind folgende Beobachtungswerte.*

i	1	2	3	4	5	6	7	8
x_1	1	1	1	1	3	3	3	3
x_2	2	2	4	4	4	4	6	6
y	3	5	4	6	6	8	7	9

Es ist eine KQ-Regressionsfunktion $\hat{y} = b_0 + b_1 x_1 + b_2 x_2$ *zu bestimmen. Für die Hilfssummen zur Anwendung von R 4.5.2 erhält man*:

i	x_1	x_2	y	x_1^2	x_2^2	$x_1 x_2$	$x_1 y$	$x_2 y$
1	1	2	3	1	4	2	3	6
2	1	2	5	1	4	2	5	10
3	1	4	4	1	16	4	4	16
4	1	4	6	1	16	4	6	24
5	3	4	6	9	16	12	18	24
6	3	4	8	9	16	12	24	32
7	3	6	7	9	36	18	21	42
8	3	6	9	9	36	18	27	54
	16	32	48	40	144	72	108	208

Die Normalgleichungen lauten:

$$\begin{aligned}
8b_0 + 16b_1 + 32b_2 &= 48 \quad \text{bzw.} \quad b_0 + 2b_1 + 4b_2 = 6 \\
16b_0 + 40b_1 + 72b_2 &= 108 \quad \text{bzw.} \quad 4b_0 + 10b_1 + 18b_2 = 27 \\
32b_0 + 72b_1 + 144b_2 &= 208 \quad \text{bzw.} \quad 4b_0 + 9b_1 + 18b_2 = 26
\end{aligned}$$

Unter Verwendung von Matrizen erhält man:

$$\mathbf{y} = (3; 5; 4; 6; 6; 8; 7; 9) \quad \mathbf{X} = \begin{pmatrix} 1 & 1 & 1 & 1 & 1 & 1 & 1 & 1 \\ 1 & 1 & 1 & 1 & 3 & 3 & 3 & 3 \\ 2 & 2 & 4 & 4 & 4 & 4 & 6 & 6 \end{pmatrix}$$

$$\mathbf{XX'} = \begin{pmatrix} 1 & 1 & 1 & 1 & 1 & 1 & 1 & 1 \\ 1 & 1 & 1 & 1 & 3 & 3 & 3 & 3 \\ 2 & 2 & 4 & 4 & 4 & 4 & 6 & 6 \end{pmatrix} \cdot \begin{pmatrix} 1 & 1 & 2 \\ 1 & 1 & 2 \\ 1 & 1 & 4 \\ 1 & 1 & 4 \\ 1 & 3 & 4 \\ 1 & 3 & 4 \\ 1 & 3 & 6 \\ 1 & 3 & 6 \end{pmatrix} = \begin{pmatrix} 8 & 16 & 32 \\ 16 & 40 & 72 \\ 32 & 72 & 144 \end{pmatrix}$$

$$\mathbf{Xy'} = \begin{pmatrix} 1 & 1 & 1 & 1 & 1 & 1 & 1 & 1 \\ 1 & 1 & 1 & 1 & 3 & 3 & 3 & 3 \\ 2 & 2 & 4 & 4 & 4 & 4 & 6 & 6 \end{pmatrix} \cdot \begin{pmatrix} 3 \\ 5 \\ 4 \\ 6 \\ 6 \\ 8 \\ 7 \\ 9 \end{pmatrix} = \begin{pmatrix} 48 \\ 108 \\ 208 \end{pmatrix}$$

Damit ergibt sich für $\mathbf{XX'b'} = \mathbf{Xy'}$:

$$\begin{pmatrix} 8 & 16 & 32 \\ 16 & 40 & 72 \\ 32 & 72 & 144 \end{pmatrix} \cdot \begin{pmatrix} b_0 \\ b_1 \\ b_2 \end{pmatrix} = \begin{pmatrix} 48 \\ 108 \\ 208 \end{pmatrix}$$

und

$$\begin{pmatrix} b_0 \\ b_1 \\ b_2 \end{pmatrix} = \begin{pmatrix} 8 & 16 & 32 \\ 16 & 40 & 72 \\ 32 & 72 & 144 \end{pmatrix}^{-1} \cdot \begin{pmatrix} 48 \\ 108 \\ 208 \end{pmatrix} = \begin{pmatrix} \frac{9}{8} & 0 & -\frac{1}{4} \\ 0 & \frac{1}{4} & -\frac{1}{8} \\ -\frac{1}{4} & -\frac{1}{8} & \frac{1}{8} \end{pmatrix} \cdot \begin{pmatrix} 48 \\ 108 \\ 208 \end{pmatrix} = \begin{pmatrix} 2 \\ 1 \\ 0{,}5 \end{pmatrix}$$

Die Regressionsfunktion lautet $\hat{y} = 2 + x_1 + 0{,}5 x_2$.

Ü 4.5.8   Berechnen Sie für folgende Beobachtungswerte eine KQ-Regressionsfunktion der Form $\hat{y} = b_0 + b_1 x_1 + b_2 x_2$.

i	1	2	3	4	5	6	7	8
y	1	3	5	7	3	5	10	12
x_1	1	1	1	1	3	3	4	4
x_2	1	1	3	3	1	1	4	4

d) Multiple Korrelation

Auch bei mehr als zwei metrisch messbaren Merkmalen kann man die Ausgeprägtheit eines statistischen Zusammenhangs untersuchen. Dafür eignet sich das in D 4.4.15 eingeführte **Bestimmtheitsmaß**.

D 4.5.9
> **Multiples Bestimmtheitsmaß**
> Für eine Mehrfachregression heißt
> $$B^2 = \frac{s_{\hat{Y}}^2}{s_Y^2}$$
> multiples Bestimmtheitsmaß.

Im vorhergehenden Unterabschnitt wurde nur auf lineare Mehrfachregressionen eingegangen. Für diese gilt speziell:

D 4.5.10
> **Multipler Korrelationskoeffizient**
> Für eine lineare Mehrfachregression $y = b_0 + b_1 x_1 + \ldots + b_p x_p$ ist der multiple Korrelationskoeffizient wie folgt definiert:
> $$r_{Y,X_1,\ldots,X_p} = \sqrt{B^2} = \frac{s_{\hat{Y}}}{s_Y}, \text{ mit } 0 \leq r_{Y,X_1,\ldots,X_p} \leq 1$$

B 4.5.11 *Für das Problem in B 4.5.7 ergibt sich* $s_{\hat{Y}}^2 = 2{,}5$ *und* $s_Y^2 = 3{,}5$ *und damit* $r_{Y,X_1,X_2}^2 = \frac{2{,}5}{3{,}5} = 0{,}71$ *bzw.* $r_{Y,X_1,X_2} = 0{,}85$.

e) Ergänzungen

In diesem Abschnitt wurden nur die Grundzüge der statistischen Untersuchung von Zusammenhängen zwischen mehr als zwei Merkmalen behandelt. Die Statistik stellt hierfür jedoch ein umfangreiches Instrumentarium zur Verfügung, zu dem der Leser auf weiterführende Literatur verwiesen sei. Zu den weiteren Analyseverfahren gehören z. B.:

- **Nichtlineare Mehrfachregression**;
- **Schrittweise Regressionsrechnung**, bei der die Einflussgrößen (d. h. Merkmale X_j) nacheinander in einen Regressionsansatz nach ihrem Erklärungswert, den man durch den einfachen Korrelationskoeffizienten messen kann, einbezogen werden, wobei Merkmale mit geringem Erklärungswert unberücksichtigt bleiben;
- Bestimmung **partieller Korrelationskoeffizienten**, die die Ausgeprägtheit des Zusammenhangs zweier Merkmale bei Konstanz der übrigen Merkmale messen.

4.6 Zusammenhangsmaße für ordinal messbare Merkmale

a) Grafische Darstellung von Zusammenhängen ordinal messbarer Merkmale

Bei zwei metrisch messbaren Merkmalen können Zusammenhänge meistens sofort anhand von Streuungsdiagrammen erkannt werden (siehe dazu z. B. F 4.1.5 und F 4.4.10). Für ordinal messbare Merkmale ist diese Darstellungsform wegen des Fehlens eines festen Maßstabs unzweckmäßig, da eine Ordinalskala zwar eine Reihenfolge der Skalenwerte vorschreibt, aber keine Abstände. Liegen nur wenige Beobachtungen vor, dann gibt es jedoch eine verhältnismäßig einfache Form der grafischen Darstellung für ordinal messbare Merkmale, die Aussagen über einen eventuellen Zusammenhang liefert. Man ordnet die x_i und y_i der Beobachtungspaare

4.6 Zusammenhangsmaße für ordinal messbare Merkmale

$(x_i; y_i)$ getrennt und zeichnet sie als gleichabständige Punkte auf parallelen Geraden. Die zum Paar $(x_i; y_i)$ $(i = 1,...,n)$ gehörigen Punkte verbindet man dann geradlinig.

B 4.6.1 a) *Die Leistungen von sechs Schülern in Mathematik und Englisch werden von einem Lehrer wie folgt durch Festlegung einer* **Rangfolge** *bewertet*:

Schüler	1	2	3	4	5	6
Mathematik	2.	3.	1.	4.	5.	6.
Englisch	3.	2.	1.	4.	5.	6.

Die grafische Darstellung zeigt F 4.6.2.

Schüler Nr.	3	1	2	4	5	6
Rangfolge Mathematik	1	2	3	4	5	6

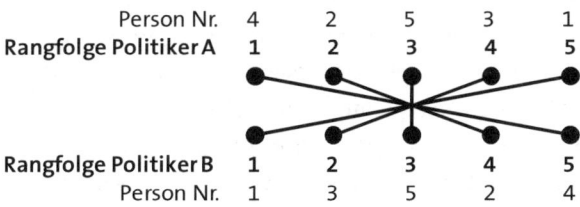

Rangfolge Englisch	1	2	3	4	5	6
Schüler Nr.	3	2	1	4	5	6

F 4.6.2 Zusammenhang ordinal messbarer Merkmale

b) *5 Personen sollen ein Sympathieurteil über die Politiker A und B durch Noten von 1 (sehr sympathisch) bis 8 (äußerst unsympathisch) abgeben*:

Person	1	2	3	4	5
Politiker A	8	2	7	1	6
Politiker B	1	7	4	8	5

Grafisch ergibt sich F 4.6.3.

Person Nr.	4	2	5	3	1
Rangfolge Politiker A	1	2	3	4	5

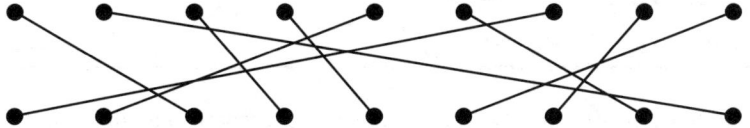

Rangfolge Politiker B	1	2	3	4	5
Person Nr.	1	3	5	2	4

F 4.6.3 Zusammenhang ordinal messbarer Merkmale

F 4.6.2 *zeigt einen Zusammenhang mit einer annähernd übereinstimmenden Rangordnung. Jede Übereinstimmung in der Rangordnung drückt sich in einer senkrechten Verbindungslinie aus. In* F 4.6.3 *liegen dagegen völlig entgegen gesetzte Rangordnungen vor. Alle Verbindungslinien schneiden sich in einem Punkt.*

c) *In* F 4.6.4 *ist ein Fall dargestellt, bei dem ein ausgeprägter Zusammenhang nicht erkennbar ist.*

F 4.6.4 Zusammenhang ordinal messbarer Merkmale

Bei vielen Beobachtungen wird die grafische Darstellung unpraktikabel. Hinzu kommen Schwierigkeiten bei übereinstimmenden Beobachtungswerten. Die praktische Bedeutung der grafischen Darstellung von Zusammenhängen ordinal messbarer Merkmale ist deshalb sehr gering.

b) Rangkorrelation

Bei ordinal messbaren Merkmalen gibt es eine einfache Möglichkeit, ein Maß für die Ausgeprägtheit eines Zusammenhangs zu bestimmen: Man ersetzt die Beobachtungen $(x_i; y_i)$ durch Rangzahlenpaare $(x_i^*; y_i^*)$, die man durch fortlaufende Nummerierung der x- bzw. y-Werte ihrer Größe nach erhält und berechnet für diese Rangzahlenpaare den Korrelationskoeffizienten nach D 4.4.2.

B 4.6.5 *Die Studienfreunde Klaus B. aus G. (genannt Anek), Werner B. aus Ü. (genannt Voss), Heino J. aus B. (genannt Oma), Paul J. aus W. (genannt Paule) und Hagen T. aus H. (genannt Huber) treffen sich alljährlich zum Wandern. Bei ihrem letzten Treffen haben sie festgestellt, wer der beste Wanderer und wer der beste Biertrinker ist. Es ergaben sich folgende Platzierungen:*

	Anek	Voss	Oma	Paule	Huber
Wandern	4	5	2	3	1
Biertrinken	2	3	4	1	5

Die Beobachtungswerte sind hier unmittelbar in Form von Rangzahlen gegeben. Die Berechnung des Korrelationskoeffizienten (D 4.4.2) *ergibt:*

$$r = \frac{COV(X,Y)}{s_X s_Y} = \frac{-1{,}2}{\sqrt{2} \cdot \sqrt{2}} = -0{,}6$$

Man beachte, dass in dem Beispiel nur die Reihenfolge in Form der Rangzahlen (1.,2.,...,5.) berücksichtigt wird und diese Rangzahlen als metrisch messbare Merkmale aufgefasst werden.
Für die Bestimmung von Rangzahlen gilt:

R 4.6.6

> **Rangzahl**
> Gegeben seien die n geordneten Beobachtungswerte x_i (i = 1,...,n) eines ordinal oder metrisch messbaren Merkmals X mit $x_i < x_{i+1}$ bei aufsteigender bzw. $x_i > x_{i+1}$ bei absteigender Ordnung (i = 1,...,n−1).
> Durch Nummerierung der geordneten Beobachtungswerte von 1 bis n erhält man zu jedem Beobachtungswert x_i seine Rangzahl $x_i^* = i$ (i = 1,...,n).
> Gilt
> $$x_{i-1} < x_i = x_{i+1} = \ldots = x_{i+k} < x_{i+k+1}$$
> bzw.
> $$x_{i-1} > x_i = \ldots = x_{i+k} > x_{i+k+1},$$
> dann wird den Werten $x_i,...,x_{i+k}$ dieselbe Rangzahl
> $$x_{i+j}^* = \frac{1}{k+1} \sum_{h=i}^{i+k} h \quad \text{(für } j = 0,...,k\text{)}$$
> zugeordnet.

Rangzahlen können also für ordinal und für metrisch messbare Merkmale bestimmt werden. Der zweite Teil von R 4.6.6 besagt, dass übereinstimmenden Beobachtungswerten das arithmetische Mittel der diesen Werten zuzuordnenden Nummern als Rangzahl zugeordnet wird.

B 4.6.7 *Beim Eiskunstlauf werden für 9 Läufer A- und B-Noten festgehalten. Es ergeben sich dafür die angegebenen Rangzahlen.*

Läufer	1	2	3	4	5	6	7	8	9
A-Note	5,3	5,6	5,0	5,3	4,9	4,6	5,3	5,0	5,2
Rangzahl	3	1	6,5	3	8	9	3	6,5	5
B-Note	5,4	5,4	5,1	5,2	5,0	4,5	5,5	4,8	5,1
Rangzahl	2,5	2,5	5,5	4	7	9	1	8	5,5

Um, wie oben angegeben, aus Rangzahlenpaaren einen Korrelationskoeffizienten zu berechnen, kann man nun eine vereinfachte Formel benutzen, bei der berücksichtigt wird, dass die Rangzahlen x_i^* und y_i^* die Werte von 1 bis n durchlaufen. Für den Korrelationskoeffizienten gilt:

$$r = \frac{\frac{1}{n}\sum x_i^* y_i^* - \overline{x}^* \overline{y}^*}{\sqrt{\sum \frac{1}{n} x_i^{*2} - \overline{x}^{*2}} \sqrt{\sum \frac{1}{n} y_i^{*2} - \overline{y}^{*2}}}$$

Für die n Beobachtungen gilt nun:

$$\overline{x}^* = \overline{y}^*; s_{X^*}^2 = s_{Y^*}^2; \sum_{i=1}^{n} x_i^* = \sum_{i=1}^{n} y_i^* = \sum_{i=1}^{n} i = \frac{1}{2}n(n+1)$$

sowie

$$\sum_{i=1}^{n} x_i^{*2} = \sum_{i=1}^{n} y_i^{*2} = \sum_{i=1}^{n} i^2 = \frac{1}{6}n(n+1)(2n+1)$$

Für den Nenner der Formel des Korrelationskoeffizienten folgt damit:

$$\sqrt{\frac{1}{n}\sum x_i^{*2} - \overline{x}^{*2}} \sqrt{\frac{1}{n}\sum x_i^{*2} - \overline{x}^{*2}} = \frac{1}{n}\sum x_i^{*2} - \overline{x}^{*2} = \frac{1}{n}\sum x_i^{*2} - (\frac{\sum x_i^*}{n})^2$$

$$= \frac{1}{n}\frac{1}{6}n(n+1)(2n+1) - (\frac{1}{n}\frac{1}{2}n(n+1))^2$$

$$= \frac{1}{12}(n^2 - 1)$$

Es gilt (Binomischer Lehrsatz)

$$\sum (x_i^* - y_i^*)^2 = \sum x_i^{*2} - 2\sum x_i^* y_i^* + \sum y_i^{*2}$$

daraus folgt durch Auflösung nach $\sum x_i^* y_i^*$

$$\sum x_i^* y_i^* = \frac{1}{2}\sum x_i^{*2} + \frac{1}{2}\sum y_i^{*2} - \frac{1}{2}\sum (x_i^* - y_i^*)^2 .$$

Für den Zähler der Formel des Korrelationskoeffizienten folgt damit die Beziehung

$$\frac{1}{n}\sum x_i^* y_i^* - \overline{x}^* \overline{y}^* = \frac{1}{n}\left(\frac{1}{2}\sum x_i^{*2} + \frac{1}{2}\sum y_i^{*2} - \frac{1}{2}\sum (x_i^* - y_i^*)^2\right) - \frac{\sum x_i^*}{n}\frac{\sum y_i^*}{n}$$

$$= \frac{1}{n}\sum x_i^{*2} - \frac{1}{2n}\sum (x_i^* - y_i^*)^2 - \left(\frac{\sum x_i^*}{n}\right)^2$$

$$= \frac{1}{n}\frac{1}{6}n(n+1)(2n+1) - \frac{1}{2n}\sum (x_i^* - y_i^*)^2 - \left(\frac{n(n+1)}{2n}\right)^2$$

$$= \frac{1}{12}(n^2 - 1) - \frac{1}{2n}\sum (x_i^* - y_i^*)^2$$

Setzt man die Ausdrücke für Zähler bzw. Nenner in die Formel des Korrelationskoeffizienten ein, so erhält man:

$$r = \frac{\frac{1}{12}(n^2-1) - \frac{1}{2n}\sum (x_i^* - y_i^*)^2}{\frac{1}{12}(n^2-1)} = 1 - \frac{6\sum (x_i^* - y_i^*)^2}{n(n^2-1)}$$

Die Differenzen der Rangzahlen bezeichnet man meistens mit $d_i = x_i^* - y_i^*$ und nennt sie **Rangdifferenzen**. Mit dieser Formel ist der Korrelationskoeffizient meistens sehr einfach zu berechnen. Er heißt dann Rangkorrelationskoeffizient.

D 4.6.8

> **Rangkorrelationskoeffizient**
> Gegeben seien zwei gemeinsam erhobene Merkmale X und Y sowie die Rangzahlen[19] x_i^* und y_i^* der Beobachtungen (x_i, y_i) (für $i = 1, \ldots, n$) und die Rangdifferenzen $d_i = x_i^* - y_i^*$.
>
> $$r_s = 1 - \frac{6 \sum d_i^2}{n(n^2 - 1)}$$
>
> heißt Rangkorrelationskoeffizient und ist ein Maß für die Ausgeprägtheit des Zusammenhangs. Es gilt $-1 \leq r_s \leq 1$.

B 4.6.9 a) *Für B 4.6.5 erhält man*:

	Anek	Voss	Oma	Paule	Huber
Wandern	4.	5.	2.	3.	1.
Biertrinken	2.	3.	4.	1.	5.
Rangdifferenz d_i	2	2	−2	2	−4
d_i^2	4	4	4	4	16

Es ist $\sum d_i^2 = 32$ *und* n = 5 *und somit* $r_s = 1 - \frac{6 \cdot 32}{5(25-1)} = 1 - \frac{192}{120} = -0{,}6$.

b) *Für die Angaben aus B 4.6.7 ergibt sich*:

Läufer	1	2	3	4	5	6	7	8	9
Rangdifferenz d_i	0,5	−1,5	1	−1	1	0	2	−1,5	−0,5
d_i^2	0,25	2,25	1	1	1	0	4	2,25	0,25

Mit $\sum d_i^2 = 12$ *erhält man dann* $r_s = 1 - \frac{6 \cdot 12}{9(81-1)} = 0{,}9$.

Gilt für die Rangzahlen $x_i^* = y_i^*$ für $i = 1, \ldots, n$, dann folgt $d_i = 0$ für $i = 1, \ldots, n$ und damit $r_s = 1$. Gilt $x_i^* = y_{n-i+1}^*$ ($i = 1, \ldots, n$), dann sind die Rangzahlen der beiden Merkmale völlig gegenläufig, und es ergibt sich $r_s = -1$.

Ü 4.6.10 In einer Fußballliga starten 12 Vereine, die ihren Spielern unterschiedlich hohe Prämien für die Erringung der Meisterschaft in Aussicht stellten. Die folgende Übersicht zeigt Tabellenendstand und Höhe der Prämie. Berechnen Sie den Rangkorrelationskoeffizienten.

Verein	K	B	E	A	C	D	L	M	G	H	F	J
Platz	1	2	3	4	5	6	7	8	9	10	11	12
Prämie je Spieler in 1.000 €	10	180	150	200	120	50	100	80	60	40	30	20

---

[19] Wird für gleiche Beobachtungswerte eine mittlere Rangzahl vergeben (siehe R 4.6.6), dann liefert r_s nicht exakt den Korrelationskoeffizienten der Rangzahlen, sondern es ergibt sich eine – meistens sehr geringe – Abweichung. Als Zusammenhangsmaß wird r_s jedoch auch dann in der in D 4.6.8 angegebenen Form verwendet.

c) Konkordanz und Diskordanz zweier Paare von Beobachtungswerten

Beim Rangkorrelationskoeffizienten werden anstelle der Beobachtungswerte Rangzahlen verwendet, die dann als Werte eines metrisch messbaren Merkmals aufgefasst werden. Darin liegt eine stark einengende Voraussetzung, auf die bei der Interpretation von r_s zu achten ist. Es können nun Zusammenhangsmaße konstruiert werden, die nur die Eigenschaften der Ordinalskala voraussetzen und dabei von der Ordnung je zweier Paare von Beobachtungswerten ausgehen.

Dabei sind für zwei Wertepaare (x_i, y_i) und (x_j, y_j) fünf Fälle denkbar.

$x_i \prec x_j$ bedeutet dabei, dass x_i vor x_j auf der Ordinalskala liegt und $x_i \succ x_j$, dass x_i nach x_j auf der Ordinalskala liegt.

(1) ($x_i \prec x_j$ und $y_i \prec y_j$) oder ($x_i \succ x_j$ und $y_i \succ y_j$), d. h. bezüglich der beiden Merkmale liegt gleiche Ordnung vor.

(2) ($x_i \prec x_j$ und $y_i \succ y_j$) oder ($x_i \succ x_j$ und $y_i \prec y_j$), d. h. bezüglich der beiden Merkmale liegt entgegen gesetzte Ordnung vor.

(3) ($x_i = x_j$ und $y_i \neq y_j$), d. h. bezüglich X liegt Gleichheit vor, bezüglich Y nicht.

(4) ($x_i \neq x_j$ und $y_i = y_j$), d. h. bezüglich Y liegt Gleichheit vor, bezüglich X nicht.

(5) ($x_i = x_j$ und $y_i = y_j$), d. h. bezüglich X und Y liegt Gleichheit vor.

Das führt zu folgender Definition:

D 4.6.11

> **Konkordante und diskordante Paare von Beobachtungswerten**
> Gegeben seien zwei Paare von Beobachtungswerten zweier ordinal messbarer Merkmale.
> Liegt für die Paare bezüglich beider Merkmale **gleiche Ordnung** vor, so heißen sie **konkordant**.
> Liegt **verschiedene Ordnung** vor, dann heißen sie **diskordant**.

Bei n Paaren von Beobachtungswerten (x_i, y_i) ($i = 1, ..., n$) kann jedes der n Paare mit den $(n-1)$ übrigen Paaren verglichen werden. Dabei wird jeder Paarvergleich doppelt vorgenommen, da (x_i, y_i) mit (x_j, y_j) und (x_j, y_j) mit (x_i, y_i) ($i \neq j$) verglichen wird. Es gibt also insgesamt $0{,}5n(n-1)$ verschiedene Vergleiche von Paaren.

Für die Anzahlen der verschiedenen Typen von Paarvergleichen werden die folgenden Bezeichnungen verwendet.

nk   Anzahl der konkordanten Paare,
nd   Anzahl der diskordanten Paare,
nx   Anzahl der Paare, die bezüglich X übereinstimmen und bezüglich Y verschieden sind,
ny   Anzahl der Paare, die bezüglich Y übereinstimmen und bezüglich X verschieden sind,
nxy   Anzahl der Paare, die bezüglich beider Merkmale übereinstimmen.

Es gilt: $nk + nd + nx + ny + nxy = 0{,}5n(n-1)$.

Kapitel 4   Mehrdimensionale Häufigkeitsverteilungen

B 4.6.12 *Bei 6 Schülern wird gefragt, wie sympathisch sie ihren Mathematiklehrer finden (Noten von 1 bis 6) und welche Mathematiknote sie auf dem letzten Zeugnis hatten.*

Schüler	1	2	3	4	5	6
Sympathie (X)	1	4	5	1	3	2
Note (Y)	2	5	3	2	2	3

Es gibt 6 Beobachtungen und $\frac{1}{2} \cdot 6 \cdot (6-1) = 15$ Paarvergleiche:

Schüler	Beobachtungswerte		die Paare sind
1 2	(1;2)	(4;5)	konkordant
1 3	(1;2)	(5;3)	konkordant
1 4	(1;2)	(1;2)	gleich bezüglich X und Y
1 5	(1;2)	(3;2)	gleich bezüglich Y
1 6	(1;2)	(2;3)	konkordant
2 3	(4;5)	(5;3)	diskordant
2 4	(4;5)	(1;2)	konkordant
2 5	(4;5)	(3;2)	konkordant
2 6	(4;5)	(2;3)	konkordant
3 4	(5;3)	(1;2)	konkordant
3 5	(5;3)	(3;2)	konkordant
3 6	(5;3)	(2;3)	gleich bezüglich Y
4 5	(1;2)	(3;2)	gleich bezüglich Y
4 6	(1;2)	(2;3)	konkordant
5 6	(3;2)	(2;3)	diskordant

Es ist also nk = 9; nd = 2; nx = 0; ny = 3; nxy = 1.

Die Anzahl der konkordanten und der diskordanten Paare sowie der Paare mit Übereinstimmungen bezüglich X **oder** Y bzw. X **und** Y können aus einer Häufigkeitstabelle verhältnismäßig leicht bestimmt werden. Das folgende Beispiel erläutert das Vorgehen.

B 4.6.13 *Bei 200 Berufstätigen wurde ermittelt, welchen Schulabschluss (Haupt- oder Realschule R, Abitur A, Hochschulabschluss H) sie selbst und ihr Vater haben. Das Ergebnis zeigt die folgende Tabelle:*

		Schulabschluss des Befragten (Y)		
		R	A	H
Schulabschluss des Vaters (X)	R	28	34	17
	A	12	25	42
	H	6	18	18

Es gibt 9 Paare von Merkmalsausprägungen. Die folgende Tabelle zeigt, ob ein Vergleich zu konkordanten (k), diskordanten (d) Paaren oder in X (x) oder Y (y) oder X und Y (xy) übereinstimmenden Paaren führt.
Die Anzahl der jeweiligen Paare, die man unter Berücksichtigung der Häufigkeiten erhält, ist in der Tabelle ebenfalls vermerkt. Die Anzahlen bei k, d, x und y erhält man durch Multiplikation der jeweiligen Häufigkeiten. Bei xy erhält man die Anzahl aus $0{,}5 h(x_i; y_j)(h(x_i; y_j) - 1)$.

4.6 Zusammenhangsmaße für ordinal messbare Merkmale

	(R;R)	(R;A)	(R;H)	(A;R)	(A;A)	(A;H)	(H;R)	(H;A)	(H;H)
(R;R)	xy 378	x 952	x 476	y 336	k 700	k 1176	y 168	k 504	k 504
(R;A)		xy 561	x 578	d 408	y 850	k 1428	d 204	y 612	k 612
(R;H)			xy 136	d 204	d 425	y 714	d 102	d 306	y 306
(A;R)				xy 66	x 300	x 504	y 72	k 216	k 216
(A;A)					xy 300	x 1050	d 150	y 450	k 450
(A;H)						xy 861	d 252	d 756	y 756
(H;R)							xy 15	x 108	x 108
(H;A)								xy 153	x 324
(H;H)									xy 153

Da die Richtung der Vergleiche nicht von Bedeutung ist, werden nur die Felder im oberen rechten Teil (Hauptdiagonale und darüber) betrachtet.
Aus den Zahlen der Tabelle folgt nk = 5.806; nd = 2.807; nx = 4.400; ny = 4.264; nxy = 2.623.
Die Gesamtzahl der Vergleiche beträgt 0,5n(n-1) = 0,5·200·199 = 19.900.

Die Anzahlen nk, nd usw. lassen sich auch unmittelbar aus der Häufigkeitstabelle, also ohne die in dem Beispiel angegebene Hilfstabelle, berechnen. Auf weitere rechentechnische Einzelheiten dazu wird nicht eingegangen.

d) Zusammenhangsmaße, die auf der Konkordanz bzw. Diskordanz von Beobachtungspaaren aufbauen

Es gibt mehrere Zusammenhangsmaße, die auf dem im vorhergehenden Unterabschnitt beschriebenen Ansatz für die Paarvergleiche aufbauen. Ein einfaches Maß bekommt man, wenn man von der Differenz der Anzahl konkordanter und der Anzahl diskordanter Paare ausgeht und diese zur Gesamtzahl der Vergleiche in Beziehung setzt.

D 4.6.14

> **Konkordanzkoeffizient**
> Gegeben sei die Verteilung zweier wenigstens ordinal messbarer Merkmale X und Y, sowie die Anzahl nk der konkordanten und die Anzahl nd der diskordanten Paare.
>
> $$K = \frac{2(nk - nd)}{n(n-1)}$$
>
> heißt Konkordanzkoeffizient und ist ein Maß für den Zusammenhang der beiden Merkmale.

Der Konkordanzkoeffizient ist eine normierte Größe mit $-1 \leq K \leq 1$.

Liegen **nur konkordante Paare** vor, dann ist nk = 0,5n(n – 1) und nd = 0. Es liegt in diesem Fall bei **allen** Paarvergleichen übereinstimmende Ordnung bezüglich der beiden Merkmale vor, also ein „völlig gleichgerichteter" Zusammenhang, und es gilt K = 1.

Liegen **nur diskordante Paare** vor, so ist nk = 0 und nd = 0,5n(n – 1). Bei **allen** Paarvergleichen ist die Ordnung bezüglich der beiden Merkmale entgegengesetzt, es liegt ein „völlig gegenläufiger" Zusammenhang vor, und es ist K = –1. Stimmt die Anzahl der konkordanten und der diskordanten Paare überein (nk = nd), dann ist keine Tendenz der Gleichheit bzw. Ungleichheit der Ordnung bei den Paarvergleichen feststellbar. Es gilt K = 0.

B 4.6.15 a) *Für die Angaben aus* B 4.6.12 *erhält man mit* nk = 9, nd = 2 *und* n = 6 *den Konkordanzkoeffizient* $K = \frac{2(9-2)}{6(6-1)} = \frac{14}{30} = 0{,}467$.

b) *Für die Zahlen aus* B 4.6.13 *erhält man* $K = \frac{2(5806-2807)}{200(200-1)} = 0{,}151$.

Eine andere Maßzahl für den Zusammenhang ist:
$$K^* = \frac{nk-nd}{nk+nd}$$
Paarvergleiche, bei denen bezüglich eines Merkmals oder beider Merkmale Gleichheit festgestellt wurde, bleiben dabei unberücksichtigt.

B 4.6.16 a) *Für* B 4.6.12 *erhält man* $K^* = \frac{9-2}{9+2} = 0{,}636$. K^* *ist also größer als* K = 0,467 *(siehe* B 4.6.15 a).

b) *Für* B 4.6.13 *ergibt sich* $K^* = \frac{5.806-2.807}{5.806+2.807} = 0{,}348$ *gegenüber* K = 0,151 *aus* B 4.6.15b.

Es ist $K = \frac{2(nk-nd)}{n(n-1)} = \frac{nk-nd}{0{,}5n(n-1)}$. In dieser Formel für K steht im Nenner von K die Gesamtzahl aller Paarvergleiche. Da stets nk + nd ≤ 0,5n(n – 1) gelten muss, folgt allgemein $K^* \geq K$.

Weitere Zusammenhangsmaße können wie folgt definiert werden:
$$K_{yx} = \frac{nk-nd}{nk+nd+ny}$$
wobei davon ausgegangen wird, dass das Merkmal Y von X abhängt;
$$K_{xy} = \frac{nk-nd}{nk+nd+nx}$$
wobei angenommen wird, dass X von Y abhängt;
$$K_S = \frac{nk-nd}{nk+nd+0{,}5(nx+ny)}$$
wobei eine gegenseitige Abhängigkeit unterstellt wird.

Ü 4.6.17 *Bestimmen Sie zu* B 4.6.7 *die Anzahl konkordanter und diskordanter Paare und die Anzahl der in* X (=A-*Note*), Y (=B-*Note*) *bzw.* X *und* Y *übereinstimmenden Paare. Berechnen Sie den Konkordanzkoeffizienten.*

4.7 Zusammenhangsmaße für nominal messbare Merkmale

a) Das Problem der Zusammenhangsanalyse bei nominal messbaren Merkmalen

Bei Merkmalen, die nur auf einer Nominalskala gemessen werden können, sind die Zusammenhangsmaße der vorhergehenden Abschnitte nicht anwendbar. Es wird bei den Maßzahlen immer mindestens vorausgesetzt, dass für die Ausprägungen der untersuchten Merkmale eine natürliche Ordnung existiert. Das ist aber bei einer Nominalskala nicht der Fall. Um durch eine Maßzahl auszudrücken, ob zwischen zwei nominal messbaren Merkmalen ein Zusammenhang besteht, muss deshalb ein anderer Weg beschritten werden. Grundlage dazu ist die **Kontingenztabelle** (vgl. D 4.1.10) der beiden Merkmale, die sich allgemein in folgender Form darstellen lässt:

	y_1	y_2	...	y_q	Randverteilung für x
x_1	$h(x_1;y_1)$	$h(x_1;y_2)$	...	$h(x_1;y_q)$	$h(x_1) = \sum_{k=1}^{q} h(x_1;y_k)$
x_2	$h(x_2;y_1)$	$h(x_2;y_2)$	...	$h(x_2;y_q)$	$h(x_2) = \sum_{k=1}^{q} h(x_2;y_k)$
...	...	...	...	...	...
x_m	$h(x_m;y_1)$	$h(x_m;y_2)$	...	$h(x_m;y_q)$	$h(x_m) = \sum_{k=1}^{q} h(x_m;y_k)$
Randverteilung für y	$h(y_1) = \sum_{j=1}^{m} h(x_j;y_1)$	$h(y_2) = \sum_{j=1}^{m} h(x_j;y_2)$	...	$h(y_q) = \sum_{j=1}^{m} h(x_j;y_q)$	$\sum_{j=1}^{m}\sum_{k=1}^{q} h(x_j;y_k) = n$

Der beobachteten Häufigkeitsverteilung kann man nun die Verteilung gegenüberstellen, die sich für die beiden Merkmale bei denselben Randverteilungen wie bei der beobachteten Häufigkeitsverteilung ergeben würde, wenn sie unabhängig wären (vgl. dazu Abschnitt 4.2 und insbesondere D 4.2.2). Aus den Randverteilungen der Kontingenztabelle bestimmt man dazu nach R 4.2.6 die sich bei Unabhängigkeit ergebenden Häufigkeiten. Durch Vergleich der beobachteten Häufigkeiten mit den sich bei Unabhängigkeit ergebenden Häufigkeiten können dann Aussagen über einen Zusammenhang getroffen werden.

Eine andere Möglichkeit, den Zusammenhang nominal messbarer Merkmale zu untersuchen, besteht in der Betrachtung der bedingten Verteilungen. Man kann z. B. für jedes x_j die bedingte Verteilung von Y betrachten und den häufigsten Wert bestimmen. Ergeben sich für die x_j (j = 1,...,m) im wesentlichen verschiedene häufigste Werte der bedingten Verteilungen von Y und sind diese häufigsten Werte besonders ausgeprägt (sehr große Häufigkeiten im Vergleich zu den anderen Häufigkeiten der jeweiligen bedingten Verteilung), dann kann daraus auf einen ausgeprägten Zusammenhang geschlossen werden.

Im Folgenden wird zunächst die Zusammenhangsanalyse auf der Grundlage des Vergleichs der beobachteten Häufigkeiten mit den sich aus den Randverteilungen bei Unabhängigkeit ergebenden Häufigkeiten betrachtet.

b) Die Hilfsgröße χ^2

Es wird ausgegangen von einer Kontingenztabelle zweier nominal messbarer Merkmale mit absoluten Häufigkeiten (s. o.). Für jede Kombination der Merkmalsausprägungen wird unter Verwendung von R 4.2.6 mit Hilfe der Randverteilungen errechnet, welche Häufigkeit he sich bei Unabhängigkeit der Merkmale ergeben würde:

$$h_e(x_j; y_k) = \frac{1}{n} h(x_j) h(y_k)$$

Mit den beobachteten absoluten Häufigkeiten $h(x_j; y_k)$ und den sich bei Unabhängigkeit der Merkmale ergebenden absoluten Häufigkeiten $h_e(x_j; y_k)$ berechnet man die Hilfsgröße χ^2 (Chi-Quadrat).

R 4.7.1

$$\chi^2 = \sum_{j=1}^{m} \sum_{k=1}^{q} \frac{(h(x_j; y_k) - h_e(x_j; y_k))^2}{h_e(x_j; y_k)} = \sum_{j=1}^{m} \sum_{k=1}^{q} \frac{(h(x_j; y_k) - \frac{1}{n} h(x_j) h(y_k))^2}{\frac{1}{n} h(x_j) h(y_k)}$$

Die Zähler der Summanden bestehen aus den quadrierten Abweichungen der **beobachteten** absoluten Häufigkeiten von den sich bei Unabhängigkeit ergebenden absoluten Häufigkeiten. Die Division durch die sich bei Unabhängigkeit ergebenden absoluten Häufigkeiten bedeutet, dass man die relativen quadrierten Abweichungen betrachtet.

B 4.7.2 *Eine Befragung von 100 dreißigjährigen Frauen nach Familienstand und Religionszugehörigkeit hat folgendes Ergebnis geliefert*:

	ledig	verheiratet	geschieden	
ev.	10	25	5	40
kath.	8	40	2	50
sonst.	2	5	3	10
	20	70	10	100

Für die Größe χ^2 ergibt sich aus diesen Werten:

$$\chi^2 = \frac{(10 - \frac{20 \cdot 40}{100})^2}{\frac{20 \cdot 40}{100}} + \frac{(25 - \frac{70 \cdot 40}{100})^2}{\frac{70 \cdot 40}{100}} + \frac{(5 - \frac{10 \cdot 40}{100})^2}{\frac{10 \cdot 40}{100}} + \frac{(8 - \frac{20 \cdot 50}{100})^2}{\frac{20 \cdot 50}{100}} + \frac{(40 - \frac{70 \cdot 50}{100})^2}{\frac{70 \cdot 50}{100}}$$

$$+ \frac{(2 - \frac{10 \cdot 50}{100})^2}{\frac{10 \cdot 50}{100}} + \frac{(2 - \frac{20 \cdot 10}{100})^2}{\frac{20 \cdot 10}{100}} + \frac{(5 - \frac{70 \cdot 10}{100})^2}{\frac{70 \cdot 10}{100}} + \frac{(3 - \frac{10 \cdot 10}{100})^2}{\frac{10 \cdot 10}{100}}$$

$$= \frac{4}{8} + \frac{9}{28} + \frac{1}{4} + \frac{4}{10} + \frac{25}{35} + \frac{9}{5} + 0 + \frac{4}{7} + 4 = 8{,}56$$

Für die Berechnung von χ^2 empfiehlt es sich, neben den beobachteten absoluten Häufigkeiten auch die für Unabhängigkeit errechneten absoluten Häufigkeiten, die Differenz von beiden sowie deren Quadrate direkt in die Kontingenztabelle einzutragen.

Dazu können die Felder der Kontingenztabelle wie folgt eingeteilt werden:

$h(x_j; y_k)$	$(h(x_j; y_k) - h_e(x_j; y_k))^2$
$h(x_j; y_k) - h_e(x_j; y_k)$	$h_e(x_j; y_k) = \frac{1}{n} h(x_j) h(y_k)$

4.7 Zusammenhangsmaße für nominal messbare Merkmale

B 4.7.3 *Die folgende Tabelle enthält Angaben von 50 Personen über Berufsgruppe und Nationalität sowie die Zwischenwerte zur Berechnung von χ^2.*

	Deutsche		Ausländer		
Arbeiter	10	25	15	25	25
	-5	15	5	10	
Angestellte	20	25	5	25	25
	5	15	-5	10	
	30		20		50

Es ist dann $\chi^2 = \frac{25}{15} + \frac{25}{15} + \frac{25}{10} + \frac{25}{10} = \frac{5}{3} + \frac{5}{3} + \frac{5}{2} + \frac{5}{2} = 8\frac{1}{3} = 8{,}33$.

Aus der Formel in R 4.7.1 zur Berechnung von χ^2 ergibt sich unmittelbar:

R 4.7.4

> Für **unabhängige** Merkmale gilt $\chi^2 = 0$.

Die Hilfsgröße χ^2 ist ein Maß dafür, wie stark die beobachtete Verteilung von der sich bei Unabhängigkeit ergebenden Verteilung abweicht. Sie wird als Zusammenhangsmaß jedoch kaum verwendet, da sie nicht auf 1 normiert ist, d. h. es gilt nicht $\chi^2 \leq 1$.

Wegen $h(x_j; y_k) = nf(x_j; y_k)$, $h(x_j) = nf(x_j)$ und $h(y_k) = nf(y_k)$ gilt

$$\chi^2 = \sum_{j=1}^{m}\sum_{k=1}^{q}\frac{(h(x_j;y_k)-he(x_j;y_k))^2}{he(x_j;y_k)} = \sum_{j=1}^{m}\sum_{k=1}^{q}\frac{(nf(x_j;y_k)-nf(x_j)f(y_k))^2}{nf(x_j)f(y_k)}$$

Daraus folgt

$$\chi^2 = n\sum_{j=1}^{m}\sum_{k=1}^{q}\frac{(f(x_j;y_k)-f(x_j)f(y_k))^2}{f(x_j)f(y_k)}.$$

χ^2 hängt also linear von n ab. Je nach Anzahl der Beobachtungen erhält man deshalb für eine Kontingenztabelle gegebener Größe bei gleicher Art der Abhängigkeit (d. h. bei übereinstimmenden relativen Häufigkeiten) unterschiedlich große Werte für χ^2. Vor allem für Vergleichszwecke ist χ^2 damit als Zusammenhangsmaß kaum geeignet.

c) Kontingenzkoeffizient nach PEARSON

Die folgende, mit Hilfe von χ^2 berechnete Größe, die auf PEARSON zurückgeht, kann als Maß für den Zusammenhang zweier nominal messbarer Merkmale verwendet werden.

D 4.7.5

> **Kontingenzkoeffizient nach PEARSON**
> Gegeben sei die gemeinsame Verteilung zweier nominal messbarer Merkmale und die Größe χ^2 (R 4.7.1).
>
> $$C_P = \sqrt{\frac{\chi^2}{\chi^2 + n}}$$
>
> heißt Kontingenzkoeffizient nach Pearson und ist ein Maß für den Zusammenhang der beiden Merkmale.

B 4.7.6 a) *Für die Angaben aus B 4.7.2 ergibt sich* $C_P = \sqrt{\frac{8{,}56}{8{,}56+100}} = 0{,}28$.

b) *Für B 4.7.3 erhält man* $C_P = \sqrt{\frac{8{,}33}{8{,}33+50}} = 0{,}38$.

Aus D 4.7.5 ist unmittelbar ersichtlich, dass **für unabhängige Merkmale** $C_P = 0$ gilt, da dann $\chi^2 = 0$ ist. Da der Nenner des Bruchs in der Formel für C_P immer größer ist als der Zähler, gilt stets $C_P < 1$. Um zu erreichen, dass bei eindeutigem Zusammenhang, bei dem zu jedem y_k nur ein x_j oder zu jedem x_j nur ein y_k vorkommt, der Kontingenzkoeffizient den Wert 1 annimmt, verwendet man häufig einen korrigierten Kontingenzkoeffizienten.

D 4.7.7

> **Korrigierter Kontingenzkoeffizient nach PEARSON**
> Für zwei nominal messbare Merkmale sei die Kontingenztabelle mit m Zeilen und q Spalten gegeben und es sei $C^* = \min(m;q)$.
> $$C_{korr} = C_P \sqrt{\frac{C^*}{C^*-1}} = \sqrt{\frac{\chi^2}{\chi^2+n} \cdot \frac{C^*}{C^*-1}}$$
> heißt korrigierter Kontingenzkoeffizient[20] und es gilt $0 \leq C_{korr} \leq 1$.

B 4.7.8 a) *Für B 4.7.2 bzw. B 4.7.6a ergibt sich* $C^* = \min(3;3) = 3$ *und somit* $C_{korr} = 0{,}28\sqrt{\frac{3}{3-1}} = 0{,}34$.

b) *Für B 4.7.3 bzw. B 4.7.6b ist* $C^* = 2$ *und* $C_{korr} = 0{,}38\sqrt{\frac{2}{2-1}} = 0{,}54$.

d) Kontingenzkoeffizient nach CRAMÉR

Von CRAMÉR wurde folgendes Zusammenhangsmaß eingeführt:

D 4.7.9

> **Kontingenzkoeffizient nach CRAMÉR**
> Gegeben sei die gemeinsame Verteilung zweier nominal messbarer Merkmale und die Größe χ^2 (R 4.7.1).
> $$C_C = \sqrt{\frac{\chi^2}{n(\min(m;q)-1)}}$$
> heißt Kontingenzkoeffizient nach CRAMÉR und ist ein Maß für den Zusammenhang der beiden Merkmale. Es gilt $0 \leq C_C \leq 1$.

B 4.7.10 a) *Für B 4.7.2 bzw. B 4.7.6 a) ergibt sich* $\min(m;q) = \min(3;3) = 3$ *und damit* $C_C = \sqrt{\frac{8{,}56}{100(3-1)}} = \sqrt{\frac{8{,}56}{200}} = 0{,}20688$.

---

20 Die Formel für den korrigierten Kontingenzkoeffizienten ergibt sich aus der (hier nicht bewiesenen) Tatsache, dass $0 \leq C_P \leq \sqrt{\frac{C^*-1}{C^*}}$ gilt.

b) *Für* B 4.7.3 *bzw.* B 4.7.6 b) *ist* min(m;q) = min(2;2) = 2 *und es ergibt sich*

$$C_C = \sqrt{\frac{8{,}33}{50(2-1)}} = 0{,}40817.$$

e) Andere Zusammenhangsmaße unter Verwendung von χ^2

Es gibt verschiedene andere Zusammenhangsmaße, die mit der Hilfsgröße χ^2 berechnet werden können, beispielsweise:

$$C_1 = \sqrt{\frac{\chi^2}{n(m-1)(q-1)}}$$

und

$$C_2 = \sqrt{\frac{\chi^2}{n}}$$

Diese Maße werden jedoch nur selten verwendet.

f) Ein Maß für den Grad der funktionellen Abhängigkeit

Der in Abschnitt 4.4d erörterte Bestimmtheitskoeffizient ist für metrisch messbare Merkmale ein Maß dafür, wie gut ein Zusammenhang durch die der Berechnung des Bestimmtheitskoeffizienten zugrunde liegende Regressionsfunktion beschrieben wird. Ist B = 1, so ist der Zusammenhang eindeutig durch die Regressionsfunktion beschrieben. Alle Beobachtungen liegen auf der Regressionsfunktion $\hat{y} = f(x)$, und zu jeder Ausprägung x_j des Merkmals X gibt es nur genau eine Ausprägung des Merkmals Y. Der Bestimmtheitskoeffizient gibt an, wie gut der Wert von Y mittels der Regressionsfunktion durch den entsprechenden Wert des Merkmals X erklärt wird. Er kann als Maß der Eindeutigkeit des Zusammenhangs aufgefasst werden.

Auch bei nominal messbaren Merkmalen kann man untersuchen wie ausgeprägt die Zuordnung von x-Werten zu y-Werten ist. Dazu werden die bedingten Verteilungen und die Randverteilung von Y betrachtet.

Es sei $\bar{y}_{D|x_j}$ der häufigste Wert der zu x_j gehörigen bedingten Verteilung von Y. Hängt Y eindeutig von X ab, dann gibt es zu jedem x_j genau eine Ausprägung y_k. Diese entspricht dem häufigsten Wert der zu x_j gehörigen bedingten Verteilung von Y. Da alle anderen Häufigkeiten 0 sind, gilt dann:

$$h(\bar{y}_{D|x_j}) = h(x_j)$$

Hängt Y nicht eindeutig von X ab, dann gibt die Differenz $h(x_j) - h(\bar{y}_{D|x_j})$ an, wie stark eine bedingte Verteilung von der eindeutigen Zuordnung abweicht. Aus der Summe dieser Differenzen und der entsprechenden Differenz der Randverteilung von Y kann nun ein Zusammenhangsmaß konstruiert werden.

D 4.7.11

> **Assoziationskoeffizient**
> Gegeben seien die gemeinsame Verteilung der beiden nominal messbaren Merkmale X und Y und die häufigsten Werte $\bar{y}_{D/x_j}$ ($j = 1,...,m$) der bedingten Verteilungen von Y und der häufigste Wert der Randverteilung $\bar{y}_D$.
>
> $$A_{yx} = \frac{\sum_{j=1}^{m} h(\bar{y}_{D|x_j}) - h(\bar{y}_D)}{n - h(\bar{y}_D)}$$
>
> heißt Assoziationskoeffizient für die Abhängigkeit des Merkmals Y von X und ist ein Maß für den Grad der Eindeutigkeit der Abhängigkeit.

Der Zähler von A_{yx} ergibt sich aus

$$n - h(\bar{y}_D) - \sum_{j=1}^{m}\left(h(x_j) - h(\bar{y}_{D|x_j})\right) = n - h(\bar{y}_D) - \sum_{j=1}^{m} h(x_j) + \sum_{j=1}^{m} h(\bar{y}_{D|x_j})$$

$$= n - h(\bar{y}_D) - n + \sum_{j=1}^{m} h(\bar{y}_{D|x_j}) = \sum_{j=1}^{m} h(\bar{y}_{D|x_j}) - h(\bar{y}_D).$$

Mit
$$A_1 = n - h(\bar{y}_D)$$
und
$$A_2 = \sum_{j=1}^{m}\left(h(x_j) - h(\bar{y}_{D|x_j})\right)$$

kann man A_{yx} auch wie folgt definieren:

$$A_{yx} = \frac{A_1 - A_2}{A_1}.$$

B 4.7.12 *Es wird auf die Angaben aus B 4.7.2 zurückgegriffen*:

		x_1 *ledig*	x_2 *verheiratet*	x_3 *geschieden*	
y_1	ev.	**10**	25	5	40
y_2	kath.	8	**40**	2	50
y_3	sonst.	2	5	**3**	10
		20	70	10	100

In der Tabelle sind die Häufigkeiten der häufigsten Werte hervorgehoben. Man erhält:

$$A_{yx} = \frac{10+40+5-50}{100-50} = \frac{5}{50} = 0{,}1$$

Es ist offensichtlich, dass man auch ein Assoziationsmaß für die Abhängigkeit des Merkmals X von Y definieren kann:

$$A_{xy} = \frac{\sum_{k=1}^{q} h(\bar{x}_{D|y_k}) - h(\bar{x}_D)}{n - h(\bar{x}_D)}$$

B 4.7.13 *Für die Kontingenztabelle aus B 4.7.12 erhält man*:

$$A_{xy} = \frac{25+40+5-70}{100-70} = 0$$

Das Beispiel bestätigt folgende Regel:

R 4.7.14
Assoziationskoeffizient bei übereinstimmenden häufigsten Werten
Stimmen die Merkmalsausprägungen der häufigsten Werte aller bedingten Verteilungen überein, dann nimmt der Assoziationskoeffizient A_{xy} bzw. A_{yx} den Wert Null an.

Ferner gilt:

R 4.7.15
Assoziationskoeffizient bei eindeutiger Abhängigkeit
Ist in jeder Spalte (bzw. Zeile) einer Kontingenztabelle nur ein Feld besetzt, d. h. ist die Abhängigkeit des Merkmals Y von X (bzw. X von Y) eindeutig, dann gilt $A_{yx} = 1$ (bzw. $A_{xy} = 1$).

Kann man nicht davon ausgehen, dass ein Merkmal vom anderen abhängig ist, dann kann auch ein symmetrisches Maß bestimmt werden.

D 4.7.16
Symmetrischer Assoziationskoeffizient
Gegeben sei die gemeinsame Verteilung der beiden nominal messbaren Merkmale X und Y.

$$A = \frac{\sum_{j=1}^{m} h(\bar{y}_{D|x_j}) + \sum_{k=1}^{q} h(\bar{x}_{D|y_k}) - h(\bar{y}_D) - h(\bar{x}_D)}{2n - h(\bar{y}_D) - h(\bar{x}_D)}$$

heißt symmetrischer Assoziationskoeffizient.

B 4.7.17 *Für die Zahlen aus B 4.7.12 ergibt sich*: $A = \frac{10+40+5+25+40+5-50-70}{200-50-70} = \frac{5}{80} = 0{,}0625$

Ü 4.7.18 *200 Personen wurden nach ihrem Berufsstand und dem Berufsstand ihres Vaters gefragt. Die Ergebnisse enthält folgende Tabelle*:

Sohn \ Vater	Arbeiter	Angestellter	Beamter	Selbständiger
Arbeiter	40	10	0	0
Angestellter	40	25	5	10
Beamter	10	25	25	0
Selbständiger	0	0	0	10

Berechnen Sie
a) χ^2;
b) den Kontingenzkoeffizienten nach PEARSON und den korrigierten Kontingenzkoeffizienten;
c) den Kontingenzkoeffizienten nach CRAMÉR;
d) die Assoziationskoeffizienten A_{yx}, A_{xy} und A.

4.8 Ergänzende Bemerkungen

a) Beziehungen zwischen Zusammenhangsmaßen und Messbarkeitseigenschaften von Merkmalen

Die Erörterung der Zusammenhangsmaße in den vorhergehenden Abschnitten hat deutlich gemacht, dass die Messbarkeitseigenschaften der Merkmale einen wesentlichen Einfluss auf die Definition der Maßzahlen ausüben.

- **Korrelationskoeffizient**, **Bestimmtheitsmaß** und **Bestimmtheitskoeffizient** sind nur für metrisch messbare Merkmale verwendbar.
- **Rangkorrelationskoeffizient** und **Konkordanzkoeffizient** setzen wenigstens ordinale Messbarkeit voraus.
  Der Rangkorrelationskoeffizient ist der Korrelationskoeffizient der Rangzahlen. Diese Beziehung ist bei der Interpretation dieses Zusammenhangsmaßes zu beachten.
- Die **Assoziationskoeffizienten** und die **Kontingenzkoeffizienten** können für nominal messbare Merkmale berechnet werden.
  Ihre Bestimmung ist unabhängig davon, in welcher Reihenfolge die einzelnen Merkmalsausprägungen in der Kontingenztabelle aufgeführt werden.

Da eine Ordinalskala auch alle Eigenschaften einer Nominalskala und eine metrische Skala auch alle Eigenschaften einer Ordinal- und einer Nominalskala hat, können für ordinal messbare Merkmale auch Kontingenzkoeffizient und Assoziationskoeffizienten berechnet werden. Für metrisch messbare Merkmale können alle Zusammenhangsmaße bestimmt werden.

Werden Merkmale mit unterschiedlichen Messbarkeitseigenschaften auf Abhängigkeit untersucht, dann ist die jeweils „schwächste" Skala maßgebend. Das bedeutet z. B., dass ein ordinal messbares und ein metrisch messbares Merkmal nicht mit dem Korrelationskoeffizienten, sondern „nur" mit dem Rangkorrelationskoeffizienten auf einen eventuellen Zusammenhang hin untersucht werden dürfen. Dabei sei erwähnt, dass es spezielle Abhängigkeitsmaße für die Untersuchung von Abhängigkeiten zwischen einem metrisch messbaren und einem ordinal messbaren Merkmal sowie zwischen einem metrisch messbaren und einem nominal messbaren Merkmal gibt.

b) Zur Interpretation des numerischen Wertes von Zusammenhangsmaßen

Es wurde bei der Behandlung der Korrelationskoeffizienten darauf verzichtet, die Interpretationsmöglichkeiten des numerischen Wertes eines Korrelationskoeffizienten im Einzelnen zu diskutieren. Alle behandelten Zusammenhangsmaße besitzen die Eigenschaft, dass ihr numerischer Wert Null wird, wenn kein Zusammenhang vorliegt. Liegt ein eindeutiger Zusammenhang vor, dann nehmen die Zusammenhangsmaße im Allgemeinen den Wert +1 oder −1 an. Je näher der berechnete Wert eines Zusammenhangsmaßes bei +1 oder −1 liegt, desto ausgeprägter ist der Zusammenhang.

Darüber hinausgehende spezielle Aussagen über Interpretationsmöglichkeiten bestimmter numerischer Werte sind nicht möglich.

In der Literatur finden sich allerdings gegenteilige Äußerungen, etwa der folgenden Art:

$r = 0$:   kein Zusammenhang,

$0 < |r| \leq 0{,}4$:   geringer Zusammenhang,

$0{,}4 < |r| < 0{,}7$:   mittlerer Zusammenhang,

$0{,}7 \leq |r| < 1$:   hoher Zusammenhang,

$|r| = 1$:   vollständiger linearer Zusammenhang.

Die verbalen Attribute „gering", „mittel" und „hoch" sind ebenso willkürlich, wie die Grenzen der Bereiche. Man könnte z. B. genauso gut zwischen „schwach", „mittel", „stark" und „sehr stark" unterscheiden oder die Grenzen anders setzen. Derartige Klassifikationen erscheinen deshalb wenig sinnvoll.

c) Inhaltliche Interpretation von Zusammenhangsmaßen

Zum Abschluss sei hier noch einmal auf das Problem der häufig vorhandenen **Diskrepanz zwischen Formallogik und Sachlogik** hingewiesen. In Abschnitt 1.3 wurden bereits mehrere Beispiele behandelt, bei denen anhand eines Streuungsdiagramms ein Zusammenhang zwischen zwei Merkmalen zu erkennen war. Bei näherer Betrachtung hatte sich dann herausgestellt, dass ein sachlicher Zusammenhang zwischen den Merkmalen kaum sinnvoll erscheint. Die Gefahr, sachlich nicht zusammenhängende Merkmale miteinander in Beziehung zu bringen, entsteht sehr häufig. Man spricht in diesem Zusammenhang von **Scheinkorrelation**. Das Problem resultiert daraus, dass mit Hilfe der statistischen Verfahren Zahlenmaterial verarbeitet wird. Wenn nun Paare von Beobachtungswerten gegeben sind, dann kann das Datenmaterial so beschaffen sein, dass zwischen den Daten in den Beobachtungspaaren ein Zusammenhang errechnet werden kann. Ob ein Zusammenhang dann auch zwischen den sich hinter den Daten bzw. Zahlen verbergenden Sachverhalten besteht, ist damit keineswegs sichergestellt. Bei Anwendungen der Statistik und insbesondere bei der Untersuchung von Zusammenhängen zwischen Merkmalen ist deshalb immer ganz besonders auf die sachliche Seite des jeweiligen Problems zu achten, um Fehlanwendungen zu vermeiden.

Im Übrigen hüte man sich davor, einen für ein gegebenes Datenmaterial errechneten Zusammenhang zu verallgemeinern. Im Bereich der deskriptiven Statistik beziehen sich alle Aussagen immer nur auf das vorliegende Zahlenmaterial. Darauf wurde bereits an früherer Stelle eingehend hingewiesen. Inwieweit aus einem berechneten Zusammenhangsmaß verallgemeinernde Schlüsse gezogen werden können, ist nur mit Stichprobenverfahren zu beantworten, die in Band 2 der Grundlagen der Statistik behandelt werden.

5 Zeitabhängige Daten
5.1 Aufgaben bei der Untersuchung zeitabhängiger Daten

Unter einer Zeitreihe versteht man eine Reihe von Werten eines Merkmals, die verschiedenen, aufeinander folgenden Zeitpunkten oder Zeitintervallen zugeordnet sind (vgl. D 2.4.2). Die Untersuchung zeitabhängiger Daten widmet sich vor allem der Frage, ob für die aufeinander folgenden Werte einer Zeitreihe irgendeine Gesetzmäßigkeit existiert.

F 5.1.1 enthält die grafische Darstellung von zwei Zeitreihen, in denen Gesetzmäßigkeiten deutlich zu erkennen sind. Die linke Zeichnung zeigt eine Zeitreihe, deren Werte x zunächst mit zunehmenden und danach mit abnehmenden Raten anwachsen. Das Bild legt die Vermutung nahe, dass die Werte der Zeitreihe gegen eine Sättigungsgrenze konvergieren. Ein derartiges Bild erhält man beispielsweise, wenn man den Bestand an Rundfunkgeräten oder an Fernsehgeräten für Deutschland oder ein anderes Land grafisch darstellt. Die rechte Zeichnung in F 5.1.1 enthält Werte einer Zeitreihe, die eine zunehmende Tendenz aufweisen. Die Entwicklung ist aber nicht gleichmäßig, sondern die Zeitreihenwerte haben außer der zunehmenden Tendenz eine periodische Schwankung, die aus der Zeichnung deutlich zu erkennen ist.

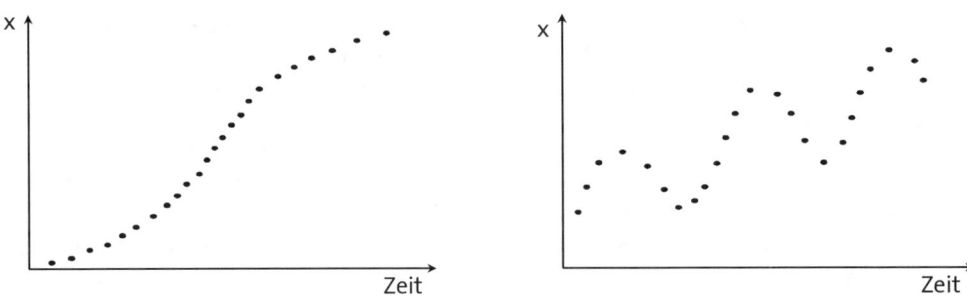

F 5.1.1   Zeitreihen

Aufgabe der Zeitreihenanalyse ist es, solche Gesetzmäßigkeiten zu erkennen und durch ein mathematisches Modell auszudrücken. Auf der Basis von Gesetzmäßigkeiten in einer Zeitreihe versucht man dann beispielsweise, zukünftige Entwicklungen der betreffenden Größe zu prognostizieren.

In dieser Einführung in die beschreibende Statistik können nur die elementaren Grundlagen der Zeitreihenanalyse und der Prognosetechniken behandelt werden. Zuvor wird im folgenden Abschnitt 5.2 ein Spezialbereich der Untersuchung zeitabhängiger Daten behandelt, nämlich die Analyse der zeitlichen Entwicklung von Beständen und damit verbundene Fragen. Die grundlegenden Begriffe für die **Bestandsanalyse** wurden bereits im Abschnitt 2.1 eingeführt. Es wurde bereits dort festgehalten, dass eine Bestandsmasse durch die korrespondierenden Ereignismassen fortgeschrieben werden kann. Diese Bestandsfortschreibung ist eine Aufgabe im Rahmen der Bestandsanalyse. Weitere Fragen, die im folgenden Abschnitt behandelt werden, sind:
- Wie viele Einheiten sind dem Bestand in den einzelnen betrachteten Perioden zugegangen, und wie viele Einheiten sind in den einzelnen Perioden aus dem Bestand abgegangen?
- Wie hoch ist der Durchschnittsbestand gewesen?
- Wie lange sind die Einheiten durchschnittlich im Bestand geblieben?

- Wie oft wurde ein Bestand innerhalb eines betrachteten Zeitraums umgeschlagen bzw. wie oft wurde der Bestand in dem Zeitraum erneuert?

Die folgenden beiden Beispiele mögen die Probleme der Bestandsanalyse verdeutlichen.

B 5.1.2 *In einer Fremdenverkehrsgemeinde existiert ein Freibad, das in den letzten Jahren während der Sommermonate häufig überfüllt war. Es wird deshalb erwogen, Liegewiesen, Umkleidemöglichkeiten und Garderoben zu erweitern. Zur Vorbereitung seiner Entscheidung lässt sich der Gemeinderat eine Besucherstatistik für das Schwimmbad anfertigen. Grundlage dieser Statistik sind die täglichen Zählungen der Schwimmbadbesucher. Aus diesen Angaben wurde, getrennt nach Monaten, die durchschnittliche Anzahl der Besucher pro Tag ermittelt.*

	2005	2006	2007	2008
Mai	200	40	300	350
Juni	450	600	500	800
Juli	1.100	1.500	1.850	1.800
August	950	1.100	1.700	1.900
September	50	200	250	300
Saisondurchschnitt	554	692	927	1.036

Die vorgelegten Zahlen zeigen, dass die durchschnittliche Anzahl der täglichen Besucher zugenommen hat. Der Gemeinderat entscheidet sich deshalb für Erweiterungsmaßnahmen.

Später stellt sich heraus, dass trotz der Erweiterung das Schwimmbad im gleichen Maße unter Überfüllung zu leiden hat wie vorher, obwohl sich die durchschnittliche Besucherzahl nicht weiter erhöht hat. Hierfür ist vor allem folgender Grund maßgebend:

Die tägliche Besucherzahl sagt über die tatsächliche Belastung des Schwimmbads nichts aus. Entscheidend ist der **Besucherbestand** *des Schwimmbads. Für den Besucherbestand spielt die Aufenthaltsdauer der Schwimmbadbesucher eine wichtige Rolle. Nehmen wir an, das Schwimmbad hat von 9.00 Uhr bis 19.00 Uhr geöffnet. Falls morgens um 9.00 Uhr 1.000 Besucher kommen, die das Bad erst um 19.00 Uhr wieder verlassen, dazwischen aber keine Besucher ankommen oder das Schwimmbad verlassen, beträgt der Besucherbestand des Schwimmbads während des ganzen Tages 1.000. Kommen an einem Tag jede Stunde 100 Besucher, die jeweils genau eine Stunde im Schwimmbad bleiben und es dann wieder verlassen, so beträgt der Besucherbestand im Bad an diesem Tag ständig 100. Die Gesamtzahl der Besucher an diesem Tag ist aber ebenso wie in dem vorhergehenden Fall 1.000.*

Um seine Entscheidung auf eine solide Grundlage zu stellen, benötigt der Gemeinderat somit eine differenzierte Bestandsanalyse. Die Grundlagen dazu werden in Abschnitt 5.2 behandelt.

B 5.1.3 *Die Einzelhändler Trug und Lug, die beide mit Radiogeräten handeln, unterhalten sich darüber, wessen Geschäft günstiger sei. Beide haben in ihrem Geschäft ein gleich großes Eigenkapital von 500.000 € eingesetzt. Dieses Eigenkapital benutzen sie im Wesentlichen dazu, sich einen genügend großen Lagerbestand an Radiogeräten zu halten. Lug behauptet, dass er an jedem Gerät 10% Gewinn erzielt und Trug nur 5%, so dass Lug doppelt so viel verdient. Trug rechnet dem Lug nun vor, dass seine Radios durchschnittlich nur 2 Monate im Lager verweilen. Sein gesamter Lagerbestand erneuert sich also durchschnittlich alle 2 Monate. Mit seinem Eigenkapital kann er deshalb den Gewinn von 5% sechsmal im Jahr erzielen. Die Radios im Lager von Lug haben dagegen eine mittlere Verweildauer von 6 Monaten. Er schlägt sein Lager im Jahr also nur zweimal um und erzielt den 10% Gewinn auf sein Eigenkapital nur zweimal im Jahr. Auf das Jahr bezogen erwirt-*

schaftet also Trug einen Gewinn von 30% auf das eingesetzte Eigenkapital und Lug nur von 20%. Das liegt daran, dass die Radios bei Trug eine geringere durchschnittliche Verweildauer im Lager haben oder (was das Gleiche bedeutet), dass das Lager von Trug schneller umgeschlagen wird (die Umschlagshäufigkeit ist größer). Auf die Bestimmung von durchschnittlicher Verweildauer und Umschlagshäufigkeit wird ebenfalls im nächsten Abschnitt eingegangen.

5.2 Bestandsanalyse

a) Grundlegende Begriffe

In Abschnitt 2.1 wurden die Begriffe Bestandsmasse (D 2.1.11) und Ereignismasse (D 2.1.17) wie folgt definiert:

Eine statistische Masse, deren Einheiten für ein gewisses Zeitintervall der Masse angehören, d. h. zu einem bestimmten Zeitpunkt in die Masse **eintreten** und zu einem späteren Zeitpunkt aus der Masse **ausscheiden**, heißt **Bestandsmasse**.
Eine statistische Masse, deren Einheiten Ereignisse sind, die zu bestimmten Zeitpunkten auftreten, heißt **Ereignismasse**.

Zu jeder Bestandsmasse gibt es, wie bereits früher festgestellt wurde, korrespondierende Ereignismassen, nämlich die Zugänge und die Abgänge des Bestands.

D 5.2.1
> **Fortschreibung**
> Wird ein Bestand fortlaufend um Zugänge und Abgänge ergänzt, dann spricht man von Fortschreibung oder Bestandsfortschreibung.

Die Analyse von Beständen bezieht sich immer auf einen vorgegebenen Zeitraum. Der Anfangszeitpunkt dieses Betrachtungszeitraums wird mit t_0 und der Endzeitpunkt mit t_m bezeichnet. Um untersuchen zu können, wie sich ein Bestand in dem Betrachtungszeitraum entwickelt hat, wird der Zeitraum von t_0 bis t_m in m Zeitintervalle unterteilt. Als Grenzen dieser Zeitintervalle setzt man die Zeitpunkte $t_0, t_1, t_2, ..., t_{m-1}, t_m$. Die Zeitpunkte t_j ($j = 0,...,m$) sollten nach Möglichkeit den gleichen Abstand voneinander haben.

Als **Bestand** bezeichnet man die Anzahl der Einheiten („Häufigkeit") oder den Umfang einer Bestandsmasse zu einem bestimmten Zeitpunkt (vgl. D 2.1.13). Der Bestand zum Zeitpunkt t bzw. t_j wird mit B_t bzw. B_j bezeichnet. B_0 heißt **Anfangsbestand** und B_m **Endbestand**.

D 5.2.2
> **Offene und abgeschlossene Bestandsmasse**
> Gilt für eine Bestandsmasse $B_t = 0$ für $t \leq t_0$ und $B_t = 0$ für $t \geq t_m$, dann handelt es sich um eine im Zeitintervall $(t_0;t_m)$ abgeschlossene Bestandsmasse.
> Gilt $B_t \neq 0$ für $t \leq t_0$ oder/und $B_t \neq 0$ für $t \geq t_m$, dann liegt eine im Zeitintervall $(t_0;t_m)$ offene Bestandsmasse vor.

B 5.2.3 a) *Betrachtet man die Entwicklung des Besucherbestands in einem Schwimmbad während eines Tages (vgl. B 5.1.2) oder die Anzahl der in einem Kaufhaus befindlichen Kunden zu einem Zeitpunkt während eines Tages, dann hat man es mit abgeschlossenen Bestandsmassen zu* tun, denn vor Öffnungsbeginn und nach Schluss befindet sich kein Besucher im Schwimmbad bzw. kein Kunde im Kaufhaus.

b) Untersucht man die Entwicklung der Bevölkerung in einer Stadt oder in einem Land während eines Jahres oder während eines anderen nicht zu großen abgeschlossenen Zeitraums, dann hat man es mit einer offenen Bestandsmasse zu tun, da es immer schon Einwohner vor Beginn des Untersuchungszeitraums gegeben hat und auch nach Ende des Untersuchungszeitraums geben wird.

Die Anzahl der Einheiten, die zu einem Bestand im Zeitintervall von t_{j-1} bis t_j hinzukommen, heißt **Zugang** z_j.

Die Anzahl der Einheiten, um die ein Bestand im Zeitraum von t_{j-1} bis t_j verringert wird, heißt **Abgang** a_j.

In seltenen Fällen liegen für eine Bestandsanalyse Aufzeichnungen über alle Einheiten eines Bestands vor, aus denen auch der Zugangszeitpunkt und der Abgangszeitpunkt jeder einzelnen Einheit hervorgehen.

D 5.2.4
> **Verweildauer und Verweildiagramm**
> Die Differenz zwischen dem Abgangszeitpunkt t_a und dem Zugangszeitpunkt t_z einer Einheit heißt Verweildauer $d = t_a - t_z$.
> Die grafische Darstellung der Verweildauern der einzelnen Einheiten, die zugleich die zeitliche Entwicklung einer Bestandsmasse wiedergibt, heißt Verweildiagramm.

In einem Verweildiagramm wird jede Einheit durch eine Strecke parallel zur Zeitachse so dargestellt, dass Anfang und Ende der Strecke den Zeitpunkten von Zugang und Abgang entsprechen (vgl. F 5.2.6). Um die Darstellung zu erleichtern, zeichnet man üblicherweise eine Hilfslinie, die mit der Zeitachse einen Winkel von 45° bildet[21].

B 5.2.5 *Im Wartezimmer eines Arztes treffen zwischen 8.00 Uhr und 11.00 Uhr insgesamt 7 Patienten ein. Die Tabelle gibt die Zeitpunkte für Ankunft und Verlassen des Wartezimmers sowie die Verweildauer in Minuten an.*

Patient-Nr.	Ankunft	Verlassen	Verweildauer
1	8:00	9:00	60
2	8:10	9:20	70
3	8:30	8:40	10
4	8:40	9:50	70
5	8:50	9:10	20
6	9:00	10:30	90
7	9:30	10:00	30

Das zu diesen Daten gehörige Verweildiagramm ist in F 5.2.6 dargestellt.

---

21 Man kann prinzipiell auch einen anderen Winkel wählen. Bei 45° haben die Linien einen Abstand, der dem Zeitabstand der Zugänge der betreffenden Einheiten entspricht.

Kapitel 5   Zeitabhängige Daten

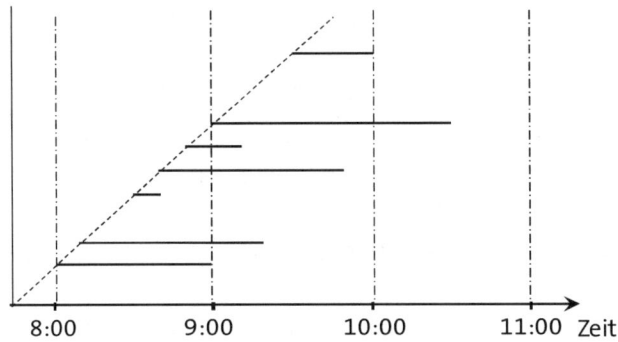

F 5.2.6   Verweildiagramm

Die Zuordnung der Bestände zu den jeweiligen Zeitpunkten bezeichnet man manchmal auch als **Bestandsfunktion**. Die grafische Darstellung der Bestandsfunktion ergibt das **Bestandsdiagramm**. Beispiele dazu finden sich weiter unten (vgl. F 5.2.10 und F 5.2.11).

b) Bestandsermittlung

Grundsätzlich kann man einen Bestand B_j zum Zeitpunkt t_j immer dadurch ermitteln, dass man alle Elemente des Bestands zum Zeitpunkt t_j zählt oder dass man zu diesem Zeitpunkt das Gewicht, die Länge oder das Volumen des Bestands misst. In vielen Fällen wird diese Form der Bestandsermittlung jedoch nicht angewendet werden können, weil
- der Arbeitsaufwand zu groß ist oder weil
- die Erhebung zu lange dauert.

Das gilt insbesondere dann, wenn der Bestand in regelmäßigen Zeitabständen zu ermitteln ist, um die Entwicklung des Bestands zu erfassen.

B 5.2.7   a) *Wenn in einem Industriebetrieb oder einem Handelsbetrieb für die Zwecke der Betriebsabrechnung und der kurzfristigen Erfolgsrechnung monatlich die Lagerbestände zu erfassen sind, dann wird es zu arbeits- oder zu zeitaufwändig, diese Lagerbestände monatlich durch Zählen zu erfassen.*
b) *Wenn man die Entwicklung des Besucherbestands in einem Schwimmbad im Verlauf eines Tages erfassen will, dann ist es praktisch unmöglich, den Bestand zu verschiedenen Zeitpunkten durch Zählen zu ermitteln. Die ständigen Bewegungen der Besucher im Schwimmbad würden das unmöglich machen. Außerdem ist dieses Verfahren arbeits- und zeitaufwändig.*

Mit den nachfolgend beschriebenen drei Verfahren ist je nach Situation eine einfache Bestandsermittlung möglich.

(1) Bestandsermittlung durch Zählen oder Messen

Es wurde bereits erwähnt, dass man den Bestand B_j zum Zeitpunkt t_j dadurch ermitteln kann, dass man alle Elemente des Bestands zum Zeitpunkt t_j zählt bzw. dass man den Bestand zu diesem Zeitpunkt misst.

(2) Bestandsermittlung durch Fortschreibung

Auch dieser Ansatz der Bestandsermittlung wurde bereits erwähnt. Es gilt:

$$\begin{array}{rl} & \text{Bestand } B_{j-1} \text{ zum Zeitpunkt } t_{j-1} \\ + & \text{Zugang } z_j \text{ im Zeitintervall } (t_{j-1}; t_j) \\ - & \text{Abgang } a_j \text{ im Zeitintervall } (t_{j-1}; t_j) \\ \hline = & \text{Bestand } B_j \text{ zum Zeitpunkt } t_j \end{array}$$

Als Formel erhält man:
$$B_j = B_{j-1} + z_j - a_j$$

Die Bestandsfortschreibung kann auch so erfolgen, dass man den Bestand jeweils zum **Zeitpunkt** einer Bestandsveränderung durch Zugang und/oder Abgang fortschreibt.

B 5.2.8 a) *Der Geldbestand auf einem Konto wird grundsätzlich durch Fortschreibung ermittelt. Jeder Zugang an Geld und jeder Abgang an Geld wird auf dem Konto verbucht, so dass man jederzeit den aktuellen Bestand kennt.*
b) *Ähnlich geht man in der Industrie und oft auch im Handel bei der Ermittlung von Lagerbeständen vor. Ein Anfangsbestand zu Beginn einer Periode wird durch laufendes Erfassen der Zugänge und Abgänge fortgeschrieben, so dass man jederzeit den fortgeschriebenen Lagerbestand kennt.*
c) *Das gleiche gilt für die Ermittlung der Bevölkerung einer Gemeinde, einer Region oder eines Landes. Nur bei Volkszählungen erfolgt hier eine vollständige Erhebung des Bestands durch Zählen. Sonst wird der bei den Volkszählungen ermittelte Bestand durch Erfassen der Zugänge und Abgänge fortgeschrieben.*

Ü 5.2.9 *Ein Kaufhaus hat an einem Samstag um 9:00 Uhr geöffnet und alle Kunden beim Betreten und beim Verlassen des Kaufhauses gezählt. Durch Fortschreibung kann so die Anzahl der zu einem bestimmten Zeitpunkt im Kaufhaus befindlichen Kunden ermittelt werden. Die ersten Bestandszahlen sind in der folgenden Tabelle bereits berechnet worden. Bestimmen Sie die übrigen Bestandszahlen.*

Zeitpunkt t_j (t_0 = 9:00)	Bestand B_{j-1} am Anfang der Periode ($t_{j-1}; t_j$)	Zugang z_j	Abgang a_j	Bestand B_j am Ende der Periode ($t_{j-1}; t_j$)
9:30	0	+250	−40	210
10:00	210	+400	−180	430
10:30	430	+350	−300	480
11:00	480	+270	−270	
11:30		+150	−290	
12:00		+190	−260	
12:30		+80	−170	
13:00		+70	−250	

Wird jede Bestandsveränderung (Zugang oder Abgang) zum genauen Zeitpunkt des Eintretens berücksichtigt, dann ist der Bestand zwischen je zwei benachbarten Zeitpunkten, an denen der Bestand sich verändert hat, konstant. Das Bestandsdiagramm hat dann grundsätzlich einen Verlauf wie in F 5.2.10.

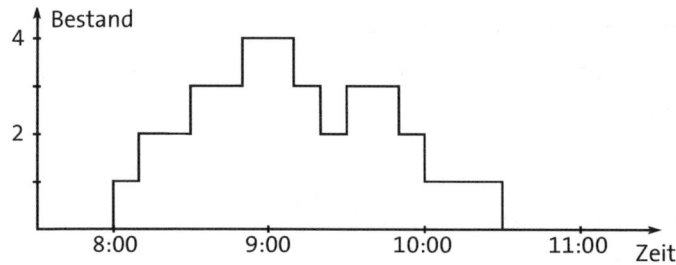

F **5.2.10** Bestandsdiagramm (zu B 5.2.5)

Werden Zugänge und Abgänge für Zeitintervalle erfasst und die genauen Zeitpunkte der Bestandsveränderungen nicht berücksichtigt, oder wird der Bestand durch Zählen oder Messen ermittelt, dann geht man davon aus, dass sich der Bestand innerhalb der betrachteten Zeitintervalle gleichmäßig verändert. Das Bestandsdiagramm ist dann eine stückweise lineare Kurve und hat prinzipiell ein Aussehen wie in F 5.2.11. Das Bestandsdiagramm in dieser Zeichnung ist eine Darstellung der Daten aus B 5.2.23 (S. 173).

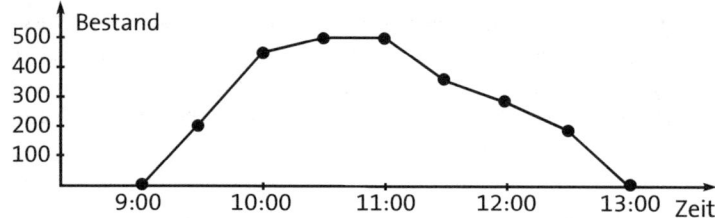

F **5.2.11** Bestandsdiagramm zu B 5.2.23 (S. 173)

(3) Bestandsermittlung mit Hilfe von Zugangssumme und Abgangssumme

Die Bestandsfortschreibung zeigt, dass sich die gesamte Veränderung eines Bestands vom Anfang des Betrachtungszeitraums t_0 bis zum Zeitpunkt t_j durch die Summe der Zugänge und die Summe der Abgänge ergibt.

D 5.2.12

> **Zugangssumme und Abgangssumme**
> Die Summe aller Zugänge z_i (i = 1,...,j) von t_0 bis t_j heißt Zugangssumme Z_j. Die Summe aller Abgänge a_i (i = 1,...,j) von t_0 bis t_j heißt Abgangssumme A_j. Es gilt:
>
> $$Z_j = \sum_{i=1}^{j} z_i \quad \text{und} \quad A_j = \sum_{i=1}^{j} a_i$$

n gibt bei einer abgeschlossenen Bestandsmasse die Anzahl der den Bestand „durchlaufenden" Einheiten an. Mit dem Endzeitpunkt t_m gilt:

$Z_m = A_m = n$

Den Bestand B_j zum Zeitpunkt t_j kann man unter Verwendung von Zugangs- und Abgangssumme wie folgt ermitteln:

Bestand B_0 zum Anfang des Betrachtungszeitraums
+ Zugangssumme Z_j zum Zeitpunkt t_j
− Abgangssumme A_j zum Zeitpunkt t_j
_____
= Bestand B_j zum Zeitpunkt t_j

oder kurz:

$B_j = B_0 + Z_j - A_j$

Die Übungsaufgabe 5.2.13 kann für diese Form der Bestandsermittlung zugleich als Beispiel dienen, da die ersten Schritte der Bestandsermittlung bereits durchgeführt wurden. Dabei handelt es sich um den Spezialfall $B_0 = 0$.

Ü 5.2.13 *Die folgende Tabelle enthält Aufschreibungen über die Besucherbewegungen eines Schwimmbads. Für Zeitintervalle von jeweils 1 Stunde sind die Zugänge und Abgänge erfasst worden. Für die Zeit bis 12:00 Uhr wurden aus den Zugängen und den Abgängen die Zugangs- und die Abgangssumme bestimmt. Als Differenz der beiden wurde der Bestand ermittelt. Es ist $B_0 = 0$.*
a) Ermitteln Sie für die restlichen Zeitpunkte die Zugangssummen und die Abgangssummen.
b) Ermitteln Sie die Bestände zu den übrigen Zeitpunkten als Differenz aus Zugangssumme und Abgangssumme.

t_j	Zugänge z_j	Zugangssumme Z_j	Abgänge a_j	Abgangssumme A_j	Bestand B_j
6:00					
7:00	50	50	10	10	40
8:00	120	170	120	130	40
9:00	80	250	80	210	40
10:00	200	450	60	270	180
11:00	140	590	30	300	290
12:00	70	660	160	460	200
13:00	40		190		
14:00	160		20		
15:00	400		110		
16:00	320		170		
17:00	250		280		
18:00	60		410		
19:00	0		250		

Stellt man Zugangs- und Abgangssumme grafisch dar und ist der Anfangsbestand 0, dann kann man den Bestand grafisch durch den in Richtung der Ordinate gemessenen Abstand von Zugangs- und Abgangssumme ermitteln. F 5.2.14 enthält dafür ein Beispiel.

Kapitel 5 Zeitabhängige Daten

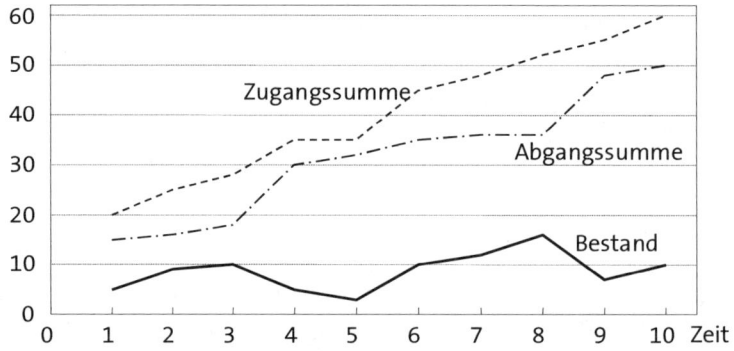

F 5.2.14 Bestand als Differenz aus Zugangs- und Abgangssumme

c) Kennziffern zur Beschreibung von Bestandsentwicklungen

Die Kenntnis des Bestands zu den verschiedenen Zeitpunkten reicht für die Lösung vieler Probleme nicht aus. Das ist bereits in B 5.1.3 deutlich geworden. Dort wurde gezeigt, dass die unterschiedliche Verweildauer der Güter in einem Lager die Rentabilität des im Lager eingesetzten Kapitals beeinflusst. Es werden deshalb in diesem Unterabschnitt Kennziffern zur Beschreibung durchschnittlicher Entwicklungen eines Bestands während eines Zeitraums mit dem Anfangszeitpunkt t_0 und dem Endzeitpunkt t_m behandelt.

D 5.2.15

> **Zugangsrate und Abgangsrate**
> Das arithmetische Mittel der Zugänge z_j bzw. der Abgänge a_j heißt Zugangsrate $\bar{z}$ bzw. Abgangsrate $\bar{a}$. Es gilt:
>
> $$\bar{z} = \frac{1}{m}\sum_{j=1}^{m} z_j \quad \text{bzw.} \quad \bar{a} = \frac{1}{m}\sum_{j=1}^{m} a_j$$

Für viele Anwendungen sind Durchschnittsbestände von Bedeutung. Einen solchen Durchschnittsbestand ermittelt man für einen gegebenen Zeitraum (z. B. Woche, Monat, Jahr) als arithmetisches Mittel aus den einzelnen Bestandszahlen während des Zeitraums. Dabei sind verschiedene Fälle zu unterscheiden, die zu verschiedenen Formeln führen:

(1) Jede Bestandsveränderung wird zum genauen Zeitpunkt ihres Eintretens erfasst und der Bestand unter Berücksichtigung dieser Änderungen laufend fortgeschrieben. Treten die Bestandsänderungen (Zugänge bzw. Abgänge) zu den Zeitpunkten t_j ($j = 1,...,m$) ein, dann ist der Bestand zwischen t_{j-1} und t_j konstant ($j = 1,...,m$). Den Durchschnittsbestand erhält man in diesem Fall als gewogenes arithmetisches Mittel aus den Beständen B_{j-1} zu den Zeitpunkten t_{j-1}, wobei mit den Zeitintervallen $(t_j - t_{j-1})$ gewichtet wird ($j = 1,...,m$).

R 5.2.16

> **Durchschnittsbestand**
> Werden alle Veränderungen eines Bestands zum genauen Zeitpunkt ihres Eintretens berücksichtigt, dann ist der Bestand B_{j-1} zwischen t_{j-1} und t_j ($j = 1,...,m$) konstant, und es gilt für den Durchschnittsbestand $\overline{B}$:
>
> $$\overline{B} = \frac{1}{t_m - t_0} \sum_{j=1}^{m} B_{j-1}(t_j - t_{j-1}).$$

B 5.2.17 *Der Student Paul ist bestrebt, immer einen ausreichenden Vorrat an Flaschenbier im Keller zu haben. In diesem Monat verzeichnet er folgende Lagerbewegungen:*

Tag	3	6	10	11	12	16	17	22	25	27	29	30
Zugang	-	40	-	-	-	-	20	-	40	-	-	20
Abgang	5	8	12	6	7	10	3	11	14	9	17	14
Bestand	5	37	25	19	12	2	19	8	34	25	8	14

B_0 *beträgt 10 Flaschen, es ist* $t_0 = 0$ *und* $t_m = 30$.
Für den Durchschnittsbestand ergibt sich, wenn man davon ausgeht, dass die Lagerbewegungen im Bierkeller des Studenten Paul jeweils am Ende eines Tages stattfinden:

$$\overline{B} = \frac{1}{30}(10\cdot3 + 5\cdot3 + 37\cdot4 + 25\cdot1 + 19\cdot1 + 12\cdot4 + 2\cdot1 + 19\cdot5 + 8\cdot3 + 34\cdot2 + 25\cdot2 + 8\cdot1)$$
$$= \frac{532}{30} = 17,7.$$

An B 5.2.17 lässt sich ein Problem verdeutlichen, das bei der Bestimmung von Durchschnittsbeständen manchmal zu Schwierigkeiten führt: Werden Bestandsveränderungen täglich erfasst, dann wird im Regelfall (schon wegen des zu hohen Aufwands) der genaue Zeitpunkt nicht festgehalten. Für die Ermittlung des Durchschnittsbestands muss dann eine Verabredung getroffen werden, wann die Bestandsveränderungen eingetreten sind (meistens 0:00, 12:00 oder 24:00 Uhr). Dadurch können geringfügige Unterschiede bei den Ergebnissen auftreten.

B 5.2.18 *Für die Angaben aus B 5.2.17 erhält man, wenn alle Bestandsveränderungen jeweils um 12:00 Uhr eintreten*:

$$\overline{B} = \frac{1}{30}(10\cdot2,5 + 5\cdot3 + \ldots + 25\cdot2 + 8\cdot1 + 14\cdot0,5) = \frac{534}{30} = 17,8$$

und wenn die Änderungen jeweils um 0:00 Uhr eintreten:

$$\overline{B} = \frac{1}{30}(10\cdot2 + 5\cdot3 + \ldots + 25\cdot2 + 8\cdot1 + 14\cdot1) = \frac{536}{30} = 17,9$$

Die Formel in R 5.2.16 entspricht anschaulich folgendem: Durch Multiplikation (Gewichtung) der Bestände mit den Zeitintervallen und Bildung der Summe bestimmt man die Fläche unter der Bestandskurve über dem Intervall $t_m - t_0$ (vgl. dazu F 5.2.19a). Diese Fläche wird dann durch die Länge des Zeitraums geteilt.

Diese Überlegung ist für das Verständnis des zweiten Falls der Bestandsermittlung hilfreich.

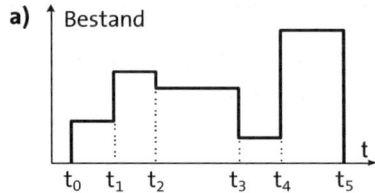 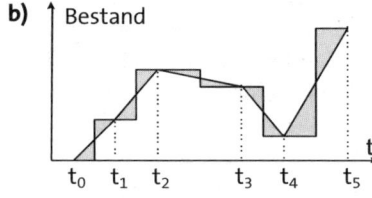

F 5.2.19 Zur Veranschaulichung der Formeln für den Durchschnittsbestand

(2) Der Bestand B_j wird zu den Zeitpunkten t_j ($j = 0,...,m$) ermittelt und es wird angenommen, dass sich der Bestand zwischen diesen Zeitpunkten gleichmäßig verändert (vgl. F 5.2.11). Für jeden Zeitpunkt im Betrachtungszeitraum (von t_0 bis t_m) kann man dann einen anderen Bestand haben. Der Durchschnittsbestand ergibt sich dabei aus der Fläche unter der Bestandskurve dividiert durch die Länge des Zeitintervalls ($t_m - t_0$). Diese Berechnung ist aufwändig und kann wie folgt vereinfacht werden: Es wird angenommen, dass der Bestand B_j zum Zeitpunkt t_j im Zeitintervall von $\frac{t_j + t_{j-1}}{2}$ bis $\frac{t_{j+1} + t_j}{2}$, also von dem Zeitpunkt in der Mitte zwischen t_{j-1} und t_j bis zu dem in der Mitte zwischen t_j und t_{j+1} gelegenen Zeitpunkt, konstant gleich B_j ist. An Stelle einer stückweise linear steigenden oder fallenden Bestandskurve erhält man dann eine, die stückweise konstant ist, wie das Beispiel in F 5.2.19b veranschaulicht. Die Gleichheit der Flächen folgt aus der paarweisen Gleichheit benachbarter Dreiecke.

Aus den Überlegungen folgt, dass der Bestand B_j ($j = 1,...,m-1$) mit der Länge des Zeitintervalls von $\frac{t_j + t_{j-1}}{2}$ bis $\frac{t_{j+1} + t_j}{2}$ zu multiplizieren ist. Dafür ergibt sich:

$$B_j \left[\frac{t_{j+1} + t_j}{2} - \frac{t_j + t_{j-1}}{2} \right] = B_j \frac{t_{j+1} + t_j - t_j - t_{j-1}}{2} = B_j \frac{t_{j+1} - t_{j-1}}{2}$$

B_0 ist im Intervall von t_0 bis $\frac{t_0 + t_1}{2}$ konstant, also mit $\frac{t_1 - t_0}{2}$ zu gewichten und B_m entsprechend mit $\frac{t_m - t_{m-1}}{2}$. Damit ergibt sich folgende Formel:

R 5.2.20

> **Durchschnittsbestand**
> Wird ein Bestand zu den Zeitpunkten t_j mit B_j ($j = 1,...,m$) gemessen, dann ergibt sich der Durchschnittsbestand zu
> $$\bar{B} = \frac{1}{t_m - t_0}(B_0 \frac{t_1 - t_0}{2} + B_1 \frac{t_2 - t_0}{2} + ... + B_j \frac{t_{j+1} - t_{j-1}}{2} + ...$$
> $$+ B_{m-1} \frac{t_m - t_{m-2}}{2} + B_m \frac{t_m - t_{m-1}}{2}).$$

Ü 5.2.21 *Die Studentin Paula verkauft in ihrer Freizeit Halsbänder für Regenwürmer. Während eines Monats ermittelt sie folgende Lagerbewegungen (Zugänge = Lieferung; Abgänge = Verkauf). Der Bestand am Anfang des Monats beträgt 3 Stück.*

Tag	2	3	4	7	9	10	14	15	16	22	23	24	25	28	30	31
Zugang (Stück)	5	0	0	10	0	0	20	0	0	10	0	0	0	10	0	0
Abgang (Stück)	2	1	1	2	1	5	5	4	8	5	5	5	4	4	1	1

Berechnen Sie den Durchschnittsbestand.

Wenn alle Zeitpunkte den gleichen Abstand haben, vereinfachen sich die Formeln in R 5.2.16 und R 5.2.20.

R 5.2.22

> **Durchschnittsbestand**
> Wird der Bestand zu gleichabständigen Zeitpunkten gemessen, gilt für den Durchschnittsbestand:
>
> a) $\overline{B} = \frac{1}{m} \sum_{j=0}^{m-1} B_j$ (statt R 5.2.16)
>
> b) $\overline{B} = \frac{1}{m}(\frac{1}{2}B_0 + \sum_{j=0}^{m-1} B_j + \frac{1}{2}B_m)$ (statt R 5.2.20)

B 5.2.23 *In einem Kaufhaus wurde an einem Samstag über Zu- und Abgänge halbstündlich die Anzahl der im Kaufhaus befindlichen Kunden ermittelt.*

j	0	1	2	3	4	5	6	7	8
t_j	9:00	9:30	10:00	10:30	11:00	11:30	12:00	12:30	13:00
B_j	0	210	430	480	480	340	270	180	0

Es ergibt sich folgender Durchschnittsbestand:

$$\overline{B} = \frac{1}{8}(0 + 210 + 430 + 480 + 480 + 340 + 270 + 180 + 0) = \frac{2.390}{8} = 298{,}75$$

Die Formel in R 5.2.22 a) gilt, falls alle Bestandsveränderungen am Ende der jeweiligen Periode (z. B. Tag) stattfinden. Finden die Bestandsveränderungen in der Mitte der Periode (z. B. 12.00 Uhr) statt, ist R 5.2.22 b) anzuwenden und wenn die Änderungen am Anfang der Periode (z. B. 0.00 Uhr) liegen, ergibt sich:

$$\overline{B} = \frac{1}{m} \sum_{j=1}^{m} B_j$$

Bei vielen Anwendungsproblemen interessiert neben dem Durchschnittsbestand, wie lange eine einzelne Einheit durchschnittlich in einer Bestandsmasse verweilt. Das ist z. B. interessant im Zusammenhang mit der Frage der Alterung von Teilen in einem Bestand. Um darüber Auskunft zu erhalten, bestimmt man die mittlere Verweildauer $\overline{d}$.

R 5.2.24

> **Mittlere Verweildauer**
> Für die mittlere Verweildauer $\overline{d}$ gilt bei einer geschlossenen Bestandsmasse:
>
> a) $\overline{d} = \frac{\overline{B}(t_m - t_0)}{m}$
>
> und bei einer offenen Bestandsmasse:
>
> b) $\overline{d} = \frac{2\overline{B}(t_m - t_0)}{A_m + Z_m}$ oder $\overline{d} = \frac{2\overline{B}(t_m - t_0)}{A_{m-1} + Z_{m-1}}$
>
> Die zweite Formel zu b) ist dann anzuwenden, wenn z_m und a_m genau zum Zeitpunkt t_m (nicht in dem Intervall davor) eintreten.

B 5.2.25 *Für die Angaben aus B 5.2.17 gilt* $Z_{m-1} = 100$; $A_{m-1} = 102$; $\overline{B} = \frac{532}{30}$ *und* $t_m - t_0 = 30$.
Als mittlere Verweildauer ergibt sich somit:

$$\overline{d} = \frac{2\overline{B}(t_m - t_0)}{A_{m-1} + Z_{m-1}} = \frac{2 \cdot \frac{532}{30} \cdot 30}{102 + 100} = \frac{1064}{202} = 5{,}27.$$

Die mittlere Verweildauer gibt für einen Bestand an, wie lange eine einzelne Einheit durchschnittlich im Bestand bleibt. Es ist die durchschnittliche Zeitspanne zwischen Zugang und Abgang einer Einheit.

Nimmt man an, dass ein Lager einen konstanten Bestand hat, der dann gleich dem Durchschnittsbestand ist, und dass alle Einheiten die gleiche Verweildauer haben, die dann gleich der durchschnittlichen Verweildauer ist, dann würde Folgendes gelten:
Füllt man das Lager zu einem bestimmten Zeitpunkt mit einer Menge, die dem konstanten Durchschnittsbestand entspricht, auf, dann würde genau nach einer Zeitspanne, die der mittleren Verweildauer entspricht, das Lager wieder leer sein und müsste aufgefüllt werden. Wiederholt sich das in einem Zeitraum der Länge $t_m - t_0$ insgesamt U-mal, dann sagt man, der Bestand habe sich in dem betreffenden Zeitintervall U-mal umgeschlagen.

R 5.2.26

> **Umschlagshäufigkeit**
> Die Umschlagshäufigkeit U eines Bestands in einem Zeitintervall $t_m - t_0$ entspricht der mittleren Anzahl von Erneuerungen des Bestands und wird wie folgt berechnet:
>
> $$U = \frac{t_m - t_0}{\overline{d}} = \frac{n}{\overline{B}}$$

Vgl. zur Formel in R 5.2.26 die Anmerkung in R 5.2.24.

B 5.2.27 *Für die Angaben aus B 5.2.17 und B 5.2.25 ergibt sich*:

$$U = \frac{A_{m-1} + Z_{m-1}}{2\overline{B}} = \frac{100 + 102}{2 \cdot \frac{532}{30}} = 5{,}7$$

Die Umschlagshäufigkeit spielt für die Anwendung eine wichtige Rolle. Ihre Bedeutung liegt vor allem im Bereich der Lagerwirtschaft. Die Unterhaltung eines Lagers verursacht bekanntlich Kosten, die z. B. durch das in einem Lager gebundene Kapital entstehen. Die Bewirtschaftung eines Lagers ist nun umso günstiger, je häufiger sich das Lager umschlägt, d. h. je größer die Umschlagshäufigkeit ist.

Ü 5.2.28 *Ein Spirituosenhändler führt u. a. zwei Whiskysorten: „Blue Willie" (W) und „High Frank-Josie" (F). Sein Bruttogewinn (Verkaufspreis abzüglich Einstandspreis und Kosten ohne Lagerkosten) beträgt bei „Blue Willie" 1,70 €/Flasche und bei „High Frank-Josie" 1,20 €/Flasche.*
Der Spirituosenhändler möchte in Zukunft nur noch eine Sorte am Lager halten und weiß nicht, welche Sorte er wählen soll.
Folgende Lagerbewegungen haben während der letzten 10 Wochen stattgefunden, wobei davon auszugehen ist, dass die Bewegungen jeweils am Ende einer Woche stattgefunden haben:

„Blue-Willie" (Anfangsbestand 150 Flaschen)

Woche	1	2	3	4	5	6	7	8	9	10
Zugang	150	–	–	–	–	–	–	–	–	–
Abgang	100	10	20	10	30	20	10	10	20	10

„High Frank-Josie" (Anfangsbestand 30 Flaschen)

Woche	1	2	3	4	5	6	7	8	9	10
Zugang	80	200	–	–	300	–	–	100	100	–
Abgang	100	60	70	80	120	50	60	20	110	60

a) Die Lagerung einer Flasche Whisky kostet pro Woche 0,03 € (Kosten für Kapitalbindung, Lagerverwaltung usw.). Wie hoch sind die durchschnittlichen Lagerkosten pro Woche?

b) Bestimmen Sie die mittleren Verweildauern und die Umschlagshäufigkeiten.

c) Für die Entscheidung des Großhändlers ist außer dem durchschnittlichen Lagerbestand, der für die Lagerkosten bestimmend ist, vor allem die Umschlagshäufigkeit maßgebend. Wie geht diese in die Entscheidung ein?

Es kann davon ausgegangen werden, dass 1 Flasche Whisky bei beiden Sorten zu gleichen Kosten (Einkaufspreis + Handlungskosten) führt.

d) Ergänzende Bemerkungen

In den vorhergehenden Ausführungen wurden die wichtigsten Begriffe und Verfahren für die Analyse von Beständen behandelt. Darüber hinaus gibt es einige Spezialprobleme, auf die im Rahmen dieser Einführung in die Statistik nicht eingegangen wurde, z. B. die Ermittlung einer Altersverteilung für einen Bestand. Dazu muss zu einem gegebenen Zeitpunkt das Alter jeder im Bestand befindlichen Einheit ermittelt werden. Die Häufigkeitsverteilung dieser Altersangaben ergibt dann die Altersverteilung. Ein typisches Beispiel einer solchen Altersverteilung ist die für die Bevölkerung von Deutschland.

5.3 Zeitreihenanalyse

a) Komponenten einer Zeitreihe

Grundaufgabe der Zeitreihenanalyse ist die Beschreibung des Verlaufs der Beobachtungswerte eines Merkmals für verschiedene Zeitpunkte bzw. Zeitintervalle und die Untersuchung der sich ergebenden Zeitreihe auf Gesetzmäßigkeiten.

In F 5.3.1 ist der monatliche Stromverbrauch einer Großstadt für mehrere Jahre dargestellt. Die vertikalen, gestrichelten Linien entsprechen dem Beginn des jeweiligen Jahres.

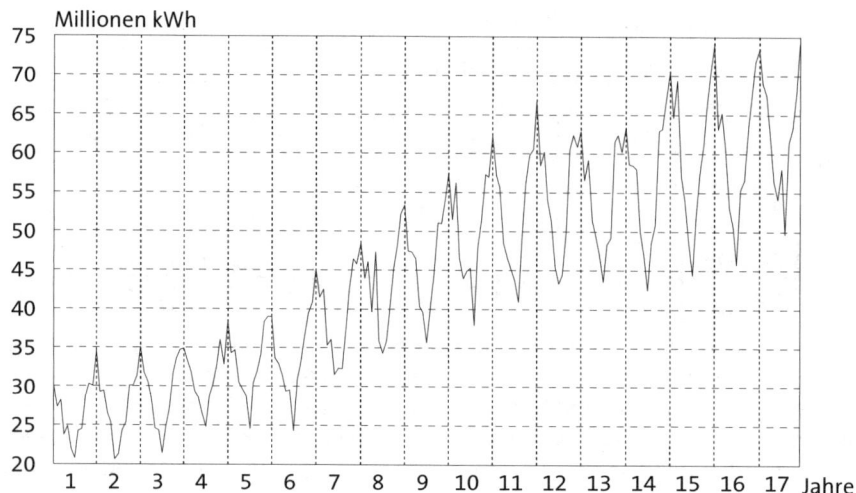

F **5.3.1** Zeitreihe des monatlichen Stromverbrauchs einer Großstadt

Die grafische Darstellung der Zeitreihe der Stromverbrauchswerte zeigt deutlich verschiedene Gesetzmäßigkeiten:
Einmal ist anhand der Zeichnung zu erkennen, dass der Stromverbrauch eine zunehmende Tendenz hat.

D **5.3.2**

> **Trend**
> Die langfristige Entwicklungstendenz einer Zeitreihe heißt Trend.

Die Zeitreihe in F 5.3.1 zeigt aber auch, dass der Stromverbrauch saisonalen Schwankungen unterliegt. In Wintermonaten ist der Stromverbrauch höher als in Sommermonaten. Dies zeigt der vergrößerte Ausschnitt in F 5.3.3, der den Stromverbrauch der Jahre 16 und 17 wiedergibt.

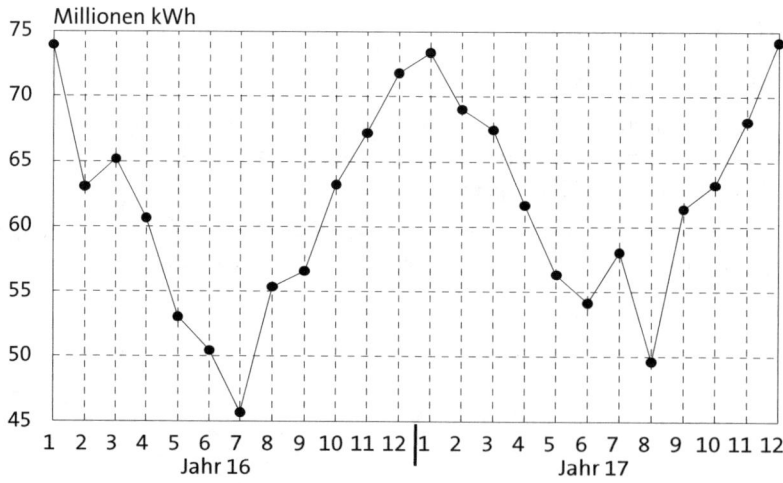

F **5.3.3** Ausschnitt aus F 5.3.1

Periodische bzw. zyklische Schwankungen lassen sich bei sehr vielen Zeitreihen beobachten. Bei wirtschaftlichen Größen ergeben sich diese vor allem aus Konjunkturbewegungen und aus Saisoneinflüssen. Deshalb werden die periodischen Schwankungen manchmal auch in die Komponenten „Konjunktur" und „Saison" getrennt. In F 5.3.3 ist zu erkennen, dass es offenbar eine zyklische Schwankung mit der Periodenlänge 12 Monate (1 Jahr) gibt. In vielen Fällen treten periodische Schwankungen jedoch nicht in dieser ausgeprägten und eindeutigen Form auf. Besonders schwierig wird die Analyse dieser periodischen Schwankungen, wenn sich bei einer Zeitreihe mehrere zyklische Schwankungen mit unterschiedlichen Periodenlängen überlagern oder auch die Periodenlängen zeitlichen Schwankungen unterworfen sind.

Trend und periodische Schwankungen einer Zeitreihe werden durchweg noch von einer unregelmäßigen Komponente überlagert, die dazu führt, dass die Gesetzmäßigkeiten nicht in einer ganz klaren Form zutage treten. Diese unregelmäßigen **Restschwankungen** ergeben sich daraus, dass auf eine Zeitreihengröße im Allgemeinen sehr viele Einflussfaktoren einwirken, die in ihrem Einfluss und in ihrer Wirkung generell nicht exakt erfassbar sind.

In den folgenden Ausführungen dieses Abschnitts werden zunächst elementare Verfahren der Trendermittlung behandelt und anschließend Überlegungen zur Ermittlung periodischer Schwankungen angestellt. In Abschnitt 5.4 wird dann noch auf die Möglichkeit eingegangen, durch die Analyse der Zeitreihe einer wirtschaftlichen (oder anderen) Größe Prognosen für die zukünftige Entwicklung dieser Größe zu erstellen.

Bevor auf die erwähnten Verfahren im Einzelnen eingegangen wird, muss hier noch auf ein Problem der Zeitreihenanalyse hingewiesen werden:

Eine Zeitreihe beschreibt die zeitliche Entwicklung wirtschaftlicher Größen. Wenn man versucht, für diese zeitliche Entwicklung eine Gesetzmäßigkeit festzustellen, dann versucht man die wirtschaftliche Größe als Funktion der Zeit zu beschreiben. Abgesehen von der Wahl einer geeigneten Funktionsform zur Beschreibung der zeitlichen Entwicklung einer wirtschaftlichen Größe entsteht hier die Frage, inwieweit die Zeit überhaupt sinnvoll als erklärende Variable aufgefasst werden kann. Letztendlich kann die Zeit immer nur eine Hilfsvariable sein, die als vereinfachender Ersatz für alle tatsächlichen Einflüsse verwendet wird. Eine isolierte und autonome Entwicklung ökonomischer Größen in der Zeit ist kaum denkbar. Man unterstellt hier, ohne dass das ausdrücklich gesagt wird, dass die tatsächlichen Einflussgrößen stark mit der Zeit korreliert sind und deshalb eine Zeitreihe zur Beschreibung der zeitlichen Entwicklung einer ökonomischen Größe ausreicht.

Bei der Verwendung von Zeitreihen, insbesondere für ökonomische Prognosen, sollte man sich dieses Problems immer bewusst sein.

b) Trendermittlung mit Hilfe gleitender Durchschnitte

Bei der Trendermittlung besteht die Aufgabe, die grundlegende Tendenz des Zeitreihenverlaufs zu ermitteln. Dazu müssen die periodischen Schwankungen und die irregulären Restschwankungen ausgeschaltet werden. Das einfachste Verfahren der Trendermittlung ist die Bestimmung so genannter gleitender Durchschnitte.

Bei der Bestimmung **gleitender Durchschnitte** berechnet man aus k unmittelbar aufeinander folgenden Zeitreihenwerten das arithmetische Mittel und ordnet diesen Mittelwert dem mittleren der bei der Durchschnittsbildung berücksichtigten Zeitpunkte bzw. Zeitintervalle zu. Führt man diese Berechnung gleitender Durchschnitte fortlaufend für eine Zeitreihe durch, so dass außer im Anfangs- und Endbereich (s.u.) jedem Zeitpunkt bzw. jedem Zeitintervall ein Durchschnittswert zugeordnet werden kann, erhält man Trendwerte für die gegebene Zeitreihe. Die Anzahl k der in die Berechnung eines gleitenden Durchschnitts eingehenden Werte gibt die **Ordnung** des gleitenden Durchschnitts an.

Bei der Berechnung gleitender Durchschnitte ist zu unterscheiden, ob eine gerade oder ungerade Anzahl von Zeitreihenwerten in die Durchschnittsbildung einbezogen werden soll, denn bei einer geraden Anzahl von Werten gibt es zwei mittlere Zeitpunkte bzw. Zeitintervalle, denen das berechnete arithmetische Mittel zugeordnet werden kann.

Gleitende Durchschnitte ungerader Ordnung

Bei einem gleitenden Durchschnitt ungerader Ordnung k (k ist ungerade) bestimmt man im ersten Schritt das arithmetische Mittel der ersten k Werte der Zeitreihe. Diesen Durchschnitt ordnet man dem mittleren der k Zeitpunkte bzw. Zeitintervalle zu. Als nächstes berechnet man das arithmetische Mittel aus den Zeitreihenwerten der Perioden bzw. der Zeitpunkte 2 bis k+1. Dann bestimmt man den Durchschnitt aus den Werten Nummer 3 bis k+2 usw. B 5.3.4 veranschaulicht die Vorgehensweise für k = 3.

B 5.3.4 *In der folgenden Tabelle sind für eine gegebene Zeitreihe gleitende Durchschnitte 3. Ordnung berechnet worden, wobei auf zwei Nachkommastellen gerundet wurde.*

Periode	Zeitreihenwert	Gleitende Durchschnitte 3. Ordnung
1	10	
2	8	$\frac{10+8+12}{3} = \frac{30}{3} = 10$
3	12	$\frac{8+12+12}{3} = \frac{32}{3} = 10{,}67$
4	12	$\frac{12+12+10}{3} = \frac{34}{3} = 11{,}33$
5	10	$\frac{12+10+14}{3} = \frac{36}{3} = 12$
6	14	$\frac{10+14+14}{3} = \frac{38}{3} = 12{,}67$
7	14	$\frac{14+14+12}{3} = \frac{40}{3} = 13{,}33$
8	12	$\frac{14+12+16}{3} = \frac{42}{3} = 14$
9	16	

Bei der Berechnung gleitender Durchschnitte ungerader Ordnung wird jedem Zeitpunkt bzw. jedem Zeitintervall ein Wert zugeordnet, der als arithmetisches Mittel aus den unmittelbar vor und nach dem betreffenden Zeitpunkt bzw. Zeitintervall liegenden Werten berechnet wird. Das gilt nicht für die ersten $\frac{k-1}{2}$ und die letzten $\frac{k-1}{2}$ Werte der Zeitreihe, für die kein gleitender Durchschnitt berechnet werden kann. R 5.3.5 enthält die Berechnungsformel.

R 5.3.5 | **Gleitende Durchschnitte ungerader Ordnung**
Gegeben seien T Werte x_t (t = 1,...,T) einer Zeitreihe. Für ungerades k bestimmt man die gleitenden Durchschnitte k-ter Ordnung für $t = \frac{k+1}{2}$ bis $t = T - \frac{k-1}{2}$ wie folgt:

$$\overline{x}k_t = \frac{1}{k}(x_{t-\frac{k-1}{2}} + x_{t-\frac{k-3}{2}} + \ldots + x_t + \ldots + x_{t+\frac{k-3}{2}} + x_{t+\frac{k-1}{2}})$$

$$= \frac{1}{k}\sum_{i=t-\frac{k-1}{2}}^{t+\frac{k-1}{2}} x_i \quad \text{für } t = \frac{k+1}{2}, \ldots, T - \frac{k-1}{2}.$$

Hat man den ersten gleitenden Durchschnitt k-ter Ordnung $\overline{x}k_{\frac{k+1}{2}}$ berechnet, dann können alle anderen gleitenden Durchschnitte auch nach folgender Formel berechnet werden:

R 5.3.6 | $\overline{x}k_{t+1} = \overline{x}k_t + \frac{1}{k}(x_{t+\frac{k+1}{2}} - x_{t-\frac{k-1}{2}})$ für $t = \frac{k+1}{2}, \ldots, T - \frac{k-1}{2} - 1$

B 5.3.7 *In der folgenden Tabelle ist die Formel aus R 5.3.6 für die Berechnung gleitender Durchschnitte 5. Ordnung angewendet worden.*

t	x_t	Gleitende Durchschnitte 5. Ordnung
1	12	
2	16	
3	13	$\overline{x}5_3 = \frac{1}{5}(12+16+13+12+14) = 13{,}4$
4	12	$\overline{x}5_4 = 13{,}4 + \frac{1}{5}(17-12) = 14{,}4$
5	14	$\overline{x}5_5 = 14{,}4 + \frac{1}{5}(20-16) = 15{,}2$
6	17	$\overline{x}5_6 = 15{,}2 + \frac{1}{5}(18-13) = 16{,}2$
7	20	$\overline{x}5_7 = 16{,}2 + \frac{1}{5}(17-12) = 17{,}2$
8	18	$\overline{x}5_8 = 17{,}2 + \frac{1}{5}(18-14) = 18$
9	17	
10	18	

Ü 5.3.8 *Berechnen Sie für die folgende Zeitreihe gleitende Durchschnitte 3. Ordnung.*

t	1	2	3	4	5	6	7	8	9	10	11	12
x_t	5	7	3	8	10	6	11	13	9	14	16	12

Gleitende Durchschnitte gerader Ordnung

Gleitende Durchschnitte gerader Ordnung lassen sich nicht so einfach berechnen, weil es bei gerader Anzahl von Werten zwei mittlere Zeitpunkte bzw. Zeitintervalle gibt. Der berechnete Durchschnittswert müsste einem Zwischenwert zugeordnet werden.

Man geht hier so vor, dass man entweder aus zwei benachbarten gleitenden Durchschnitten wiederum den Mittelwert bestimmt, den man dann dem betreffenden Zeitpunkt bzw. Zeitintervall zuordnet, oder man bezieht bei geradem k für einen gleitenden Durchschnitt k-ter Ordnung k+1 Werte in die Durchschnittsbildung ein, berücksichtigt aber den ersten und den letzten dieser k+1 Werte nur zur Hälfte.

R 5.3.9

> **Gleitende Durchschnitte gerader Ordnung**
> Gegeben seien T Werte x_t (t = 1,...,T) einer Zeitreihe. Für gerades k erhält man gleitende Durchschnitte k-ter Ordnung aus:
> $$\overline{x}k_t = \frac{1}{2}\left[\frac{1}{k}\sum_{i=t-\frac{k}{2}}^{t+\frac{k}{2}-1} x_i + \frac{1}{k}\sum_{i=t-\frac{k}{2}+1}^{t+\frac{k}{2}} x_i\right] = \frac{1}{2k}\left[x_{t-\frac{k}{2}} + 2\sum_{i=t-\frac{k}{2}+1}^{t+\frac{k}{2}-1} x_i + x_{t+\frac{k}{2}}\right]$$
> $$= \frac{1}{k}\left[\frac{1}{2}x_{t-\frac{k}{2}} + \sum_{i=t-\frac{k}{2}+1}^{t+\frac{k}{2}-1} x_i + \frac{1}{2}x_{t+\frac{k}{2}}\right] \quad \text{für } t = \frac{k}{2}+1,...,T-\frac{k}{2}$$

Das folgende Beispiel verdeutlicht die Vorgehensweise bei der Berechnung gleitender Durchschnitte gerader Ordnung.

B 5.3.10

t	x_t	gleitende Durchschnitte 4. Ordnung		direkte Berechnung
		Hilfswerte	endgültige Werte	
1	4			
2	7			
3	5	$\frac{4+7+5+3}{4}=4{,}75$	$\frac{4{,}75+5{,}25}{2}=5$	$\frac{0{,}5 \cdot 4+7+5+3+0{,}5 \cdot 6}{4}=5$
4	3	$\frac{7+5+3+6}{4}=5{,}25$	$\frac{5{,}25+5{,}75}{2}=5{,}5$	$\frac{0{,}5 \cdot 7+5+3+6+0{,}5 \cdot 9}{4}=5{,}5$
5	6	$\frac{5+3+6+9}{4}=5{,}75$	$\frac{5{,}75+6{,}25}{2}=6$	$\frac{0{,}5 \cdot 5+3+6+9+0{,}5 \cdot 7}{4}=6$
6	9	$\frac{3+6+9+7}{4}=6{,}25$	$\frac{6{,}25+6{,}75}{2}=6{,}5$	$\frac{0{,}5 \cdot 3+6+9+7+0{,}5 \cdot 5}{4}=6{,}5$
7	7	$\frac{6+9+7+5}{4}=6{,}75$		
8	5			

Ähnlich wie für ungerades k kann man sich bei geradem k den Rechenaufwand durch eine zu R 5.3.6 entsprechende Formel reduzieren.

R 5.3.11

$$\bar{x}k_{t+1} = \bar{x}k_t + \frac{1}{2k}(x_{t+\frac{k}{2}+1} + x_{t+\frac{k}{2}} - x_{t-\frac{k}{2}+1} - x_{t-\frac{k}{2}}) \quad \text{für } t = \frac{k}{2}+1, \ldots, T - \frac{k}{2} - 1$$

Ü 5.3.12 *Berechnen Sie für die folgende Zeitreihe gleitende Durchschnitte 4. Ordnung.*

t	1	2	3	4	5	6	7	8	9	10	11	12
x_t	3	4	6	1	7	8	10	5	11	12	14	9

Gleitende Durchschnitte eignen sich in erster Linie zur Ausschaltung irregulärer Schwankungen. Dabei geht man von folgender Überlegung aus:

Wenn die Zeitreihenwerte unregelmäßig um den Trend schwanken, dann muss die Berechnung des arithmetischen Mittels aus „genügend vielen" Zeitreihenwerten den Trendwert ergeben, da die unregelmäßigen Abweichungen vom Trend (nach oben und unten) durch die Mittelwertbildung annähernd ausgeglichen werden. Von welcher Ordnung der gleitende Durchschnitt dabei sein soll, lässt sich generell nicht angeben. Bei zu geringer Ordnung wirken sich die irregulären Schwankungen noch auf die Durchschnitte aus, und außerdem werden Trendbrüche oder Biegungen nicht erfasst. Bei zu großer Ordnung ist zu beachten, dass dann auch die Randbereiche, für die keine gleitenden Durchschnitte berechnet werden können, entsprechend größer werden.

Gleitende Durchschnitte eignen sich auch zur Ausschaltung periodischer Schwankungen. Die Anzahl der in die Durchschnittsbildung einzubeziehenden Werte sollte dabei gerade der Länge einer Periode der periodischen Schwankung entsprechen. Hat man z. B. Monatswerte und liegt bei der Zeitreihe eine jährlich wiederkehrende Saisonschwankung vor, dann empfiehlt sich die Bestimmung gleitender Durchschnitte 12. Ordnung zur Isolierung des Trends.

B 5.3.13 *Für die Zeitreihe des monatlichen Stromverbrauchs einer Großstadt aus F 5.3.1 wurden gleitende Durchschnitte 12. Ordnung berechnet. Die grafische Darstellung der Ergebnisse zeigt F 5.3.14 (nächste Seite). Man erkennt deutlich, dass die zunehmende Tendenz im Trend unterschiedlich ist, so dass es schwierig ist, den Trend durch eine einzige, einfache Funktionsgleichung zu beschreiben. Angemessen könnte eine stückweise lineare Funktion sein. Der im 12. Jahr im Trend erkennbare Knick fällt mit einer so genannten „Energiekrise" zusammen.*

Die Berechnung gleitender Durchschnitte erfordert zwar einigen Rechenaufwand, ist aber eine einfache und für viele Anwendungsprobleme eine zweckmäßige Methode der Trendermittlung.

Im nächsten Unterabschnitt wird ein Verfahren gezeigt, wie man den Trend durch eine einzige Funktion beschreiben kann. Den Typ der Funktion muss man dabei ähnlich wie bei der Bestimmung einer Regressionsfunktion nach dem Kriterium der Kleinsten Quadrate vorgeben. Ist man unschlüssig darin, welchen Funktionstyp man für eine Trendfunktion vorgeben soll, dann empfiehlt sich die Berechnung gleitender Durchschnitte, da aus dem Verlauf dieser Werte in den meisten Fällen Rückschlüsse auf den Trendverlauf gezogen werden können. Eine Betrachtung der gleitenden Durchschnittswerte erleichtert dann in vielen Fällen auch die Wahl einer geeigneten Trendfunktion.

Kapitel 5   Zeitabhängige Daten

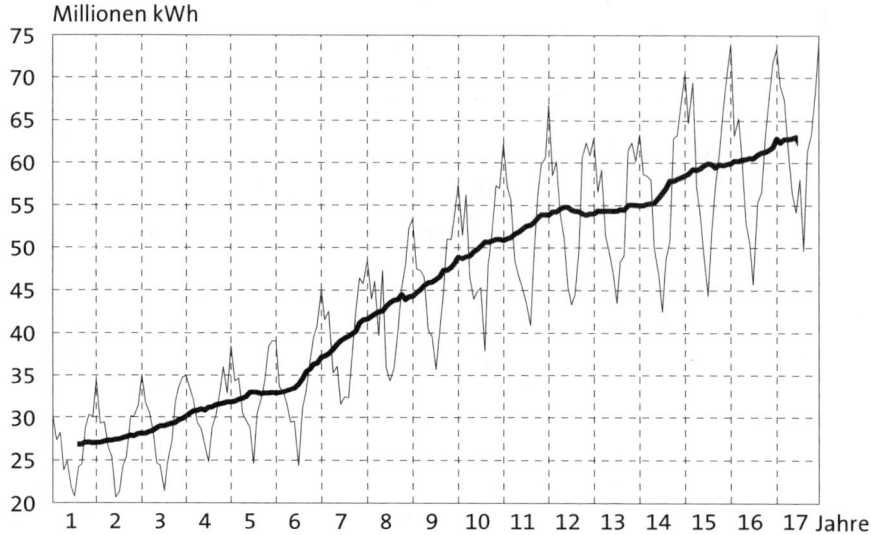

F 5.3.14 Monatlicher Stromverbrauch einer Großstadt mit gleitenden Durchschnitten 12. Ordnung

c) Bestimmung einer Kleinste-Quadrate-Trendfunktion

Typisch für die Trendermittlung mittels gleitender Durchschnitte ist, dass der errechnete Trend meistens noch (allerdings nur geringfügigen) Schwankungen unterworfen ist.

Um einen Trend durch eine einzige Funktionsgleichung beschreiben zu können, bestimmt man daher im allgemeinen eine **Trendfunktion** nach dem **Kriterium der Kleinsten Quadrate**. Dabei wird ähnlich vorgegangen wie bei der Regressionsrechnung (vgl. Abschnitt 4.3).

D 5.3.15

> **Trendfunktion**
> Eine Funktion $\hat{x} = f(t)$, die den Trend einer Zeitreihe x_t in Abhängigkeit von der Zeit t beschreibt, heißt Trendfunktion.

Wird eine Trendfunktion nach dem Kriterium der Kleinsten Quadrate bestimmt (siehe hierzu auch R 4.3.4), gibt man den Typ der Trendfunktion vor (z. B. Gerade, Parabel, Exponentialfunktion) und bestimmt die Koeffizienten dieses Funktionstyps so, dass die Summe der quadratischen Abweichungen der Zeitreihenwerte von der Trendfunktion möglichst klein wird.

D 5.3.16

> **Kleinste-Quadrate-Trendfunktion**
> Eine Trendfunktion $\hat{x} = f(t)$, deren Koeffizienten so bestimmt werden, dass die Summe der quadratischen Abweichungen der Zeitreihenwerte x_t (t = 1,...,T) von den zugehörigen Trendwerten $\hat{x}_t$, also $\sum(x_t - \hat{x}_t)^2$, zu einem Minimum wird, heißt Kleinste-Quadrate-Trendfunktion, kurz KQ-Trendfunktion.

5.3 Zeitreihenanalyse

Auf methodische Einzelheiten der Bestimmung einer KQ-Trendfunktion wird an dieser Stelle verzichtet, da grundsätzlich die gleichen Überlegungen gelten, wie sie bereits bei der Bestimmung einer KQ-Regressionsfunktion angestellt wurden (vgl. hierzu Abschnitt 4.3). Die dort entwickelten Ergebnisse können auf die Bestimmung von KQ-Trendfunktionen sinngemäß übertragen werden.

Bevor auf einzelne Trendfunktionen kurz eingegangen wird, ist auf folgendes Problem hinzuweisen:

Vielfach werden die Zeitwerte bei einer Zeitreihe als Jahreszahlen bzw. durch Jahr und Monat angegeben. In solchen Fällen ergeben sich für die Variable t der Trendfunktion unhandliche Werte, die bei der Bestimmung einer Trendfunktion nach dem Kriterium der Kleinsten Quadrate einen großen Rechenaufwand zur Folge haben. In solchen Fällen empfiehlt es sich, die Zeitwerte so zu transformieren, dass ein Zeitwert aus dem Beobachtungszeitraum oder in dessen Nachbarschaft gleich 0 gesetzt wird und alle anderen Zeitwerte dann darauf durch Differenzbildung bezogen werden. Wegen der möglichen Transformation der Zeitwerte, werden im Folgenden die n Zeitreihenwerte mit x_i (i = 1,...,n) und die Zeitwerte mit t_i (i = 1,...,n) bezeichnet. Die Zeitwerte können, je nach Problem, Zeitpunkte oder Zeitintervalle (z. B. Monate) sein. In letzterem Fall werden sie wie Zeitpunkte behandelt.

Lineare Trendfunktion

Für eine lineare Trendfunktion $\hat{x} = a + bt$ gilt nach R 4.3.7 Folgendes:

R 5.3.17

> **Lineare KQ-Trendfunktion** $\hat{x} = a + bt$
>
> Die Bestimmungsgleichungen für die Koeffizienten a und b einer linearen KQ-Trendfunktion $\hat{x} = a + bt$ lauten:
>
> $$a = \frac{\sum x_i \sum t_i^2 - \sum t_i \sum t_i x_i}{n \sum t_i^2 - (\sum t_i)^2}$$
>
> und
>
> $$b = \frac{n \sum t_i x_i - \sum x_i \sum t_i}{n \sum t_i^2 - (\sum t_i)^2}$$

B 5.3.18 *In neun aufeinander folgenden Wirtschaftsjahren wurden in Deutschland folgende Mengen an Käse je Einwohner und Jahr verbraucht.*

t_i	1	2	3	4	5	6	7	8	9
Käseverbrauch in kg je Einwohner	8,7	9,1	9,0	9,4	9,7	10,2	10,7	11,1	11,2

Die lineare Trendfunktion lautet $\hat{x} = 8{,}5533 + 0{,}3367 t$. F 5.3.19 zeigt die Zeitreihe und die Trendfunktion.

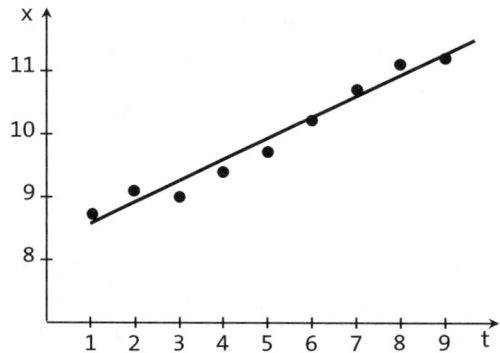

F 5.3.19 Zeitreihe und lineare Trendfunktion

Ü 5.3.20 *Der Umsatz eines Unternehmens entwickelte sich in den Jahren 2001 bis 2007 wie folgt:*

Jahr	2001	2002	2003	2004	2005	2006	2007
Umsatz in Mill. €	8	13	15	17	18	20	21

Berechnen Sie eine lineare Trendfunktion $\hat{x} = a + bt$. *Verwenden Sie dazu für 2001 den Zeitwert* $t = 0$.

Exponentialtrendfunktion

Wachstumsvorgänge lassen sich in vielen Fällen durch Exponentialfunktionen beschreiben. Bei Zeitreihen ökonomischer Wachstumsgrößen liegt es deshalb nahe, den Trend durch eine Exponentialfunktion

$$\hat{x} = ab^t, a > 0 \text{ und } b > 0,$$

zu beschreiben.

Mit $\hat{x}^* = \log \hat{x}$, $a^* = \log a$ und $b^* = \log b$ erhält man aus der Exponentialfunktion durch Logarithmierung die lineare Funktion $\hat{x}^* = a^* + b^*t$. Für diese lineare Funktion bestimmt man nun die Koeffizienten a^* und b^* nach dem Kriterium der Kleinsten Quadrate (vgl. R 4.3.34).

R 5.3.21

> **Exponentielle Trendfunktion** $\hat{x} = ab^t$
>
> Die Bestimmungsgleichungen für die Koeffizienten a und b eines KQ-Exponentialtrends $\hat{x} = ab^t$ lauten bei Anwendung des Kriteriums der Kleinsten Quadrate auf die logarithmisch transformierte Funktion $\log \hat{x} = \log a + t \log b$:
>
> $$\log a = \frac{\sum \log x_i \sum t_i^2 - \sum t_i \sum t_i \log x_i}{n \sum t_i^2 - (\sum t_i)^2}$$
>
> und
>
> $$\log b = \frac{n \sum t_i \log x_i - \sum \log x_i \sum t_i}{n \sum t_i^2 - (\sum t_i)^2}$$

5.3 Zeitreihenanalyse

B 5.3.22 *Der Wasserverbrauch einer Gemeinde hat sich wie folgt entwickelt:*

Jahr	1993	1994	1996	1997	1998	2000	2001	2003
Wasserverbrauch in Millionen m³	10,0	10,5	11,5	12,2	12,8	14,0	15,0	16,3

Für die zeitliche Entwicklung des Wasserverbrauchs soll ein Exponentialtrend bestimmt werden. Zur Vereinfachung wird für 1993 $t_1 = 1$ gesetzt.

	t_i	x_i	$x_i^* = \log x_i$	$t_i x_i^*$	t_i^2
	1	10,0	1,00000	1,00000	1
	2	10,5	1,02119	2,04238	4
	4	11,5	1,06070	4,24280	16
	5	12,2	1,08636	5,43180	25
	6	12,8	1,10721	6,64326	36
	8	14,0	1,14613	9,16904	64
	9	15,0	1,17609	10,58481	81
	11	16,3	1,21219	13,33409	121
Summen:	46		8,80987	52,44818	348

Man erhält dann mit den Formeln aus R 5.3.21:

$$\log a = \frac{8{,}80987 \cdot 348 - 46 \cdot 52{,}44818}{8 \cdot 348 - 2116} = 0{,}977672 \text{ und}$$

$$\log b = \frac{8 \cdot 52{,}44818 - 8{,}80987 \cdot 46}{668} = 0{,}021454$$

Der Exponentialtrend lautet also: $\hat{x} = 9{,}503247 \cdot 1{,}05064^t$

Ü 5.3.23 *In einer Gemeinde wurde die folgende zeitliche Entwicklung des Stromverbrauchs ermittelt:*

Jahr	1999	2000	2001	2002	2003	2004	2005	2006	2007
Verbrauch in Mill. kWh	8	8,9	9,6	10,6	11,7	13,0	14,2	15,6	17,1

Berechnen Sie einen Exponentialtrend für die zeitliche Entwicklung des Stromverbrauchs. Setzen Sie t = 1 für 1999. Verwenden Sie Logarithmen mit zwei Nachkommastellen.

Logistische Trendfunktion

Bei Wachstumsprozessen mit Sättigungsgrenze ist eine exponentielle Trendfunktion $\hat{x} = ab^t$ ungeeignet. Hier bietet sich die so genannte **logistische Funktion** $\hat{x} = \frac{k}{1+e^{a+bt}}$, $b < 0$ an, bei der k die Sättigungsgrenze angibt. Auf die logistische Funktion wurde bereits in Abschnitt 4.3 eingegangen[22].

Bei bekanntem (bzw. geschätztem) k kann man die logistische Funktion durch Umformung und Logarithmierung wie folgt transformieren:

$\ln(\frac{k}{x} - 1) = a + bt$.

Für diese Funktion bestimmt man nun a und b nach dem Kriterium der Kleinsten Quadrate[23].

---
22 Vgl. S. 124, insbesondere F 4.3.35.
23 Siehe hierzu Abschnitt 4.3e, insbesondere R 4.3.36.

R 5.3.24

> **Logistische Trendfunktion**
> Die Bestimmungsgleichungen für die Koeffizienten a und b eines logistischen KQ-Trends $\hat{x} = \frac{k}{1+e^{a+bt}}$, $b < 0$, lauten bei gegebener Sättigungsgrenze k und Anwendung des Kriteriums der Kleinsten Quadrate auf die transformierte Funktion $\ln(\frac{k}{x} - 1) = a + bt$:
>
> $$a = \frac{\sum t_i^2 \sum \ln(\frac{k}{x_i} - 1) - \sum t_i \sum t_i \ln(\frac{k}{x_i} - 1)}{n \sum t_i^2 - (\sum t_i)^2}$$
>
> und
>
> $$b = \frac{n \sum t_i \ln(\frac{k}{x_i} - 1) - \sum t_i \sum \ln(\frac{k}{x_i} - 1)}{n \sum t_i^2 - (\sum t_i)^2}$$

B 5.3.25 *Ein Haushalt mit einem Pkw hatte 1993 bis 2007 folgenden Verbrauch an Kraftstoff (in ℓ):*
420; 490; 530; 520; 600; 630; 700; 680; 720; 810; 850; 920; 990; 1.020; 1.200.
Es wird von einer Sättigungsgrenze k = 1.800 (ℓ/Jahr) ausgegangen.
Für 1993 wird $t_1 = 1$ gesetzt.
Mit Hilfe der Werte aus der nachfolgenden Tabelle erhält man:

$$a = \frac{5{,}721633 \cdot 1240 - 120 \cdot 13{,}301297}{15 \cdot 1240 - 120^2} = 1{,}309207$$

und

$$b = \frac{15 \cdot 13{,}301 - 5{,}721633 \cdot 120}{15 \cdot 1240 - 120^2} = -0{,}115971$$

Die Trendfunktion lautet somit: $\hat{x} = \dfrac{1800}{1+e^{1{,}309207 - 0{,}115971 t}}$.

t_i	x_i	$\ln(\frac{1800}{x_i} - 1)$	t_i^2	$t_i \ln(\frac{1800}{x_i} - 1)$
1	420	1,189584	1	1,189584
2	490	0,983377	4	1,966754
3	530	0,873895	9	2,621686
4	520	0,900787	16	3,603146
5	600	0,693147	25	3,465736
6	630	0,619039	36	3,714235
7	700	0,451985	49	3,163896
8	680	0,498991	64	3,991929
9	720	0,405465	81	3,649186
10	810	0,200671	100	2,006707
11	850	0,111226	121	1,223482
12	920	−0,044452	144	−0,533421
13	990	−0,200671	169	−2,608719
14	1.020	−0,268264	196	−3,755696
15	1.200	−0,693147	225	−10,397208
120	11.080	5,721633	1.240	13,301297

d) Ergänzende Bemerkungen zur Trendermittlung

Eine nach dem Kriterium der Kleinsten Quadrate ermittelte Trendfunktion kann man benutzen, um den Trendwert nicht erfasster Zeitintervalle bzw. Zeitpunkte durch Extrapolation (manchmal auch durch Interpolation) zu bestimmen. Man setzt dazu in die ermittelte Trendfunktion die entsprechenden Zeitwerte ein und rechnet den Trendwert aus.

B 5.3.26 *Für die nicht erfassten Jahre 1995, 1999 und 2002 in B 5.3.22 ergeben sich unter Benutzung der ermittelten Trendfunktion die folgenden* **geschätzten** *Wasserverbrauchswerte (Trendwerte):*
    1995: 11,02 Mill. m³;   1999: 13,43 Mill. m³;   2002: 15,57 Mill. m³
(Die tatsächlichen Werte können davon, z. B. aufgrund von Witterungseinflüssen, natürlich abweichen.)

In ähnlicher Weise kann eine Trendfunktion auch dazu benutzt werden, den Trend für zukünftige Perioden vorherzusagen. Darauf wird in Abschnitt 5.4 eingegangen.

Es sei noch einmal ausdrücklich darauf hingewiesen, dass hier nur die Grundzüge der Zeitreihenanalyse behandelt werden können. Selbstverständlich ist es möglich, für die Ermittlung des Trends einer Zeitreihe auch andere als die hier behandelten Funktionen zu verwenden. Bei vielen praktischen Fragestellungen erweist sich das Kriterium der Kleinsten Quadrate zur Ermittlung einer Trendfunktion zudem nur begrenzt geeignet. Dann müssen andere Verfahren herangezogen werden. Dazu wird auf die entsprechende Spezialliteratur zur Zeitreihenanalyse und Ökonometrie verwiesen.

Man beachte, dass bei der Zeitreihenanalyse die Zeit als Einflussgröße von x_t angesehen wird. Die Zeit „ersetzt" die tatsächlichen Einflussgrößen. Die Zeitreihenanalyse führt deshalb nur dann zu „guten" Ergebnissen, wenn sich alle wesentlichen Einflussgrößen gleichmäßig mit der Zeit entwickeln. Abrupte Änderungen führen zu Trendknicken oder anderen „Unregelmäßigkeiten" der Zeitreihe, die mit der Zeit als alleiniger Einflussgröße nicht erklärbar sind. Besonders ausgeprägte Veränderungen in einer Zeitreihe bezeichnet man als **Strukturbruch**.

B 5.3.27 *Von einer Unternehmung liegen die in der Tabelle angegebenen Umsatzwerte vor, die in F 5.3.28 grafisch dargestellt sind.*

Jahr	1992	1993	1994	1996	1997	1999	2001	2002	2003
Umsatz in 1.000 €	100	108	122	140	150	145	153	157	160

Es ist bekannt, dass auf dem Absatzmarkt des Unternehmens seit 1998 ein Konkurrenzunternehmen tätig ist. Die Darstellung der Zeitreihenwerte in F 5.3.28 zeigt deutlich, dass durch das Konkurrenzunternehmen ein Strukturbruch aufgetreten ist, so dass es zweckmäßig erscheint, den Trend durch 2 lineare Funktionen zu beschreiben. Man erhält dafür, wenn man $t_1=1$ für 1992 setzt, $\hat{x} = 89{,}6 + 10{,}12t$ für $0 \leq t \leq 6$ und $\hat{x} = 114{,}8 + 3{,}8t$ für $7 \leq t \leq 14$. Die Geraden sind ebenfalls in F 5.3.28 dargestellt.

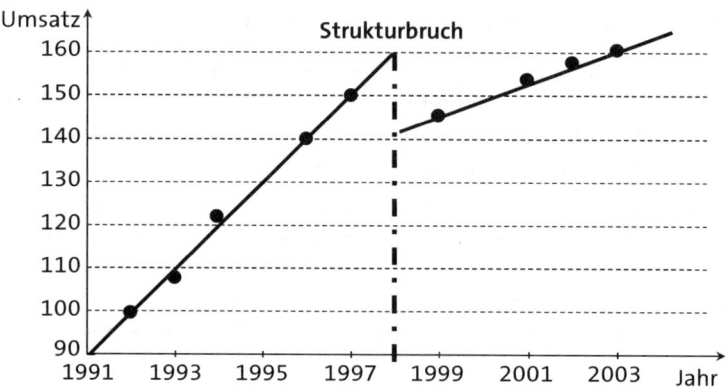

F 5.3.28 Strukturbruch

e) Einfache Verfahren zur Ermittlung periodischer Schwankungen

Der Trend einer Zeitreihe, auf dessen Bestimmung in den vorhergehenden Unterabschnitten eingegangen wurde, gibt die Tendenz der zeitlichen Entwicklung einer Zeitreihengröße wieder. Für eine aussagefähige Beschreibung des zeitlichen Verlaufs einer ökonomischen Größe reicht die Trendbestimmung im Allgemeinen jedoch nicht aus, da der Trend oft durch periodische und irreguläre Schwankungen überlagert wird. Für zwei einfache Fälle wird nachfolgend die Bestimmung periodischer Schwankungen behandelt.

Für die Bestimmung periodischer Schwankungen einer Zeitreihe ist es wichtig zu wissen,
- ob es sich um eine Schwankung mit fester Periode handelt oder nicht und
- in welcher Weise der Trend durch die periodischen Schwankungen überlagert wird.

Bei den beiden nachfolgend behandelten Fällen der Bestimmung periodischer Schwankungen einer Zeitreihe wird von einer festen Periode ausgegangen.

Ein Trend einer Zeitreihe kann auf verschiedene Arten von Schwankungen mit fester Periode überlagert werden. Die beiden einfachsten Fälle, die hier behandelt werden, sind:
- Der Trend wird durch eine periodische Schwankung **additiv** überlagert. Es gilt dann:
    Zeitreihenwert = Trendwert + Schwankungskomponente.
  Dieser Fall ist in F 5.3.29 links dargestellt.
- Der Trend wird durch eine Schwankung **multiplikativ** überlagert. In diesem Fall gilt:
    Zeitreihenwert = Trendwert × Schwankungskomponente.
  Dieser Fall ist im rechten Teil von F 5.3.29 dargestellt.

Bei einer additiven Überlagerung bleibt die periodische Schwankung bei zunehmendem Trend gleich groß, während sie bei multiplikativer Überlagerung zunimmt. F 5.3.29 verdeutlicht das.

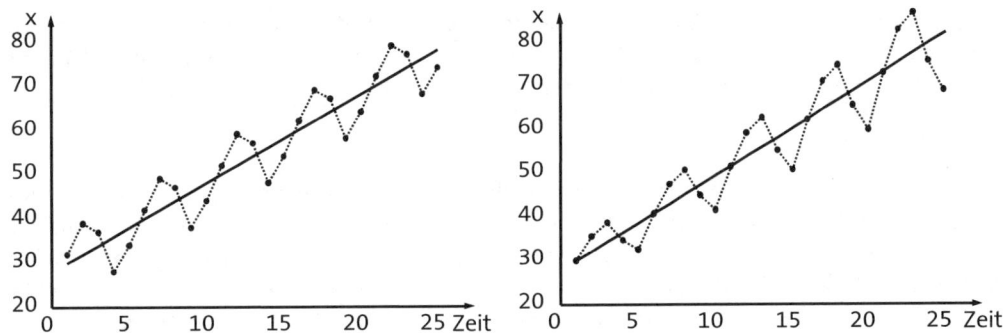

F 5.3.29 Additive und multiplikative Überlagerung eines Trends durch periodische Schwankungen

Für die Ermittlung der periodischen Schwankungen wird davon ausgegangen, dass der betrachtete Zeitraum P Perioden umfasst. Jede Periode besteht aus k Unterperioden. Insgesamt werden also kP Zeiträume betrachtet. Die grafische Darstellung in F 5.3.30 zeigt eine schematische Übersicht dazu.

Perioden	1	2	...	p	...	P
Unterperioden	1 2 ... j ... k	1 2 ... j ... k	...	1 2 ... j ... k	...	1 2 ... j ... k

F 5.3.30 P Perioden mit je k Unterperioden

Für die weiteren Ausführungen werden folgende Symbole verwendet:

$x_{p,j}$ = Beobachtungswert in der Unterperiode j der Periode p;
$\hat{x}_{p,j}$ = Trendwert in der Unterperiode j der Periode p;
$s_{p,j}$ = Schwankungskomponente in der Unterperiode j der Periode p.

Voraussetzung für die Ermittlung von periodischen Schwankungen in einer Zeitreihe ist, dass der Trend der Zeitreihe bereits ermittelt worden ist. Die Trendwerte $\hat{x}_{p,j}$ (p = 1,...,P; j = 1,...,k) können dazu als gleitende Durchschnitte oder durch eine KQ-Trendfunktion bestimmt werden.

Additive Überlagerung des Trends durch periodische Schwankungen

Der einfachste Ansatz zur Verknüpfung von Trend und periodischen Schwankungen ist die additive Überlagerung eines Trends durch Schwankungen. Hierbei geht man davon aus, dass in gleichen Unterperioden verschiedener Perioden die periodische Schwankung in ihrer absoluten Höhe gleich ist.

Den aus Trend und Schwankungseinfluss zusammengesetzten Reihenwert erhält man also, indem man den Trendwert und die Schwankungskomponente addiert:

$$x_{p,j} = \hat{x}_{p,j} + s_{p,j}$$

Ein Beispiel für die additive Überlagerung eines linearen Trends durch eine periodische Schwankung ist in F 5.3.29 links wiedergegeben.

Kapitel 5   Zeitabhängige Daten

Die Bestimmung der Schwankungskomponente setzt voraus, dass in einem ersten Schritt der Trend der Zeitreihe bestimmt wird. Für die Unterperiode j der Periode p erhält man dann die additive Schwankungskomponente als Differenz aus Zeitreihenwert und Trendwert:

$$s_{p,j} = x_{p,j} - \hat{x}_{p,j}$$

Ebenso wie die Trendberechnung hat die Berechnung von Schwankungskomponenten im Allgemeinen den Zweck, Gesetzmäßigkeiten einer Zeitreihe zu ermitteln. Mit dem geschilderten Vorgehen der Differenzbildung wird dieses Problem nicht gelöst, da in fast allen praktischen Fällen eine Zeitreihe außer dem Trend und den periodischen Schwankungen auch noch irreguläre oder zufällige Schwankungen enthält. Dadurch werden sich für gleiche Unterperioden verschiedener Perioden im Allgemeinen auch unterschiedliche Werte für die Schwankungskomponente ergeben. Das bedeutet, dass für die Bestimmung der Schwankungskomponente der Einfluss der irregulären Schwankungen ausgeschaltet werden muss. Das geschieht dadurch, dass aus den Differenzen zwischen Reihenwert und Trendwert aller gleichen Unterperioden das arithmetische Mittel bestimmt wird.

R 5.3.31

Additive Schwankungskomponente
Gegeben sei eine Zeitreihe mit einem Trend und genau einer, den Trend additiv überlagernden periodischen Schwankung. Aus den Zeitreihenwerten $x_{p,j}$ und den zugehörigen Trendwerten $\hat{x}_{p,j}$ (p = 1,...,P; j = 1,...,k) erhält man die additiven Schwankungskomponenten s_j wie folgt:

$$s_j = \frac{1}{P} \sum_{p=1}^{P} (x_{p,j} - \hat{x}_{p,j}) \quad \text{für } j = 1,...,k.$$

B 5.3.32 *Die folgende Tabelle enthält Quartals-Umsatzzahlen aus vier Jahren eines expandierenden Versandgeschäfts. Mit den Umsatzzahlen wurde eine lineare KQ-Trendfunktion berechnet. Dazu wurden die Quartale fortlaufend von t = 1 bis t = 16 durchnummeriert. Die Trendfunktion lautet:*
$$\hat{x} = 227.500 + 12.720{,}6t.$$
Die mittels der Trendfunktion bestimmten Trendwerte sind ebenfalls in die Tabelle eingetragen. Die Tabelle zeigt die Berechnung der additiven Schwankungskomponenten für die vier Quartale. Es ergeben sich also folgende Schwankungskomponenten:

    1. Quartal: s_1 = -106.544,
    2. Quartal: s_2 =   48.235,
    3. Quartal: s_3 =   515,
    4. Quartal: s_4 =   57.794.

5.3 Zeitreihenanalyse

Jahr p	Quartal j	Zeitwert t	Umsatz $x_{p,j} = x_t$	Trendwerte $\hat{x}_{p,j} = \hat{x}_t$	$s_j = x_{p,j} - \hat{x}_{p,j}$			
1	1	1	150.000	240.221	-90.221			
	2	2	320.000	252.941		67.059		
	3	3	280.000	265.662			14.338	
	4	4	350.000	278.382				71.618
2	1	5	180.000	291.103	-111.103			
	2	6	370.000	303.824		66.176		
	3	7	320.000	316.544			3.456	
	4	8	400.000	329.265				70.735
3	1	9	230.000	341.985	-111.985			
	2	10	390.000	354.706		35.294		
	3	11	370.000	367.426			2.574	
	4	12	430.000	380.147				49.853
4	1	13	280.000	392.868	-112.868			
	2	14	430.000	405.588		24.412		
	3	15	400.000	418.309			-18.309	
	4	16	470.000	431.029				38.971
				Mittelwerte	-106.544	48.235	515	57.794

Wird der Trend über gleitende Durchschnitte bestimmt, dann kann die Formel aus R 5.3.31 nicht unmittelbar angewendet werden, da nicht für alle Perioden gleitende Durchschnitte $\hat{x}_{p,j}$ berechnet wurden und für diese Perioden keine Differenzen $x_{p,j} - \hat{x}_{p,j}$ bestimmt werden können. Das verdeutlich das folgende Beispiel mit den gleichen Ausgangsdaten wie B 5.3.32.

B 5.3.33 *Die Tabelle auf der nächsten Seite zeigt die Berechnung der additiven Schwankungskomponenten. Für die ersten beiden und für die letzten beiden Quartale liegen keine gleitenden Durchschnitte vor und die Differenzen $x_{p,j} - \hat{x}_{p,j}$ konnten nicht berechnet wurden. Die Schwankungskomponenten werden somit als arithmetisches Mittel aus nur jeweils drei Differenzen $x_{p,j} - \hat{x}_{p,j}$ berechnet.*

Es ergeben sich folgende Schwankungskomponenten:
    1. Quartal: s_1 = -110.833,
    2. Quartal: s_2 =   45.833,
    3. Quartal: s_3 =   2.083,
    4. Quartal: s_4 =   62.083.

Kapitel 5   Zeitabhängige Daten

Jahr p	Quartal j	Umsatz $x_{p,j} = x_i$	gleitende Durchschnitte $\hat{x}_{p,j}$	$x_{p,j} - \hat{x}_{p,j}$			
1	1	150.000					
	2	320.000					
	3	280.000	278.750			1.250	
	4	350.000	288.750				61.250
2	1	180.000	300.000	-120.000			
	2	370.000	311.250		58.750		
	3	320.000	323.750			-3.750	
	4	400.000	332.500				67.500
3	1	230.000	341.250	-111.250			
	2	390.000	351.250		38.750		
	3	370.000	361.250			8.750	
	4	430.000	372.500				57.500
4	1	280.000	381.250	-101.250			
	2	430.000	390.000		40.000		
	3	400.000					
	4	470.000					
			Mittelwerte	-110.833	45.833	2.083	62.083

Ü 5.3.34 *Ein Unternehmen, das Wintersportgeräte herstellt, erzielt in den Jahren 2005 bis 2008 folgende Quartalsumsätze (in Mio. €):*

Quartal	2005	2006	2007	2008
1	11.000.000	12.000.000	11.500.000	12.500.000
2	4.000.000	4.500.000	5.000.000	5.000.000
3	5.000.000	5.500.000	5.500.000	6.000.000
4	15.000.000	14.500.000	15.500.000	15.500.000

Bestimmen Sie Trendwerte mit Hilfe gleitender Durchschnitte 4. Ordnung und die additiven Schwankungskomponenten.

Da die periodischen Schwankungen in sehr vielen Fällen Saisoneinflüsse widerspiegeln, spricht man in diesem Zusammenhang häufig von Saisonschwankungen. Der soeben behandelte Ansatz wird als **additive Verknüpfung von Trend und Saison** bezeichnet, und man spricht von einer **additiven Saisonkomponente**.

Multiplikative Verknüpfung von Trend und periodischen Schwankungen

In vielen Anwendungsfällen ist es wenig sinnvoll, von periodischen Schwankungen auszugehen, die in ihrer absoluten Höhe ständig gleich bleiben. Bei ansteigendem Trend wird man vielfach feststellen, dass die periodischen Schwankungen in ihrem Ausschlag (Amplitude) ständig größer werden. In solchen Fällen liegt es nahe, eine multiplikative Verknüpfung von Trend und periodischer Schwankung anzunehmen. Bei diesem Ansatz erhält man den aus Trendwert und

Schwankungskomponente zusammengesetzten Reihenwert dadurch, dass man den Trendwert und die Schwankungskomponente miteinander multipliziert. Es gilt also:

$$x_{p,j} = \hat{x}_{p,j} \cdot s_{p,j}$$

Bei einer multiplikativen Verknüpfung von Schwankungskomponente und Trendwert geht man davon aus, dass die periodischen Schwankungen gleicher Unterperioden für verschiedene Perioden in ihrer **relativen** Höhe konstant sind. In F 5.3.29 (S. 189) ist rechts ein Beispiel einer Zeitreihe dargestellt, bei der ein linearer Trend von einer multiplikativen Komponente überlagert wird. Auf Einzelheiten dazu wird nicht eingegangen.

5.4 Einfache Prognosetechniken
a) Aufgabenstellung und Grundbegriffe

Unter einer **Prognose** versteht man die Vorhersage eines Vorgangs oder eines Zustands. Da sich die Statistik mit messbaren Größen beschäftigt, kann der Begriff Prognose auch etwas enger umschrieben werden und darunter die Vorhersage eines Wertes oder mehrerer (zeitlich verschiedener) Werte verstanden werden. Die Bedeutung von Prognosen ergibt sich daraus, dass die meisten Entscheidungen in die Zukunft gerichtet sind. Für eine optimale Entscheidung ist oft die Kenntnis der Konsequenzen alternativer Handlungsweisen erforderlich. Diese kann man aber wegen der Zukunftsbezogenheit der Entscheidungen in der Regel nur über Prognosen gewinnen.

In vielen Fällen reicht es aus, wenn durch eine Prognose Entwicklungstendenzen aufgezeigt werden. Werden nur **Richtungsänderungen** oder **Niveauverschiebungen** vorhergesagt, ohne dass numerische Angaben über die Entwicklung der betreffenden wirtschaftlichen Größe gemacht werden, dann spricht man von einer **qualitativen Prognose**.

Bei einer **quantitativen Prognose** werden **Werte oder Wertebereiche** ökonomischer Größen vorhergesagt.

B 5.4.1 a) *Eine qualitative Prognose liegt vor, wenn man vorhersagt, „der Zinssatz (bzw. das Zinsniveau) wird steigen" oder „der Zinssatz (bzw. das Zinsniveau) wird fallen".*
b) *Eine quantitative Prognose liegt vor, wenn vorhergesagt wird, dass das Bruttosozialprodukt für Deutschland im kommenden Jahr um 1,9% zunehmen wird.*
c) *Eine quantitative Prognose liegt auch vor, wenn vorhergesagt wird, dass die Steuereinnahmen aus der Einkommensteuer im kommenden Jahr zwischen 63 und 64 Milliarden EURO liegen werden.*

Auf qualitative Prognosen wird hier nicht weiter eingegangen.

Neben der Unterscheidung in quantitative und qualitative Prognosen ist eine andere Unterscheidung wichtig. In vielen Fällen wird für eine Prognose unterstellt, dass sich die Prognosegröße autonom im Zeitablauf entwickelt und nur von der Zeit als Einflussgröße abhängt. Einflüsse anderer Größen werden vernachlässigt bzw. man geht davon aus, dass sich alle anderen Einflüsse unter der Variablen „Zeit" subsumieren lassen. Man spricht in einem solchen Fall von einer **unbedingten Prognose**. Grundlage einer unbedingten Prognose ist im Allgemeinen eine

Zeitreihenanalyse der vergangenen Entwicklung, auf deren Basis dann die Prognose erstellt wird.

Vielfach wird bei der Prognose einer ökonomischen Größe der Einfluss anderer Größen im Prognoseansatz berücksichtigt. Man setzt also die Prognosegröße in Beziehung zu anderen Größen, die sich leicht prognostizieren lassen oder für die bereits Prognosen vorliegen. In einem solchen Fall spricht man von einer **bedingten Prognose**, da die Vorhersage der Einflussgrößen Bedingung für die eigentliche Prognose ist.

B 5.4.2 *Der Benzinabsatz hängt z. B. von der Anzahl der zugelassenen Kraftfahrzeuge, dem Durchschnittsverbrauch pro Kraftfahrzeug und Kilometer sowie der Anzahl der gefahrenen Kilometer ab. Für eine Prognose kann man versuchen, diese Beziehung in einem Modell zu erfassen. Sind der zukünftige Kraftfahrzeugbestand, der Durchschnittsverbrauch und die Fahrleistung bereits prognostiziert, so lässt sich dann leicht der Benzinabsatz prognostizieren.*

Auf bedingte Prognosen wird hier nicht eingegangen, da ihre Behandlung den hier gesteckten Rahmen sprengen würde.

Ein Prognosewert der Größe x für die Periode t wird im Folgenden mit x_t^* bezeichnet.

b) Naive Prognoseverfahren

Unter naiven Prognoseverfahren werden solche verstanden, bei denen nur elementare Rechentechniken ohne besondere methodische Anforderungen benötigt werden.

Das einfachste quantitative Prognoseverfahren für eine ökonomische Größe erhält man, wenn man einen konstanten Verlauf der Größe in der Zeit unterstellt. Eine Prognose zum Zeitpunkt bzw. in der Periode t für den Zeitpunkt bzw. die Periode t+1 erhält man dann durch

$$x_{t+1}^* = x_t \,.$$

Will man (zunehmende oder abnehmende) Entwicklungstendenzen in der Prognose berücksichtigen, kann man davon ausgehen, dass die Änderung zwischen den beiden letzten Beobachtungswerten auch für die Zukunft gilt. Eine Prognose für die nächste Periode erhält man dann durch den Ansatz

$$x_{t+1}^* = x_t + (x_t - x_{t-1}) \,.$$

Verwendet man die letzte relative Änderung der zu prognostizierenden Größe, dann ergibt sich

$$x_{t+1}^* = x_t \cdot \frac{x_t}{x_{t-1}} \,.$$

B 5.4.3 *Die folgenden Zitate aus dem Haushaltsplan einer bundesdeutschen Großstadt mögen zeigen, dass diese naiven Verfahren tatsächlich angewendet werden:*
„Bei der Grundsteuer A wird der Haushaltsansatz des letzten Jahres unverändert fortgeführt und bei der Grundsteuer B entsprechend den Erfahrungen jährlich um 500.000 € erhöht."
„Ausgehend von der Einnahmeschätzung für das letzte Jahr wurde das Aufkommen aus der Lohnsummensteuer mit jährlich 12% fortentwickelt."

Weist die zeitliche Entwicklung der zu prognostizierenden Größe unregelmäßige Schwankungen auf, so kann man für die Prognose einen Durchschnittswert aus den jüngsten Vergangenheitswerten verwenden, der gewogen oder ungewogen berechnet werden kann. Ebenso kann man mit den durchschnittlichen absoluten oder relativen Änderungen der Vergangenheit arbeiten.

Enthält die Zeitreihe der zu prognostizierenden Größe eine periodische Schwankung, so kann man die Fortschreibung durch einfache oder durchschnittliche absolute oder relative Änderungen dahingehend erweitern, dass man die Fortschreibung getrennt für gleichrangige Unterperioden durchführt. Hat man beispielsweise Monatswerte und einen jährlich wiederkehrenden Saisonzyklus, so kann man die Januar-Werte, die Februar-Werte usw. je getrennt für sich nach einem der geschilderten Fortschreibungsverfahren prognostizieren.

Rechentechnisch sind die geschilderten naiven Verfahren so einfach, dass es sich erübrigt, weitere Einzelheiten zu behandeln. Vom methodischen Ansatz her sind sie problematisch, da sie in ihrer Einfachheit die tatsächlichen Verhältnisse nur unzulänglich wiedergeben und leicht zu Fehlprognosen führen.

c) Prognosen auf der Basis von Zeitreihen

Wenn Prognosen nicht auf Spekulationen, Mutmaßungen oder groben Schätzungen beruhen sollen, dann ist es notwendig, sie auf eine quantitative oder statistische Grundlage zu stellen und dazu die Entwicklung der zu prognostizierenden Größe in der Vergangenheit zu untersuchen. Das Instrument dazu ist die Zeitreihenanalyse, deren Grundzüge in Abschnitt 5.3 behandelt wurden. Bei der Zeitreihenanalyse versucht man, anhand von Beobachtungswerten Gesetzmäßigkeiten herauszufinden und für die Entwicklung einer Größe in der Zeit ein quantitatives (mathematisch-statistisches) Modell zu formulieren.

Ändern sich die Bedingungen, unter denen sich eine Größe in der Vergangenheit entwickelt hat, in der Zukunft nicht, dann können die Ergebnisse einer Zeitreihenanalyse für eine Prognose der betreffenden Größe benutzt werden. Man schreibt dazu das Zeitreihenmodell in die Zukunft fort.

Der einfachste Prognoseansatz auf der Grundlage eines Zeitreihenmodells, der insbesondere für langfristige Vorhersagen eine Rolle spielt, ist die so genannte **Trendextrapolation**. Dabei werden in eine aus Vergangenheitswerten berechnete Trendfunktion $\hat{x} = f(t)$ für die Zeit t die entsprechenden Werte eingesetzt. Über die Funktionsgleichung erhält man dann die Trendprognose x_t^*.

Da es bei der Trendextrapolation nur darauf ankommt, in eine berechnete Trendfunktion einen Zahlenwert für die Zeit einzusetzen und dann den zugehörigen Funktionswert auszurechnen, wird auf Einzelheiten verzichtet.

Sind bei der Analyse einer Zeitreihe außer dem Trend auch noch periodische Schwankungen ermittelt worden, dann kann eine Prognose ebenfalls auf der Basis des berechneten Modells erfolgen. Die Prognose selbst erfolgt dann üblicherweise in zwei Schritten. In einem ersten Schritt wird eine Trendprognose durchgeführt, indem man, wie oben beschrieben, in die Trendfunktion den entsprechenden Zeitwert einsetzt. Diesen Trendwert überlagert man dann in einem zweiten Schritt mit der Schwankungskomponente des jeweiligen Zeitraums.

B 5.4.4 *Aus den Quartalsumsätzen (in Millionen €) von 4 Jahren hat ein Unternehmer folgende Trendfunktion berechnet* $\hat{x} = 2 + 0{,}47t$ *(t=1,...,16). Für die additive Schwankungskomponente wurden folgende Werte bestimmt:* $s_1 = -0{,}2$; $s_2 = +2{,}1$; $s_3 = -1{,}2$; $s_4 = -0{,}7$. *Für das nächste Jahr erhält man folgende Umsatzprognose:*

Quartal	t	Trendprognose	s_j	Prognose
1.	17	$x^* = 2 + 0{,}47 \cdot 17 = 9{,}99$	−0,2	9,79
2.	18	$x^* = 2 + 0{,}47 \cdot 18 = 10{,}46$	+2,1	12,56
3.	19	$x^* = 2 + 0{,}47 \cdot 19 = 10{,}93$	−1,2	9,73
4.	20	$x^* = 2 + 0{,}47 \cdot 20 = 11{,}40$	−0,7	10,70

Es ist zu beachten, dass sowohl die Trendextrapolation als auch die soeben beschriebene Berücksichtigung von periodischen Schwankungen eine Trendfunktion nach dem Kriterium der Kleinsten Quadrate voraussetzt. Ist der Trend durch gleitende Durchschnitte bestimmt worden, dann ist die beschriebene Vorgehensweise nicht anwendbar, da in diesem Fall keine Funktionsgleichung vorliegt, die man für die Prognose verwenden kann. Es besteht aber z. B. die Möglichkeit, den Trend durch Differenzen der Vergangenheit fortzuschreiben, so wie das im vorhergehenden Abschnitt bei den naiven Prognosetechniken beschrieben worden ist.

d) Zuverlässigkeit von Prognosen

Die Behandlung von Ansätzen oder Modellen zur Durchführung quantitativer ökonomischer Prognosen wirft fast automatisch die Frage nach der Genauigkeit und Zuverlässigkeit von Prognosen auf. Perfekte Prognosen, bei denen der prognostizierte und der tatsächlich eingetretene Wert übereinstimmen, wird man nur in seltenen Ausnahmefällen erzielen. In der Regel werden Abweichungen auftreten, denn bei Zeitreihenmodellen können in vielen Fällen zwar Gesetzmäßigkeiten festgestellt werden, diese werden aber durch die irregulären Schwankungen überlagert. Das ist typisch für fast alle Prognoseansätze und führt dazu, dass man in vielen Fällen nicht eine **Punktprognose**, bei der man einen einzelnen Wert vorhersagt, ermittelt, sondern eine **Intervallprognose**, bei der man einen Bereich angibt, in dem die Prognosegröße „erwartet" wird. Die methodischen Grundlagen für Intervallprognosen können an dieser Stelle nicht behandelt werden, da dazu grundlegende Kenntnisse aus Wahrscheinlichkeitsrechnung und Stichprobenverfahren erforderlich sind.

Da Fragen der Genauigkeit und Zuverlässigkeit von Prognosen auch in anderer Hinsicht sehr tief in die statistischen Verfahren der Wahrscheinlichkeitsrechnung und Stichprobentheorie eindringen, sollen hier nur kurz die wichtigsten Probleme, die bei der Untersuchung der Zuverlässigkeit einer Prognose eine Rolle spielen, angeführt werden.

- Bei einem Prognosemodell auf der Grundlage einer Zeitreihenanalyse der Vergangenheit besteht grundsätzlich die Gefahr, dass ein formal falscher Ansatz gewählt worden ist. Dieser Ansatz kann sich auf die Wahl einer ungeeigneten Trendfunktion (z. B. linearer Trend statt Exponentialtrend) und auf falsche Annahmen hinsichtlich der Eigenschaft und der Art der Überlagerung durch periodische Schwankungen beziehen. Die Untersuchung vorhandenen Datenmaterials hilft hier nicht immer weiter, weil in den beobachteten Werten auch irreguläre Schwankungen enthalten sind, die es nicht zulassen, eindeutige Aussagen zu machen.

- Selbst bei einem korrekten Modellansatz können bei der Ermittlung der numerischen Werte der Koeffizienten des Modells Fehler auftreten. Diese Fehler können bei der Erhebung der Beobachtungswerte oder bei den Berechnungen entstehen.
- Fehler bei einer Prognose können sich auch daraus ergeben, dass ein reiner Zeitreihenansatz für eine Prognose ungeeignet ist. Das ist z. B. dann der Fall, wenn besondere Einflussgrößen auf die Prognosegröße einwirken und diese Einflussgrößen in der Zeit Veränderungen unterliegen. In diesem Fall ist die explizite Berücksichtigung dieser besonderen Einflussgröße notwendig, womit man dann ein Modell einer bedingten Prognose erhält. Auf bedingte Prognosen wird hier nicht weiter eingegangen.
- Mit dem vorhergehenden Problem eng verwandt ist die Frage der zeitlichen Gültigkeit eines Modellansatzes. Jede Prognose auf der Basis eines Zeitreihenmodells unterstellt, dass sich die in der Zeitreihe enthaltenen Gesetzmäßigkeiten auch in der Zukunft in gleicher Weise entwickeln. In vielen Fällen ist das aber nicht der Fall, und zwar immer dann, wenn besondere Einflüsse zu so genannten **Strukturbrüchen** führen. Ein einfaches Beispiel eines Strukturbruchs wurde in B 5.3.27 (siehe vor allem auch F 5.3.28) behandelt.

Im Übrigen sei zu den Prognoseverfahren auf die im Literaturverzeichnis angegebene weiterführende Literatur verwiesen.

5.5 Exponentielle Glättung

a) Vorbemerkungen

Ein einfaches Verfahren zur Erstellung kurzfristiger Prognosen, welches in der Praxis weit verbreitet ist, ist die so genannte exponentielle Glättung. Bei der exponentiellen Glättung erster Ordnung wird in der Periode (bzw. zum Zeitpunkt) t der Prognosewert für die Periode (bzw. für den Zeitpunkt) t+1 als **gewogenes arithmetisches Mittel** aus dem Beobachtungswert der Periode (des Zeitpunkts) t und dem für diese Periode (diesen Zeitpunkt) früher bestimmten Prognosewert berechnet. Zur Berücksichtigung eines Trends ist es erforderlich, exponentielle Glättung zweiter oder höherer Ordnung anzuwenden. Im Folgenden wird nur auf exponentielle Glättung erster und zweiter Ordnung eingegangen.

b) Exponentielle Glättung erster Ordnung

Bei der exponentiellen Glättung erster Ordnung wird davon ausgegangen, dass die Zeitreihe **keinen Trend** und keine stark ausgeprägten periodischen Schwankungen aufweist.

R 5.5.1

Exponentielle Glättung erster Ordnung
Den exponentiell geglätteten Wert $\hat{x}_t$ einer Zeitreihe erhält man aus x_t und $\hat{x}_{t-1}$ wie folgt:
$$\hat{x}_t = \alpha x_t + (1-\alpha)\hat{x}_{t-1}, \quad 0 < \alpha < 1.$$

$\hat{x}_t$ ergibt sich also als gewogenes arithmetisches Mittel aus x_t und $\hat{x}_{t-1}$. Die Summe der Gewichte ergibt 1 wegen $\alpha + (1-\alpha) = 1$. Auf die Wahl von α wird im nächsten Unterabschnitt eingegangen.

Kapitel 5   Zeitabhängige Daten

R 5.5.2

> **Prognose mit exponentieller Glättung erster Ordnung**
> Gegeben sei eine Zeitreihe ohne Trend und periodische Schwankungen. Zum Zeitpunkt bzw. in der Periode t erhält man eine **Prognose** für t+1 mit exponentieller Glättung wie folgt:
> $$x^*_{t+1} = \hat{x}_t = \alpha x_t + (1-\alpha)\hat{x}_{t-1} = \alpha x_t + (1-\alpha)x^*_t$$

B 5.5.3 *Für die in der Tabelle gegebene Zeitreihe sind mit $\hat{x}_0 = 19$ exponentiell geglättete Werte für drei verschiedene α-Werte berechnet worden.*

t	x_t	Exponentiell geglättete Werte		
		$\alpha = 0{,}3$	$\alpha = 0{,}1$	$\alpha = 0{,}6$
1	20	$\hat{x}_1 = 0{,}3 \cdot 20 + 0{,}7 \cdot 19 = 19{,}3$	19,10	19,60
2	18	$\hat{x}_2 = 0{,}3 \cdot 18 + 0{,}7 \cdot 19{,}3 = 18{,}91$	18,99	18,64
3	21	$\hat{x}_3 = 0{,}3 \cdot 21 + 0{,}7 \cdot 18{,}91 = 19{,}54$	19,19	20,06
4	22	$\hat{x}_4 = 20{,}28$	19,47	21,22
5	19	$\hat{x}_5 = 19{,}89$	19,42	19,89
6	21	$\hat{x}_6 = 20{,}23$	19,58	20,56
7	18	$\hat{x}_7 = 19{,}56$	19,42	19,02
8	20	$\hat{x}_8 = 19{,}69$	19,48	19,61
9	21	$\hat{x}_9 = 20{,}08$	19,63	20,44
10	17	$\hat{x}_{10} = 19{,}16$	19,37	18,38

In F 5.5.4 sind Zeitreihe und exponentiell geglättete Werte dargestellt.

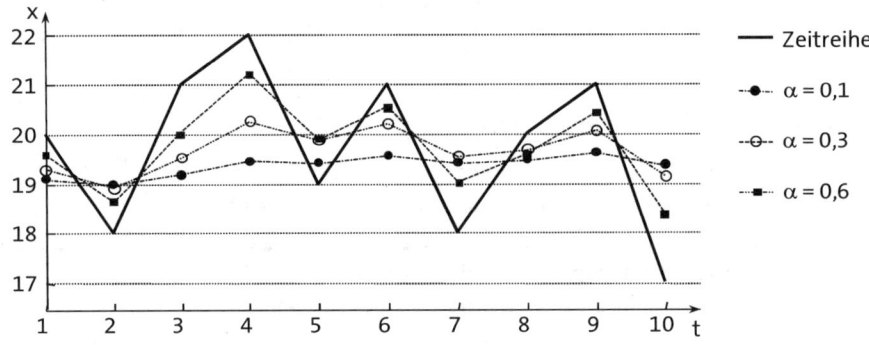

F 5.5.4   Zeitreihe und exponentiell geglättete Werte

Ü 5.5.5 *Gegeben sind folgende Werte einer Zeitreihe:* $x_1 = 10$; $x_2 = 14$; $x_3 = 16$; $x_4 = 4$; $x_5 = 10$; $x_6 = 14$. *Bestimmen Sie exponentiell geglättete Werte für* $\alpha = 0{,}1$ *und* $\alpha = 0{,}5$. *Der Anfangswert beträgt* $\hat{x}_0 = 12$.

5.5 Exponentielle Glättung

Hinter der angegebenen Formel für die Berechnung einer **Prognose nach der exponentiellen Glättung** verbirgt sich ein gewogenes arithmetisches Mittel aus **allen** Vergangenheitswerten. Wird für den exponentiell geglätteten Wert der Periode t in die Bestimmungsgleichung

$$\hat{x}_{t-1} = \alpha x_{t-1} + (1-\alpha)\hat{x}_{t-2}$$

eingesetzt und entsprechend auch für $\hat{x}_{t-2}$, $\hat{x}_{t-3}$, ..., dann ergibt sich:

$$\begin{aligned}\hat{x}_t &= \alpha x_t + (1-\alpha)\hat{x}_{t-1}\\ &= \alpha x_t + (1-\alpha)(\alpha x_{t-1} + (1-\alpha)\hat{x}_{t-2})\\ &= \alpha x_t + (1-\alpha)\alpha \cdot x_{t-1} + (1-\alpha)^2 \hat{x}_{t-2}\\ &= \alpha x_t + (1-\alpha)\cdot \alpha x_{t-1} + (1-\alpha)^2(\alpha x_{t-2} + (1-\alpha)\hat{x}_{t-3})\\ &= \alpha x_t + (1-\alpha)\cdot \alpha x_{t-1} + (1-\alpha)^2 \alpha x_{t-2} + (1-\alpha)^3 \hat{x}_{t-3}\end{aligned}$$

Setzt man (theoretisch) unendlich oft ein, so ergibt sich schließlich

R 5.5.6

$$\hat{x}_t = \sum_{i=0}^{\infty} \alpha(1-\alpha)^i x_{t-i}$$

Der exponentiell geglättete Wert $\hat{x}_t$ stellt also ein gewogenes arithmetisches Mittel **aller** Vergangenheitswerte x_t, x_{t-1}, x_{t-2}, ... dar. Die Größe der Gewichte $\alpha(1-\alpha)^i$ nimmt mit dem Exponenten i ab. Daher die Bezeichnung „exponentielle Glättung".

Durch Umformung ergibt sich aus R 5.5.1 und R 5.5.2:

$$x^*_{t+1} = \hat{x}_t = \alpha x_t + (1-\alpha)\hat{x}_{t-1} = \alpha x_t + (1-\alpha)x^*_t = \alpha x_t + x^*_t - \alpha x^*_t$$

und damit

R 5.5.7

$$x^*_{t+1} = x^*_t + \alpha(x_t - x^*_t)$$

Diese Formel liefert folgende Interpretation einer Prognose mit exponentieller Glättung erster Ordnung:

> Ein mit exponentieller Glättung erster Ordnung berechneter Prognosewert für die Periode t+1 ergibt sich aus dem Prognosewert für t korrigiert um einen Anteil α des Prognosefehlers $x_t - x^*_t$ aus der Periode t.

Die praktische Bedeutung der exponentiellen Glättung ergibt sich daraus, dass für fortlaufende Prognosen jeweils nur der letzte Prognosewert gespeichert werden muss. Sobald der neueste Beobachtungswert bekannt ist, kann mit R 5.5.1 und R 5.5.2 die nächste Prognose erstellt werden. Vor allem für Bedarfsvorhersagen zur Beschaffungs- und Lagerplanung bei Lagern mit sehr vielen Lagerpositionen sind die geringe Anzahl der zu speichernden Vergangenheitswerte und der einfache Ansatz ein wichtiger Vorzug.

In einer modifizierten Form kann die exponentielle Glättung auch zur Bestimmung des Trends einer Zeitreihe benutzt werden, ähnlich wie bei gleitenden Durchschnitten. Dabei hat man den Vorteil, dass Trendwerte $\hat{x}_t$ bis zum Ende des Beobachtungszeitraums bestimmt werden können (siehe R 5.5.1). Dieser Aspekt wird jedoch nicht weiter erörtert.

c) Wahl des Glättungsfaktors

Der Glättungsfaktor α wird bei der Anwendung der exponentiellen Glättung vorgegeben. Aus der Formel für die exponentielle Glättung ergibt sich, dass der jeweils letzte Beobachtungswert um so stärker berücksichtigt wird, je größer α ist, und dass der letzte Prognosewert, in dem sich die ganze Vergangenheit der Zeitreihe niederschlägt, um so stärker berücksichtigt wird, je kleiner α ist.

Ein kleines α hat zur Folge, dass die Zeitreihe, wenn man die exponentielle Glättung auf die Vergangenheitswerte anwendet, stärker geglättet wird als bei großem α.

Bei einem großen α reagieren die exponentiell geglätteten Werte wesentlich stärker auf jede Abweichung der Reihenwerte vom Durchschnitt. In B 5.5.3 und F 5.5.4 wird das bereits deutlich.

In F 5.5.8 sind zwei Zeitreihen dargestellt. Im linken Teil der Zeichnung enthält die Zeitreihe einen einmaligen Impuls und man sieht deutlich, dass sich dieser Impuls bei einem kleinen α zwar schwächer in der betreffenden Periode auswirkt, dafür aber auch wesentlich länger nachwirkt, als bei einem großen α. Im rechten Teil wird deutlich, dass bei einem größeren α eine schnellere Anpassung an Niveauverschiebungen erfolgt als bei einem kleinen α.

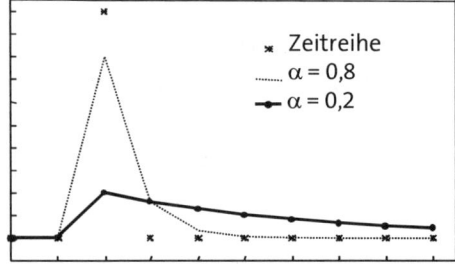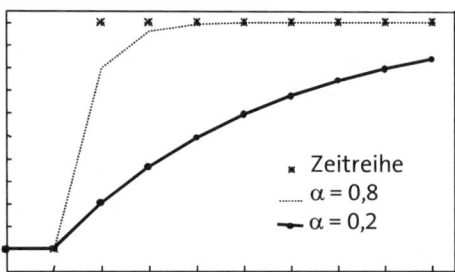

F 5.5.8 Exponentielle Glättung mit unterschiedlichem α

Die Auswirkungen des α-Wertes sind in der folgenden Übersicht zusammengestellt. Die Angaben können die Wahl eines Wertes für α erleichtern.

	großes α	kleines α
Berücksichtigung von Vergangenheitswerten	gering	stark
Berücksichtigung neuester Werte	stark	gering
Glättung der Zeitreihe	gering	stark
Anpassung an Niveauverschiebungen	schnell	langsam

d) Exponentielle Glättung zweiter Ordnung

Die Ausführungen im vorhergehenden Unterabschnitt zeigen, dass bei exponentieller Glättung auf einen Impuls, eine Niveauverschiebung oder eine Trendentwicklung immer erst mit einer zeitlichen Verzögerung reagiert wird. Das liegt daran, dass der jeweils neueste Wert der Zeitreihe erst in die Prognose für die nächste Periode eingeht und sich eine Niveauverschiebung oder dergleichen erst in der nächsten Periode niederschlagen kann. In solchen Fällen führt deshalb die exponentielle Glättung zu einer systematischen Verzerrung in den Prognosewerten. Das gleiche gilt auch für eine Zeitreihe, bei der periodische Schwankungen auftreten.

5.5 Exponentielle Glättung

Bei einem ansteigenden Trend erhält man durch die exponentiell geglätteten Werte eine systematische Unterschätzung bei den Prognosewerten. Das kann man sich verhältnismäßig leicht an einer Zeichnung wie in F 5.5.9 verdeutlichen.

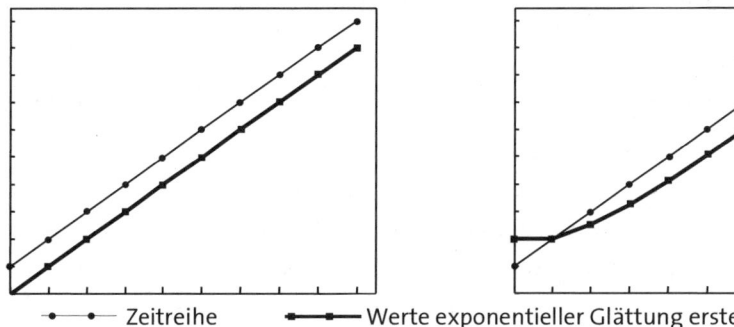

•——•— Zeitreihe   ■——■— Werte exponentieller Glättung erster Ordnung

F 5.5.9 Exponentielle Glättung bei linearem Trend

Links ist in F 5.5.9 gezeigt, dass bei linearem Trend die durch exponentielle Glättung bestimmten Prognosewerte sämtlich unter dem Trend liegen.

Der rechte Teil von F 5.5.9 zeigt, dass diese systematische „Unterschätzung" eines linearen Trends selbst dann eintritt, wenn die Prognosewerte zunächst über den Beobachtungswerten liegen.

Um die systematische Verzerrung bei einem linearen Trend aufzulösen, kann man die **exponentielle Glättung zweiter Ordnung** verwenden.

Exponentiell geglättete Durchschnitte zweiter Ordnung erhält man, indem man auf die exponentiell geglätteten Werte erster Ordnung das Prinzip der exponentiellen Glättung nochmals anwendet.

R 5.5.10

> **Exponentielle Glättung zweiter Ordnung**
> Gegeben seien Zeitreihenwerte x_t und die zugehörigen, mit exponentieller Glättung erster Ordnung bestimmten Werte $\hat{x}_t$.
> Die Werte der exponentiellen Glättung zweiter Ordnung erhält man wie folgt:
> $$\hat{\hat{x}}_t = \alpha \hat{x}_t + (1-\alpha)\hat{\hat{x}}_{t-1}.$$

Mit Hilfe der exponentiellen Glättung zweiter Ordnung ist es möglich, Prognosen unter Berücksichtigung eines linearen Trends zu bestimmen. Dabei benutzt man die hier nicht im einzelnen nachgewiesene Tatsache, dass bei exakt linearem Verlauf der Zeitreihenwerte für t die Prognosen mit exponentieller Glättung erster Ordnung von den Zeitreihenwerten denselben Abstand haben, wie die Werte einer exponentiellen Glättung zweiter Ordnung von den Werten einer exponentiellen Glättung erster Ordnung (siehe F 5.5.12).

R 5.5.11

Trendprognose mit exponentieller Glättung

Gegeben sei eine Zeitreihe mit einem linearen Trend. Eine Trendprognose x^*_{t+1} für t+1 erhält man zum Zeitpunkt (bzw. in der Periode) t mit Hilfe der exponentiellen Glättung erster und zweiter Ordnung wie folgt:

$$x^*_{t+1} = 2\hat{x}_t - \hat{\hat{x}}_{t-1} = \hat{x}_t + (\hat{x}_t - \hat{\hat{x}}_{t-1})$$

Diese Formel kann man sich leicht anhand einer Zeichnung veranschaulichen.

In F 5.5.12 liegen die Zeitreihenwerte (●) auf einer Geraden. Die Werte der exponentiellen Glättung erster Ordnung (○) haben von den Beobachtungswerten denselben Abstand wie von den Werten der exponentiellen Glättung zweiter Ordnung (+). Aus $\hat{x}_t + (\hat{x}_t - \hat{\hat{x}}_{t-1})$ erhält man dann einen Prognosewert, der auf derselben Geraden liegt, wie die beobachteten Zeitreihenwerte.

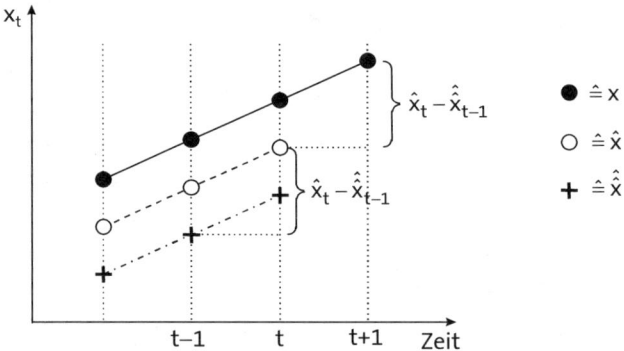

F 5.5.12 Exponentielle Glättung und linearer Trend

B 5.5.13 *Die folgende Tabelle enthält eine Zeitreihe, Werte exponentieller Glättung erster und zweiter Ordnung sowie Prognosen für* α = 0,3. *Die Anfangswerte sind* $\hat{x}_0 = 105$ *und* $\hat{\hat{x}}_0 = 95$.

t	x_t	$\hat{x}_t$	$\hat{\hat{x}}_t$	x^*_{t+1}
1	120	109,5	99,4	124,0
2	124	113,9	103,7	128,4
3	130	118,7	108,2	133,7
4	137	124,2	113,0	140,2
5	139	128,6	117,7	144,3
6	146	133,8	122,5	150,0
7	150	138,7	127,4	154,8
8	153	143,0	132,1	158,6
9	162	148,7	137,1	165,3
10	166	153,9	142,1	170,7

Hat eine Zeitreihe einen nichtlinearen Trend, dann kann man diesen bei der Berechnung von Prognosen durch exponentielle Glättung der Zeitreihe berücksichtigen, indem man exponentielle Glättung höherer Ordnung anwendet. Auf Einzelheiten dazu wird hier nicht näher eingegangen.

Es ist zu beachten, dass bei Anwendung der exponentiellen Glättung nicht nur der Wert des Gewichtungsfaktors α vorgegeben werden muss, sondern es ist auch ein Anfangswert für die Prognose vorzugeben. Auch darauf wird im Rahmen dieser Einführung nicht eingegangen.

6 Maß- und Indexzahlen

6.1 Aufgabe von Maßzahlen

In Kapitel 3 wurden Lageparameter (Mittelwerte) und Streuungsparameter für Häufigkeitsverteilungen bestimmt. Es handelt sich hierbei um Maßzahlen von Verteilungen eines Merkmals. In Kapitel 4 wurden verschiedene Maßzahlen zur Charakterisierung der Ausgeprägtheit eines statistischen Zusammenhangs zwischen Merkmalen eingeführt. Allgemein gilt:

D 6.1.1
> **Maßzahl**
> Eine Maßzahl ist eine Größe zur quantitativen Charakterisierung eines Sachverhalts, wobei gleichen Sachverhalten auch gleiche Werte der Maßzahl entsprechen sollen.

Gegen den Grundsatz, dass gleichen Sachverhalten, die durch eine Maßzahl charakterisiert werden sollen, auch gleiche Werte dieser Maßzahl zugeordnet werden müssen, wird häufig verstoßen, und zwar auch außerhalb der eigentlichen Statistik. Ein bekanntes Beispiel dafür ist die oft fragwürdige Leistungsbewertung beim Eiskunstlauf durch die Punktrichter.

Das nachfolgende Beispiel enthält einige Problemstellungen, die die Notwendigkeit zur Definition und Bestimmung statistischer Maßzahlen verdeutlichen sollen.

B 6.1.2 a) *Es soll geprüft werden, ob sich die Brotpreise in den USA und in Deutschland in den letzten 10 Jahren gleich entwickelt haben oder nicht. Eine unmittelbare Gegenüberstellung der Preise wird hier kein brauchbares Ergebnis liefern, da die Preise in unterschiedlichen Währungen angegeben sind und sich in dem betrachteten Zeitraum die Währungsparitäten geändert haben können. Eine Gegenüberstellung ist erst möglich, wenn die Preise durch Berechnung geeigneter Maßzahlen vergleichbar gemacht worden sind. Dies geschieht durch Bestimmung von Preismesszahlen, auf die weiter unten noch eingegangen wird*[24].
b) *Es soll der wirtschaftliche Erfolg von zwei Unternehmungen verglichen werden. Ein solcher Vergleich kann nur dann vorgenommen werden, wenn es für den Erfolg eine Maßzahl gibt, die eine aussagefähige Gegenüberstellung erlaubt. Der Gewinn als absolute Größe ist dazu ungeeignet, da größere Betriebe meistens einen größeren Gewinn als kleinere Betriebe erwirtschaften. Geeignet könnte für ein derartiges Problem z. B. die Maßzahl „Rentabilität" sein, bei der man den erwirtschafteten Gewinn auf das eingesetzte Kapital bezieht. Dadurch lassen sich dann auch Betriebe unterschiedlicher Größe miteinander vergleichen.*
c) *Bei Tarifverhandlungen zwischen Arbeitnehmern und Arbeitgebern spielt meistens die Kaufkraft des Geldes eine wichtige Rolle. Die Kaufkraft des Geldes nimmt ab, wenn die Preise der Güter steigen. Um zu einfachen und verwendungsfähigen Aussagen über die Preisentwicklung der einzelnen von den Arbeitnehmern verbrauchten Güter zu kommen, ist es erforderlich, eine Maßzahl zu berechnen, in die alle Preise der konsumierten Güter eingehen. Das Ergebnis ist der so genannte „Preisindex für die Lebenshaltungskosten", der in Abschnitt 6.3 behandelt wird.*

Bevor auf Maßzahlen im Einzelnen eingegangen wird, sei ausdrücklich darauf hingewiesen, dass die Bestimmung von Maßzahlen in keinem Fall Selbstzweck sein kann, sondern immer im Hin-

---

[24] Vgl. Abschnitt 6.2 c), S. 207 f.

blick auf das zu behandelnde Problem gesehen werden muss. In vielen Fällen ergibt sich die Definition einer Maßzahl erst aus der zu beantwortenden Fragestellung. Um Missverständnisse zu vermeiden, sollte man, sofern nicht völlige Klarheit über die Definition und die Berechnungsweise einer Maßzahl besteht, immer angeben, auf welcher Grundlage und in welcher Form eine Maßzahl berechnet worden ist.

6.2 Verhältniszahlen

Werden zwei Maßzahlen in Form eines Quotienten zueinander in Beziehung gesetzt, ergibt sich eine **Verhältniszahl**. Grundregel für jede Bestimmung von Verhältniszahlen ist, dass man nur aus solchen Größen einen Quotienten bilden soll, die auch wirklich in eine sinnvolle Beziehung zueinander gebracht werden können.

Man unterscheidet verschiedene Arten von Verhältniszahlen, die in den folgenden Abschnitten beschrieben werden.

a) Gliederungszahlen (relative Häufigkeiten)

Eine Gliederungszahl erhält man, wenn man die Anzahl der Elemente (bzw. die Häufigkeit) einer Teilmasse zur Anzahl der Elemente (bzw. zur Häufigkeit) einer übergeordneten Gesamtmasse in Beziehung setzt.

D 6.2.1
> **Gliederungszahl**
> Die relative Häufigkeit $f(x_j)$ einer Merkmalsausprägung bzw. einer Merkmalsklasse heißt auch Gliederungszahl.

B 6.2.2 a) *Von 1.639.937 Studenten an wissenschaftlichen Hochschulen und Kunsthochschulen im früheren Bundesgebiet im Wintersemester 2002/03 studierten 226.840 Wirtschaftswissenschaften. Als Gliederungszahl für die Studenten der Wirtschaftswissenschaften erhält man daraus*:
$$\frac{226.840}{1.639.937} = 0{,}13832 \text{ oder } 13{,}832\,\%$$
b) *Bei der Produktion eines Gutes treten in gewissem Umfang fehlerhafte Stücke auf. Der Anteil der fehlerhaften Stücke an der Gesamtproduktion ist eine Gliederungszahl und wird meistens als* **Ausschussquote** *bezeichnet.*

Jede Bestimmung von Gliederungszahlen entspricht der Berechnung von relativen Häufigkeiten. Darauf ist bereits in den Kapiteln 2 und 3 ausführlich eingegangen worden, so dass hier auf eine weitere Erörterung verzichtet werden kann.

b) Beziehungszahlen

Bei Beziehungszahlen werden **verschiedenartige** statistische Gesamt- oder Teilmassen zueinander in Beziehung gesetzt.

D 6.2.3
> **Beziehungszahl**
> Der Quotient zweier verschiedenartiger, sachlich sinnvoll zusammenhängender Größen heißt Beziehungszahl.

Beziehungszahlen können als arithmetisches Mittel einer Häufigkeitsverteilung interpretiert werden. Sie dienen im Allgemeinen der „vereinfachten" Berechnung eines arithmetischen Mittels ohne Kenntnis der Häufigkeitsverteilung des betreffenden Merkmals. Es gilt:

R 6.2.4

> **Bestimmung einer Beziehungszahl**
>
> $$\text{Beziehungszahl } \bar{x} = \frac{\sum x_i}{n} = \frac{\text{Summe der Merkmalswerte}}{\text{Anzahl der statistischen Einheiten}}$$

B 6.2.5 *Die folgenden Beziehungszahlen verdeutlichen, dass es sich um arithmetische Mittelwerte handelt*:

a) $\text{Bevölkerungsdichte} = \dfrac{\text{Anzahl der Einwohner einer Region}}{\text{Flächer der Region (in km}^2\text{)}}$

Die Bevölkerungsdichte einer Region gibt an, wie viel Einwohner durchschnittlich auf $1\,\text{km}^2$ Fläche wohnen. Die Untersuchung der Häufigkeitsverteilung des Merkmals „Einwohnerzahl je $1\,\text{km}^2$ Fläche" wäre sehr aufwändig, da man die Region in Flächenstücke von je $1\,\text{km}^2$ aufteilen müsste, denn das sind hier die statistischen Einheiten. An jeder Einheit (Flächenstück) müsste dann das Merkmal „Einwohnerzahl" erfasst werden.

b) $\text{Geburtenziffer} = \dfrac{\text{Anzahl der Lebendgeborenen einer Periode}}{\text{mittlere Gesambevölkerung in der betreffenden Periode}}$

Die Geburtenziffer (einer Periode) soll für eine Region angeben, wie viel Geburten durchschnittlich auf einen Einwohner in der betrachteten Periode entfallen. Sie entspricht dem arithmetischen Mittel der Häufigkeitsverteilung des Merkmals „Anzahl der Lebendgeburten in einer Periode", das an den statistischen Einheiten „Einwohner" erfasst wird. Da sich die Geburtenzahl auf eine Periode bezieht, die Bevölkerung in einer Periode aber Veränderungen unterliegen kann, verwendet man zur Bestimmung der Geburtenziffer eine mittlere Gesamtbevölkerung.

Die folgenden Beispiele weisen auf einige typische Probleme bei der Bestimmung und Verwendung von Beziehungszahlen hin.

B 6.2.6 a) $\text{Rentabilität} = \dfrac{\text{Gewinn einer Periode}}{\text{eingesetztes Kapital}}$

(*durchschnittlicher Gewinn je € eingesetztes Kapital*)
Die Berechnung der Rentabilität wird dadurch schwierig, dass „Gewinn" genau definiert werden muss (Brutto- oder Nettogewinn, Gewinn vor oder nach Abzug von Steuern usw.) und angegeben werden muss, auf welches Kapital der Gewinn bezogen werden soll (nur Eigenkapital, Eigenkapital + Fremdkapital usw.). Die Beziehungszahl „Rentabilität" kann also unterschiedlich definiert werden, und man sollte, z. B. für Vergleichszwecke, bei Verwendung dieser Beziehungszahl immer genau angeben, wie sie berechnet wurde.

b) $\text{Produktivität} = \dfrac{\text{produzierte Menge}}{\text{geleistete Arbeitsstunden}}$

(*durchschnittliche Produktionsmenge je Arbeitsstunde*)
Statt der produzierten Menge ist es auch möglich, produzierte Werte einzusetzen. Als Bezugsgröße kann man anstelle der geleisteten Arbeitsstunden auch die Anzahl der Arbeitstage oder die Anzahl der beschäftigten Arbeitskräfte einsetzen.

c) Bierverbrauch pro Kopf der Bevölkerung = $\dfrac{\text{Bierverbrauch}}{\text{Bevölkerungszahl}}$

(*durchschnittlicher Bierkonsum je Einwohner*)
Beim „Bierverbrauch pro Kopf der Bevölkerung" ist problematisch, dass in die Berechnung dieser Beziehungszahl üblicherweise alle Einwohner eines Landes oder einer Region eingehen, also auch Kinder (einschl. Säuglinge) und Antialkoholiker. Die Zahl kann also nur einen groben Eindruck der Trinkfreudigkeit geben und wird z. B. durch unterschiedliche Altersstrukturen verzerrt.

c) Messzahlen

Messzahlen geben Auskunft darüber, wie sich zwei gleichartige, räumlich oder zeitlich verschiedene Größen zueinander verhalten. Meistens geht es dabei um Zeitreihenwerte. Messzahlen werden vor allem dann verwendet, wenn statistische Reihen mit Merkmalswerten auf unterschiedlichem Niveau (z. B. Brötchenpreise und Autopreise) verglichen werden sollen.

D 6.2.7

> **Messzahl**
> Gegeben sei eine Reihe von Merkmalswerten x_t (t = 0,...,T).
> $$M_0^t = \frac{x_t}{x_0} \quad \text{bzw.} \quad M_0^t = \frac{x_t}{x_0} \cdot 100\,[\%] \qquad t = 0,\ldots,T$$
> heißt Messzahl für t zur Basis 0.
> Sind die x_t Zeitreihenwerte, so heißt M_0^t Messzahl für die Periode t zur Basis 0.
> Die Periode 0 heißt **Basisperiode**, t heißt **Berichtsperiode**.

In den meisten Fällen werden Messzahlen**reihen** bestimmt, manchmal aber auch nur einzelne Messzahlen.

B 6.2.8 *Während eines Zeitraums von 12 Monaten haben sich die in der folgenden Tabelle angegebenen Umsatzzahlen für zwei Zeitschriften ergeben. Um festzustellen, ob für beide Zeitschriften die gleichen saisonalen Schwankungen bestehen, wurden in beiden Fällen Messzahlen in Bezug auf den Umsatz im Januar berechnet*:

Monat	absolute Absatzzahlen (in 1.000)		Messzahlen (Januar $\hat{=}$ 100)	
	Zeitschrift A	Zeitschrift B	Zeitschrift A	Zeitschrift B
1	500	1.200	100	100
2	620	1.320	124	110
3	650	1.440	130	120
4	730	1.500	146	125
5	680	1.560	136	130
6	670	1.620	134	135
7	600	1.500	120	125
8	480	1.380	96	115
9	600	1.320	120	110
10	620	1.440	124	120
11	630	1.560	126	130
12	450	1.080	90	90

Als Basis zur Bestimmung der Messzahlen hätte man in diesem Beispiel auch den durchschnittlichen Monatsabsatz nehmen können.

Ein besonderes Problem bei der Bestimmung von Messzahlen liegt in der **Festlegung einer Basis**. Je nach Wahl der Basis können unterschiedliche Ergebnisse entstehen, die besonders dann zu falschen Eindrücken führen, wenn man sie grafisch darstellt. Das folgende Beispiel verdeutlicht dieses Problem.

B **6.2.9** *In den Jahren* 2006, 2007 *und* 2008 *wurden von zwei Zeitschriften* A *und* B *die folgenden Stückzahlen verkauft* (*in* 1.000):

	2006	2007	2008
A	1.000	1.200	1.400
B	200	400	600

Je nachdem, welches Jahr man als Basis für die Berechnung von Messzahlen verwendet, ergeben sich verschiedene Messzahlenreihen:

		2006	2007	2008
2006 ≅ 100	A	100	120	140
	B	100	200	300
2007 ≅ 100	A	83	100	117
	B	50	100	150
2008 ≅ 100	A	71	86	100
	B	33	67	100

Die Unterschiede treten noch ausgeprägter hervor, wenn man die Ursprungswerte und die Messzahlenreihen wie in F 6.2.10 *grafisch darstellt*.

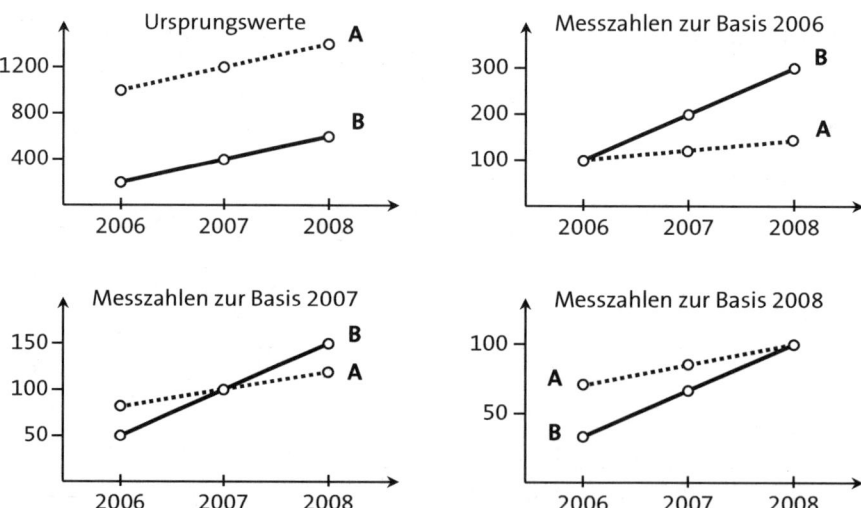

F **6.2.10** Messzahlenreihen mit unterschiedlicher Basis

d) Umbasierung und Verkettung von Messzahlen

Messzahlen sind im allgemeinen Quotienten aus Zeitreihenwerten eines Merkmals. Alle Werte werden auf den Wert einer Basisperiode (t = 0) bezogen. Die Messzahl für die Basisperiode wird dabei gleich 1 oder 100% gesetzt. Um eine gegebene Reihe von Messzahlen auf eine andere Basisperiode (t = v) zu beziehen, müssen alle Messzahlen in der folgenden Weise umgerechnet werden:

$$M_v^t = \frac{x_t}{x_v} = \frac{\frac{x_t}{x_0}}{\frac{x_v}{x_0}} = \frac{M_0^t}{M_0^v}$$

Werden anstelle von Dezimalbrüchen Prozentzahlen verwendet, so ist noch mit 100 zu multiplizieren.

R 6.2.11

> **Umbasierung von Messzahlen**
> Gegeben sei eine Reihe von Messzahlen M_0^t (t = 0,...,T) zur Basis 0. Aus diesen können Messzahlen zur Basis v (0 < v ≤ T) wie folgt bestimmt werden:
> $$M_v^t = \frac{M_0^t}{M_0^v} \quad \text{bzw.} \quad M_v^t = \frac{M_0^t}{M_0^v} \cdot 100\,[\%]$$
> Diese Umrechnung von Messzahlen heißt Umbasierung.

B 6.2.12 *Die folgende Tabelle enthält für 1999 bis 2008 die Umsätze eines Unternehmens (in Millionen €) und Messzahlen zur Basis 1999:*

1999	2000	2001	2002	2003	2004	2005	2006	2007	2008
50	56	60	62	72	80	84	88	90	96
100	112	120	124	144	160	168	176	180	192

Um aus den Messzahlen zur Basis 1999 solche zur Basis 2004 zu berechnen, sind alle Messzahlen durch die Messzahl M_{1999}^{2004} von 2004 zur Basis 1999 zu teilen und mit 100 zu multiplizieren.
Man erhält folgende Werte in Prozent:

$$\frac{100}{160} \cdot 100 = 62{,}5; \quad \frac{112}{160} \cdot 100 = 70;\ 75;\ 77{,}5;\ 90;\ 100;\ 105;\ 110;\ 112{,}5;\ 120\,.$$

Liegen für dieselbe Größe zwei Messzahlenreihen vor, die für **unterschiedliche Zeiträume** bestimmt wurden und deren Werte sich auf **unterschiedliche Basisperioden** beziehen, dann kann man diese beiden Messzahlenreihen dadurch verknüpfen, dass man alle Messzahlen auf ein gemeinsames Basisjahr bezieht.

Kapitel 6 Maß- und Indexzahlen

R 6.2.13

> **Verkettung von Messzahlenreihen**
> Gegeben seien zwei Messzahlenreihen eines Merkmals für verschiedene Zeiträume (t = 0,...,T und t = T,...,T+T*) und mit verschiedenen Basisperioden (t = 0 und t = T):
> $M_0^0, M_0^1, M_0^2, ..., M_0^T$ und $M_T^T, M_T^{T+1}, M_T^{T+2}, ..., M_T^{T+T^*}$.
> Durch Verkettung der beiden Messzahlenreihen erhält man eine durchgehende Messzahlenreihe zur Basis 0 wie folgt:
> $M_0^{T+t} = M_T^{T+t} \cdot M_0^T$ bzw. $M_0^{T+t} = (M_T^{T+t} \cdot M_0^T) : 100 [\%]$
> für t = 0,...,T*.

Die **Verkettung entspricht einer Umbasierung der zweiten Messzahlenreihe** auf die Basis der ersten Reihe. Das ergibt sich aus folgender Überlegung: Es ist $M_0^0 = M_t^t = 1$ für alle t. Aus R 6.2.11 folgt damit:

$$M_t^0 = \frac{M_0^0}{M_0^t} = \frac{1}{M_0^t} \text{ bzw. } M_0^t = \frac{1}{M_t^0}.$$

Allgemein gilt:

R 6.2.14

> $M_t^v = \frac{1}{M_v^t}$ für t,v=1,...,T

Wendet man diese Beziehung auf R 6.2.13 an, so ergibt sich:

$$M_0^{T+t} = M_T^{T+t} \cdot M_0^T = M_T^{T+t} \cdot \frac{1}{M_T^0} = \frac{M_T^{T+t}}{M_T^0}.$$

Es gilt somit:

R 6.2.15

> **Verkettung von Messzahlenreihen**
> Die Verkettung zweier Messzahlenreihen mit den Basisperioden t = 0 und t = T zu einer Reihe mit der Basisperiode t = 0 (bzw. t = T) geschieht durch Umbasierung der Reihe zur Basis T (bzw. 0) auf die Basis 0 (bzw. T).

B 6.2.16

	Jahr									
	1	2	3	4	5	6	7	8	9	10
Messzahlenreihe A	100	110	112	125	130	135				
Messzahlenreihe B						100	110	116	140	142
Verkettete Reihe	100	110	112	125	130	135	148,5	156,6	189	191,7

e) Standardisierung von Verhältniszahlen

Verhältniszahlen werden vor allem für Vergleichszwecke verwendet. Sinnvolle Vergleiche können aber nur für solche statistischen Massen angestellt werden, die in ihrer Struktur wenigstens annähernd übereinstimmen. Das folgende einfache Beispiel veranschaulicht dieses Problem.

B 6.2.17 *Bei zwei Klausuren betrug die Durchfallquote 20% bzw. 50%. Daraus kann nicht unbedingt der Schluss gezogen werden, dass die zweite Klausur schwieriger ist. Es kann sein, dass an der zweiten Klausur vor allem diejenigen teilgenommen haben, die bei der ersten Klausur durchgefallen sind. Bei der so vorhandenen „negativen Auslese" ist ein schlechteres Ergebnis vermutlich nicht auf eine schwierigere Klausur, sondern auf die geringeren Fähigkeiten oder Kenntnisse der Teilnehmer zurückzuführen.*

Das Beispiel zeigt ein Problem beim Vergleich verschiedenartiger Massen durch Verhältniszahlen. Man muss in einem solchen Fall die statistischen Massen durch Umformung vergleichbar machen, indem man versucht, eine „Normalstruktur" zu bestimmen, um für diese dann vergleichbare Verhältniszahlen zu berechnen.

D 6.2.18

> **Standardisierung**
> Die Umrechnung von Verhältniszahlen statistischer Massen mit unterschiedlicher Struktur auf eine einheitliche Struktur für Vergleichszwecke nennt man Standardisierung.

Im Wesentlichen geht es bei der Standardisierung darum, dass man Verhältniszahlen für Teilmassen bildet und aus diesen Verhältniszahlen dann einen gewogenen Durchschnitt bestimmt. Dazu teilt man die betrachtete inhomogene statistische Masse in k Teilmassen ein, die in sich möglichst homogen sind. Für jede Teilmasse errechnet man eine gesonderte Verhältniszahl und bestimmt daraus das gewogene arithmetische Mittel mit den Häufigkeiten der Teilmassen als Gewichte. Die Gewichte ergeben sich dabei üblicherweise aus einer Struktur, die man als typisch für das Problem ansehen kann und die man als Normalstruktur bezeichnet.

Die **Normalstruktur** ist eine fest vorgegebene Aufteilung der Gesamtmasse in Teilmassen, deren relative Häufigkeiten festgelegt werden. Um die durch Verhältniszahlen charakterisierten Eigenschaften zweier statistischer Massen zu vergleichen, wird für beide, unabhängig von den tatsächlichen Gegebenheiten, die Normalstruktur zugrunde gelegt, um dadurch strukturbedingte Unterschiede auszuschalten.

R 6.2.19

> **Standardisierung einer Verhältniszahl**
>
> Gegeben sei eine statistische Masse vom Umfang n, die in k homogene Teilmassen aufgeteilt ist, und es sei V_i die Verhältniszahl der i-ten Teilmasse (i = 1,...,k). Es sei n_i der Umfang bzw. $\frac{n_i}{n} = w_i$ der Anteil der i-ten Teilmasse in der Normalstruktur. Es gilt dann $\sum n_i = n$ bzw. $\sum w_i = 1$.
>
> Die auf die Normalstruktur bezogene standardisierte Verhältniszahl V ergibt sich aus:
>
> $$V = \frac{\sum_{i=1}^{k} n_i V_i}{n} = \sum_{i=1}^{k} V_i \frac{n_i}{n} = \sum_{i=1}^{k} V_i w_i.$$

Das folgende Beispiel zeigt, wie man bei der Standardisierung vorgeht.

B 6.2.20 *Es wird an B 6.2.17 angeknüpft. Aus den Klausurergebnissen kann nicht sofort geschlossen werden, dass die zweite Klausur schwieriger sei, wenn man weiß, dass Wiederholer erfahrungsgemäß eine höhere Durchfallquote haben. Bei unterschiedlicher Teilnehmerstruktur erhält man dann unter sonst gleichen Bedingungen verschiedene Durchfallquoten. Um Unterschiede in der Durchfallquote, die durch Abweichungen in der Teilnehmerstruktur hervorgerufen werden, auszuschalten, berechnet man eine bereinigte Durchfallquote, wobei hier als „normale Teilnehmerstruktur" einer Klausur 85% Erstteilnehmer und 15% Wiederholer zugrunde gelegt werden. Dazu wird von folgenden Zahlen ausgegangen:*

	Teilnehmer gesamt	Erstteilnehmer	davon durchgefallen	Wiederholer	davon durchgefallen
Klausur A	400	350	40 *bzw.* 11,4%	50	40 *bzw.* 80,0%
Klausur B	50	20	2 *bzw.* 10,0%	30	23 *bzw.* 76,7%

Es ergeben sich dann folgende standardisierten Verhältniszahlen:
$V_A = 11{,}4 \cdot 0{,}85 + 80 \cdot 0{,}15 = 21{,}7\%$ und $V_B = 10 \cdot 0{,}85 + 76{,}7 \cdot 0{,}15 = 20\%$.
Die durch Standardisierung bereinigten Durchfallquoten zeigen, dass beide Klausuren etwa gleich ausgefallen sind.

6.3 Grundbegriffe der Indexlehre

a) Aufgabenstellung der Indexlehre

Durch Messzahlen wird immer nur die Entwicklung eines einzelnen Preises bzw. einer einzelnen Größe beschrieben. Für viele Fragestellungen, z. B. im Bereich der Wirtschaftspolitik oder bei Tarifverhandlungen, benötigt man Maßzahlen oder Kennziffern, die die „durchschnittliche" Preisentwicklung mehrerer Güter durch eine einzige Zahl ausdrücken. In eine solche Kenngröße müssen die Preise aller betroffenen Güter eingehen. Die Preise unwichtiger Güter wird man dabei schwächer berücksichtigen als die Preise von Gütern, denen eine besondere Bedeutung zukommt.

6.3 Grundbegriffe der Indexlehre

D 6.3.1

> **Index**
> Eine Maßzahl, durch die mehrere Wertgrößen (Preise) oder Mengengrößen eines Zeitraums oder einer Region zu den entsprechenden Wert- oder Mengengrößen eines Basiszeitraums oder einer Bezugsregion in einer einzigen Kennzahl in Beziehung gesetzt werden, heißt **Index** oder **Indexzahl**.

Indexzahlen spielen in sehr vielen Bereichen der angewandten Statistik eine Rolle.

Der „Preisindex für die Lebenshaltungskosten" kann zur Beurteilung der Preisentwicklung bei Gütern des täglichen Bedarfs herangezogen werden. Zur Beurteilung der industriellen Tätigkeit werden im Statistischen Jahrbuch für die Bundesrepublik Deutschland beispielsweise folgende Mengenindizes ausgewiesen: „Index der industriellen Nettoproduktion", „Index der industriellen Bruttoproduktion für Investitions- und Verbrauchsgüter", „Index der Arbeitsproduktivität", „Index des Auftragseingangs in ausgewählten Industriezweigen", „Index des Auftragsbestands ausgewählter Industriezweige".

In den genannten und vielen anderen Fällen der Indexberechnung geht es darum, die zeitliche Entwicklung verschiedener Größen in einer einzigen Kennzahl auszudrücken. Im Rahmen dieser Einführung kann nur darauf eingegangen werden, wie, d. h. mit welchen Formeln man eine solche Indexzahl berechnen kann. Spezielle Fragen der praktischen Indexbestimmung werden nicht diskutiert. Zu diesen Fragen gehört z. B. das Problem, welche Preise und welche Mengen in die Berechnung eines Index eingehen sollen.

b) Grundgedanken der Indexberechnung

Die wesentlichen Gedanken einer Indexberechnung und einige grundsätzliche Probleme dabei sollen zunächst an einem sehr einfachen Beispiel erläutert werden.

B 6.3.2 *Die zeitliche Entwicklung der Preise für leichtes Heizöl kann durch eine Messzahlenreihe beschrieben werden. Will man dagegen die Preisentwicklung aller Mineralölprodukte durch eine einzige Kenngröße charakterisieren, so ist eine Indexzahl zu bestimmen. Der Student Paul, der eine Frau, eine Wohnung und ein Auto hat, hat im April 2003 und im April 2004 notiert, wie viel Benzin, Heizöl und Nähmaschinenöl in seinem Haushalt verbraucht wurde und welche Preise er dafür entrichten musste:*

	Benzin		Heizöl		Nähmaschinenöl	
	Menge	Preis	Menge	Preis	Menge	Preis
April 03	120 ℓ	0,98 €/ℓ	300 ℓ	0,49 €/ℓ	0,05 ℓ	8,50 €/ℓ
April 04	130 ℓ	1,15 €/ℓ	320 ℓ	0,59 €/ℓ	0,05 ℓ	12,75 €/ℓ

Paul hatte zunächst die Idee, für die beiden Vergleichsmonate jeweils das arithmetische Mittel der angegebenen Preise (pro Liter) zu bestimmen und daraus eine Messzahl zu berechnen, doch dabei hätte er folgenden Fehler begangen:
Der Preis für Nähmaschinenöl ist am stärksten gestiegen und würde das arithmetische Mittel auch stark beeinflussen. Paul würde daher feststellen, dass die Preise im April 2004 um etwa 45% höher liegen als im April 2003. Dieser absurde Wert ist darauf zurückzuführen, dass in die Rechnung nicht eingegangen ist, dass zwar Nähmaschinenöl um 50% teurer geworden ist, der Verbrauch

aber sehr gering im Vergleich zu Benzin und Heizöl ist. Auf die gesamten monatlichen Ausgaben für die drei Produkte hat dieser Preis kaum Einfluss.
Pauls Frau schlägt daher vor, die Ausgaben für Mineralölprodukte im April 2004 mit denen im April 2003 zu vergleichen. Sie rechnet:
  Ausgaben im April 03:   120·0,98 + 300·0,49 + 0,05·8,50 = 265,03 €;
  Ausgaben im April 04:   130·1,15 + 320·0,59 + 0,05·12,75 = 338,94 €.
Die Ausgaben von Pauls Haushalt für die drei Mineralölprodukte sind also im April 2004 um etwa 28% höher als die Ausgaben im April 2003. Aber auch diese Maßzahl charakterisiert nicht die Preisentwicklung, denn man begeht, falls man sie so interpretiert, folgenden Fehler:
Die Ausgaben eines Haushalts steigen nicht nur, wenn die Preise steigen, sondern auch dann, wenn bei stabilen Preisen die verbrauchten Mengen eine Steigerung aufweisen. Da Benzinverbrauch und Heizölverbrauch gestiegen sind, ist auch dieses Vorgehen zur Berechnung einer Maßzahl für die Preisentwicklung nicht geeignet.
Als Paul und seine Frau ihrem Freund Oskar, der Statistiker ist, von ihrem Problem erzählen, rät er Folgendes:
Um zu einer aussagefähigen Beschreibung der Preisentwicklung mehrerer Güter durch eine einzige Kennzahl zu gelangen, muss jeder Preis entsprechend seiner Bedeutung in die Kennzahl eingehen. Es ist daher sinnvoll, jeden Preis mit einer Gewichtung zu versehen. Als Gewichtungsfaktor für den Preis p_i des i-ten Gutes wählt man die Verbrauchsmenge q_i des i-ten Gutes.
Die Summe aller Preis-Mengen-Produkte $\sum q_i p_i$ entspricht dann den Ausgaben für die betrachteten Güter in dem untersuchten Zeitraum.
Will man nun den Vergleich zu einem anderen Zeitraum ziehen, ohne dass Änderungen im Verbrauch die zu berechnende Kennzahl beeinflussen, muss man für den anderen Zeitraum dasselbe Mengenschema zugrunde legen. Für die Festlegung eines solchen Mengenschemas gibt es viele Möglichkeiten. Ein mögliches Prinzip kann folgendermaßen aussehen: Die gesuchte Kennzahl soll angeben, um wie viel sich die Ausgaben für Mineralölprodukte vom April 2003 zum April 2004 geändert hätten, wenn im April 2004 die gleichen Mengen verbraucht worden wären wie im April 2003. Mit den angegebenen Mengen und Preisen ergibt sich dann folgendes:
Ausgaben im April 2003: 120·0,98 + 300·0,49 + 0,05·8,50 = 265,03 €;
Ausgaben im April 2004 *unter der Annahme, dass dieselben Mengen der Güter verbraucht werden:* 120·1,15 + 300·0,59 + 0,05·12,75 = 315,64 €.
Dividiert man die Ausgaben durcheinander, so erkennt man, dass das Preisniveau für die drei Mineralölprodukte im April 2004

$$\frac{315{,}64}{265{,}03} = 1{,}191 \text{ also 119,1\% des Vorjahresniveaus erreichte.}$$

Die berechnete Kennzahl ist ein **Preisindex**. *Der Preisindex für die drei Mineralölprodukte in Pauls Haushalt liegt im April 2004 um 19,1% höher als im April 2003.*

Die Festlegung eines für eine Indexberechnung geeigneten Mengenschemas ist schwierig. An dem Beispiel eines Preisindex für die Lebenshaltungskosten kann man sich das deutlich machen. Wenn man für die Lebenshaltungskosten in Deutschland einen allgemeinen Preisindex ermitteln will, muss man ein einheitliches Mengenschema für die Berechnung dieses Preisindex zugrunde legen. Dieser so genannte **Warenkorb** soll den Verbrauch an Konsumgütern und Dienstleistungen und dessen, was sonst zum täglichen Bedarf gehört, widerspiegeln. Dazu gehören z. B. Nahrungsmittel, Bekleidungsgegenstände, Wohnungsnutzung, Autobenutzung, die Nutzung öffentlicher Verkehrsmittel, Theater- und Kinobesuche, Urlaubsreisen usw.

Untersucht man nun Haushalte daraufhin, welche Mengen sie von den einzelnen Gütern und Dienstleistungen in einer Periode verbrauchen, wird man mehr oder weniger große Unterschiede feststellen. Eine genauere Untersuchung wird zu dem Ergebnis führen, dass es kaum zwei deutsche Haushalte gibt, die identische Konsumgewohnheiten haben. Es ist deshalb notwendig, ein Mengenschema festzulegen, das dem „Durchschnittsverbrauch" einer „Normalfamilie" entspricht. Diese Festlegung eines Mengenschemas, also der Gewichte für die Berechnung eines Preisindex, ist eines der schwierigsten Probleme der Indexberechnung.

Das Problem der Festlegung eines Mengenschemas wird noch dadurch erschwert, dass sich die Konsumgewohnheiten im Zeitverlauf ändern werden und dadurch zwischenzeitliche Preisvergleiche erschwert werden. Einzelheiten dazu können in dieser Einführung nicht behandelt werden.

Hat man nun ein Mengenschema für die Berechnung eines Preisindex festgelegt, dann rechnet man aus, wie viel die „Beschaffung" dieser Mengen in verschiedenen Perioden kostet. Das Mengenschema als Gewichtsschema für die Preise bleibt dabei in der Zeit unverändert, um eine Überlagerung der Preisänderungen durch Mengenänderungen auszuschließen.

Die Ausgaben für die Beschaffung der festgelegten „Normalmengen" in den einzelnen Perioden werden zu den Ausgaben einer Basisperiode in Beziehung gesetzt. Dadurch erhält man Indexzahlen für die Preisentwicklung. Das führt zu der allgemeinen Definition eines Preisindex.

D 6.3.3

> **Preisindex**
> Gegeben seien n Güter mit Preisen p_i^0 in der Periode 0 und p_i^t in der Periode t und die für beide Perioden identisch angenommenen Mengen q_i der Güter.
>
> $$IP_0^t = \frac{\sum q_i p_i^t}{\sum q_i p_i^0} \quad \text{bzw.} \quad IP_0^t = \frac{\sum q_i p_i^t}{\sum q_i p_i^0} \cdot 100\%$$
>
> heißt **Preisindex** (der n Güter) **für die Berichtsperiode t zur Basisperiode 0**.

Aus D 6.3.3 geht hervor, dass für die Basisperiode das Preisniveau gleich 1 (bzw. 100%) gesetzt wird.

Die Periode, für die der Index (bezogen auf die Basisperiode) berechnet wird, ist die Berichtsperiode.

B 6.3.4 *Der Student Paul verbraucht monatlich* 40 kg *Äpfel,* 60 ℓ *Bier und* 20 kg *Brot für seine Ernährung.*
Er hat für Brot, Bier und Äpfel im Januar 2003 *und Januar* 2004 *folgende Preise registriert:*

	Äpfel	Bier	Brot
Januar 2003	2,00 €/kg	2,20 €/ℓ	2,80 €/kg
Januar 2004	1,80 €/kg	2,40 €/ℓ	3,20 €/kg

Er gibt also im Januar 2003 $40 \cdot 2{,}0 + 60 \cdot 2{,}2 + 20 \cdot 2{,}8 = 268{,}00$ € *und im Januar* 2004 $40 \cdot 1{,}8 + 60 \cdot 2{,}4 + 20 \cdot 3{,}2 = 280{,}00$ € *aus.*
Der Preisindex von Pauls Gütern für Januar 2004 *zur Basis Januar* 2003 *beträgt somit:*
$IP_{2003}^{2004} = \frac{280}{268} \cdot 100\% = 104{,}48\%$.

Analog zu D 6.3.3 lässt sich auch ein Mengenindex definieren, den man z. B. dann bestimmt, wenn man die mengenmäßige Entwicklung verschiedener Güter durch eine Kennzahl ausdrücken will. Dazu wird mit Preisen bzw. Werten der Güter gewichtet.

D 6.3.5

> **Mengenindex**
> Gegeben seien n Güter mit Mengen q_i^0 in der Periode 0 und q_i^t in der Periode t und die für beide Perioden identisch angenommenen Preise p_i der Güter.
> $$IM_0^t = \frac{\sum p_i q_i^t}{\sum p_i q_i^0} \quad \text{bzw.} \quad IM_0^t = \frac{\sum p_i q_i^t}{\sum p_i q_i^0} \cdot 100\%$$
> heißt **Mengenindex** (der n Güter) **für die Berichtsperiode t zur Basisperiode 0**.

Multipliziert man bei der Indexformel aus D 6.3.3 den Zähler mit $\frac{p_i^0}{p_i^0}$ ($=1$) und verwendet für den Nenner zur Vermeidung von Verwechslungen j als Summationsindex, dann erhält man durch einige Umformungen:

$$IP_0^t = \frac{\sum q_i p_i^t}{\sum q_j p_j^0} = \frac{\sum q_i p_i^0 \frac{p_i^t}{p_i^0}}{\sum q_j p_j^0} = \sum \frac{q_i p_i^0}{\sum q_j p_j^0} \frac{p_i^t}{p_i^0}.$$

Daraus ergibt sich:

$$IP_0^t = \sum g_i \frac{p_i^t}{p_i^0} \quad \text{mit} \quad g_i = \frac{q_i p_i^0}{\sum q_j p_j^0} \quad \text{und} \quad \sum g_i = \sum \frac{q_i p_i^0}{\sum q_j p_j^0} = 1.$$

Da $q_i p_i^0$ die Ausgaben für das i-te Gut und $\sum q_i p_i^0$ die Gesamtausgaben zu Preisen der Basisperiode angibt, bezeichnet g_i den **Ausgabenanteil** des i-ten Gutes an den Gesamtausgaben zu den Preisen der Basisperiode. $\frac{p_i^t}{p_i^0}$ ist eine Preismesszahl des Gutes i für die Periode t zur Basis 0 (vgl. D 6.2.7).
Allgemein ergibt sich damit:

R 6.3.6

> **Index als arithmetisches Mittel aus Messzahlen**
> Ein **Preisindex** IP_0^t stimmt mit dem gewogenen arithmetischen Mittel der entsprechenden Preismesszahlen MP_{0i}^t überein:
> $$IP_0^t = \sum g_i MP_{0i}^t, \quad \text{mit} \quad MP_{0i}^t = \frac{p_i^t}{p_i^0}.$$
> Ein **Mengenindex** IM_0^t stimmt mit dem gewogenen arithmetischen Mittel der entsprechenden Mengenmesszahlen MM_{0i}^t überein:
> $$IM_0^t = \sum g_i MM_{0i}^t, \quad \text{mit} \quad MM_{0i}^t = \frac{q_i^t}{q_i^0}.$$
> Die Gewichte g_i entsprechen Ausgabenanteilen (Wertanteilen) des i-ten Gutes zu den Preisen (Mengen) der Basisperiode.

Für das Verständnis und die Interpretation eines Index sind diese Überlegungen in vielen Fällen eine Hilfe.

c) Überblick über die wichtigsten Indexformeln

In R 6.3.7 sind die wichtigsten Ansätze zur Bestimmung von Indizes zusammengestellt. Die am häufigsten benutzten Indexformeln stammen von LASPEYRES und PAASCHE. Seltener benutzte Formeln gehen auf LOWE und FISHER zurück.

R 6.3.7 | **Indexformeln**
Gegeben seien n Güter und es sei:

q_i^0 Menge des Gutes i in der Basisperiode 0,

q_i^t Menge des Gutes i in der Berichtsperiode t,

p_i^0 Preis des Gutes i in der Basisperiode 0,

p_i^t Preis des Gutes i in der Berichtsperiode t.

Preis- und Mengenindex nach LASPEYRES, PAASCHE, LOWE oder FISHER werden wie folgt berechnet:

INDEX	Gewichte aus	Formel für einen Preisindex	Formel für einen Mengenindex
LASPEYRES	Basisperiode q_i^0 bzw. p_i^0	$_L IP_0^t = \frac{\sum p_i^t q_i^0}{\sum p_i^0 q_i^0}$	$_L IM_0^t = \frac{\sum q_i^t p_i^0}{\sum q_i^0 p_i^0}$
PAASCHE	Berichtsperiode q_i^t bzw. p_i^t	$_P IP_0^t = \frac{\sum p_i^t q_i^t}{\sum p_i^0 q_i^t}$	$_P IM_0^t = \frac{\sum q_i^t p_i^t}{\sum q_i^0 p_i^t}$
LOWE	arithmetisches Mittel $q_i = \frac{1}{t+1}\sum_\tau q_i^\tau$ bzw. $p_i = \frac{1}{t+1}\sum_\tau p_i^\tau$	$_{Lo} IP_0^t = \frac{\sum p_i^t q_i}{\sum p_i^0 q_i}$	$_{Lo} IM_0^t = \frac{\sum q_i^t p_i}{\sum q_i^0 p_i}$
FISHER	Geometrisches Mittel aus LASPEYRES und PAASCHE	$_F I_0^t = \sqrt{_L I_0^t \cdot _P I_0^t}$	

Die verschiedenen Ansätze zur Berechnung von Indizes unterscheiden sich vor allem dadurch, welche Mengen (bei einem Preisindex) bzw. welche Preise/Werte (bei einem Mengenindex) als Gewichte benutzt werden.

Bei einem Preis- bzw. Mengenindex nach LASPEYRES stammen die **Gewichte** q_i bzw. p_i **aus der Basisperiode**, während bei einem Index nach PAASCHE mit den Mengen bzw. Preisen aus der **Berichtsperiode** gewichtet wird. LOWE verwendet in seiner Indexformel Gewichte q_i bzw. p_i, die als arithmetisches Mittel aus den Mengen bzw. Preisen der einzelnen Perioden gebildet werden. Der Preis- bzw. Mengenindex nach FISHER ist das geometrische Mittel aus den entsprechenden Indexwerten nach LASPEYRES und PAASCHE. Das folgende Beispiel veranschaulicht die Anwendung der Formeln.

Man beachte, dass der Begriff „Gewicht" hier in zweierlei Sinn gebraucht wird. In R 6.3.6 sind Gewichte die **Ausgabenanteile** g_i in einer Formel für ein gewogenes arithmetisches Mittel, und es gilt $\sum g_i = 1$. In D 6.3.3 und D 6.3.5 sowie in den folgenden Ausführungen sind die Gewichte Mengen bzw. Preise.

B 6.3.8 *In drei aufeinander folgenden Jahren wurden die in der folgenden Tabelle angegebenen Produktionsmengen und Preise der drei Güter A, B und C beobachtet.*

Jahr	Gut A		Gut B		Gut C	
	Menge (t)	Preis (€/t)	Menge (dz)	Preis (€/dz)	Menge (hl)	Preis (€/hl)
2002 ≅ 0	10.000	100	4.000	40	12.000	20
2003 ≅ 1	20.000	120	2.000	30	20.000	30
2004 ≅ 2	25.000	80	1.000	40	5.000	40

Es sind Preis- und Mengenindizes für 2004 zur Basis 2002 nach LASPEYRES, PAASCHE, LOWE und FISHER als Prozentwerte zu berechnen.

Preisindex *nach LASPEYRES für das Jahr 2004 zur Basis 2002:*

$$_L IP_0^2 = \frac{\sum p_i^2 q_i^0}{\sum p_i^0 q_i^0} \cdot 100\% = \frac{80 \cdot 10.000 + 40 \cdot 4.000 + 40 \cdot 12.000}{100 \cdot 10.000 + 40 \cdot 4.000 + 20 \cdot 12.000} \cdot 100\% = 102{,}86\%$$

Mengenindex *nach LASPEYRES für das Jahr 2004 zur Basis 2002:*

$$_L IM_0^2 = \frac{\sum q_i^2 p_i^0}{\sum q_i^0 p_i^0} \cdot 100\% = \frac{25.000 \cdot 100 + 1.000 \cdot 40 + 5.000 \cdot 20}{10.000 \cdot 100 + 4.000 \cdot 40 + 12.000 \cdot 20} \cdot 100\% = 188{,}57\%$$

Preisindex *nach PAASCHE für das Jahr 2004 zur Basis 2002:*

$$_P IP_0^2 = \frac{\sum p_i^2 q_i^2}{\sum p_i^0 q_i^2} \cdot 100\% = \frac{80 \cdot 25.000 + 40 \cdot 1.000 + 40 \cdot 5.000}{100 \cdot 25.000 + 40 \cdot 1.000 + 20 \cdot 5.000} \cdot 100\% = 84{,}85\%$$

Mengenindex *nach PAASCHE für das Jahr 2004 zur Basis 2002:*

$$_P IM_0^2 = \frac{\sum q_i^2 p_i^2}{\sum q_i^0 p_i^2} \cdot 100\% = \frac{25.000 \cdot 80 + 1.000 \cdot 40 + 5.000 \cdot 40}{10.000 \cdot 80 + 4.000 \cdot 40 + 12.000 \cdot 40} \cdot 100\% = 155{,}56\%$$

Bei der Berechnung der Indizes nach LOWE wird das arithmetische Mittel aus den Produktionsmengen (für einen Preisindex) bzw. aus den Preisen (für einen Mengenindex), die in den drei Jahren beobachtet worden sind, gebildet. Es ist:

$$q_1 = \frac{10.000 + 20.000 + 25.000}{3} = 18.333{,}3 \quad (Gut\ A);$$

$$q_2 = \frac{4.000 + 2.000 + 1.000}{3} = 2.333{,}3 \quad (Gut\ B);$$

$$q_3 = \frac{12.000 + 20.000 + 5.000}{3} = 12.333{,}3 \quad (Gut\ C).$$

Entsprechend erhält man:
$p_1 = 100$; $p_2 = 36{,}67$; $p_3 = 30$.

Um die Indexberechnung zu vereinfachen, multipliziert man Zähler und Nenner mit 3. Das Ergebnis ändert sich dadurch nicht.

Preisindex *nach LOWE für das Jahr 2004 zur Basis 2002:*

$$_{Lo} IP_0^2 = \frac{\sum p_i^2 q_i}{\sum p_i^0 q_i} \cdot 100\% = \frac{80 \cdot 55.000 + 40 \cdot 7.000 + 40 \cdot 37.000}{100 \cdot 55.000 + 40 \cdot 7.000 + 20 \cdot 37.000} \cdot 100\% = 94{,}48\%$$

Mengenindex *nach LOWE für das Jahr 2004 zur Basis 2002:*

$$_{Lo} IM_0^2 = \frac{\sum q_i^2 p_i}{\sum q_i^0 p_i} \cdot 100\% = \frac{25.000 \cdot 300 + 1.000 \cdot 110 + 5.000 \cdot 90}{10.000 \cdot 300 + 4.000 \cdot 110 + 12.000 \cdot 90} \cdot 100\% = 178{,}32\%$$

Nach der Formel von FISHER erhält man als **Preisindex**:

$$_F IP_0^2 = \sqrt{_L IP_0^2 \cdot _P IP_0^2} = \sqrt{102{,}86 \cdot 84{,}85} = 93{,}42\%$$

und als **Mengenindex**:

$$_F IM_0^2 = \sqrt{_L IM_{0';P}^2 \cdot IM_0^2} = \sqrt{188{,}57 \cdot 155{,}56} = 171{,}27\%.$$

Ü 6.3.9 *Für 4 Güter werden in drei Jahren die in der folgenden Tabelle angegebenen Preise und Mengen beobachtet.*

	Gut A		Gut B		Gut C		Gut D	
	Menge	Preis	Menge	Preis	Menge	Preis	Menge	Preis
2002	125	30	3.100	5	200	18	50	120
2003	130	34	2.950	6	210	17	40	150
2004	120	39	3.200	6	225	23	35	160

Berechnen Sie für 2004 zur Basis 2002
a) *einen Preisindex nach* LASPEYRES,
b) *einen Mengenindex nach* PAASCHE *und*
c) *einen Preisindex nach* LOWE.

d) Ergänzende Bemerkungen

Bei der Bestimmung von Indizes über längere Zeiträume taucht häufig das Problem auf, eine bestehende Indexreihe auf eine neue Basisperiode zu beziehen. Manchmal steht man auch vor der Aufgabe, zwei bestehende Indexreihen für verschiedene Zeiträume zu einer gemeinsamen Indexreihe für den Gesamtzeitraum zu verketten. In beiden Fällen ist der formale Rechengang wie bei der Umbasierung bzw. Verkettung von Messzahlen.

Unter materiellen Gesichtspunkten ist die Umbasierung bzw. Verkettung von Indexreihen allerdings äußerst problematisch. Sind wie beim Index von LASPEYRES die Gewichte aus der Basisperiode, dann führt eine Umbasierung möglicherweise zu verzerrten Ergebnissen. Insbesondere wird man den Index dann sehr schnell falsch interpretieren, weil für den umbasierten Index das Gewichtungsschema nicht mehr aus der Basisperiode stammt. Es sei denn, man berechnet einen völlig neuen Index. Ähnliches gilt für die Verkettung von Indexreihen, wenn die Indexzahlen mit unterschiedlichen Gewichtungsschemata berechnet worden sind.

Andererseits wird aus sachlichen Erwägungen heraus die Änderung eines Gewichtungsschemas bei Indizes bisweilen nicht zu vermeiden sein. Man denke nur an den Preisindex für die Lebenshaltungskosten. Im Laufe der Zeit ändern sich die Konsumgewohnheiten, und es treten völlig neue Produkte auf. Deshalb können Lebenshaltungskostenindizes immer nur für einen begrenzten Zeitraum eine sachlich sinnvolle Aussage liefern, und man muss laufend überprüfen, ob das zugrunde liegende Gewichtungsschema der jeweiligen Fragestellung noch gerecht wird. Auf weitere Einzelheiten in diesem Zusammenhang kann hier nicht eingegangen werden.

Zum Schluss dieses Abschnitts wird noch ein Beispiel für einen Produktivitätsindex betrachtet, das die Vielfalt der Anwendungsmöglichkeiten von Indexzahlen verdeutlicht. Das Beispiel zeigt zugleich die engen Beziehungen zwischen Messzahlen und Indizes, wobei insbesondere darauf hinzuweisen ist, dass auch Messzahlen häufig als Indizes bezeichnet werden, so wie in dem folgenden Beispiel.

B 6.3.10 Für einen Industriezweig, der ein homogenes Produkt herstellt, sind für 1993, 1998 und 2003 folgende Angaben über Produktions-, Lohn-, Beschäftigungs- und Arbeitsentwicklung bekannt.

Jahr	Produktion in Mill. Einheiten pro Jahr	Durchschnittslohn pro Arbeitsstunde in €	Durchschnittlich geleistete Arbeitsstunden je Beschäftigten und Jahr	Anzahl der Beschäftigten
1993	10	16,00	2.000	100.000
1998	15	23,00	1.800	120.000
2003	20	33,00	1.600	150.000

Es soll für den Industriezweig zunächst ein **Produktivitätsindex zur Basis** 1993 **pro Beschäftigten und pro Arbeitsstunde** berechnet werden.
Der **Produktivitätsindex pro Beschäftigten** zur Basis 1993 kann, da es sich um die Herstellung eines homogenen Gutes handelt, durch einfache Durchschnittsbildung gewonnen werden. Dabei wird die durchschnittlich pro Beschäftigten im Berichtsjahr hergestellte Produktionsmenge ins Verhältnis gesetzt zu der im Basisjahr durchschnittlich hergestellten Produktionsmenge. Nach einer Umformung erhält man (jeweils als Prozentwerte):

$$I_{Prod.} = \frac{\text{Produktionsmenge im Berichtsjahr}}{\text{Produktionsmenge im Basisjahr}} : \frac{\text{Beschäftigte im Berichtsjahr}}{\text{Beschäftigte im Basisjahr}} \cdot 100$$

$$= \frac{M_{Produktionsmenge}}{M_{Beschäftigte}} \cdot 100;$$

Produktivitätsindex pro Beschäftigten für das Jahr 1998 zur Basis 1993:

$$I_{Prod.} = \frac{\frac{15}{10}}{\frac{120.000}{100.000}} \cdot 100 = 125;$$

Produktivitätsindex pro Beschäftigten für das Jahr 2003 zur Basis 1993:

$$I_{Prod.} = \frac{\frac{20}{10}}{\frac{150.000}{100.000}} \cdot 100 = 133,33;$$

Analog wird der **Produktivitätsindex pro Arbeitsstunde** berechnet. Man erhält dafür:

$$I_{Prod.} = \frac{\text{Produktionsmenge im Berichtsjahr}}{\text{Produktionsmenge im Basisjahr}} : \frac{\text{Arbeitsstunden im Berichtsjahr}}{\text{Arbeitsstunden im Basisjahr}} \cdot 100$$

$$= \frac{M_{Produktionsmenge}}{M_{Arbeitsstunden}} \cdot 100;$$

Die insgesamt geleisteten Arbeitsstunden ergeben sich dabei als Produkt aus Anzahl der Beschäftigten und durchschnittlich geleisteten Arbeitsstunden pro Beschäftigten.
Produktivitätsindex je Arbeitsstunde für das Jahr 1998 zur Basis 1993:

$$I_{Prod./h} = \frac{\frac{15}{10}}{\frac{1.800 \cdot 120.000}{2.000 \cdot 100.000}} \cdot 100 = 138,89;$$

Produktivitätsindex je Arbeitsstunde für das Jahr 2003 zur Basis 1993:

$$I_{Prod./h} = \frac{\frac{20}{10}}{\frac{1.600 \cdot 150.000}{2.000 \cdot 100.000}} \cdot 100 = 166,67;$$

Es wird jetzt angenommen, dass der Index der Lebenshaltungskosten zur Basis 1998 folgende Werte hatte: 1993: 90, 1998: 100, 2003: 115. Mit diesen zusätzlichen Angaben ist ein **Index der Realeinkommensentwicklung pro Beschäftigten** dieses Industriezweigs zur Basis 1993 zu berechnen. Der Realeinkommensindex als Kaufkraftindex wird beeinflusst durch die Nominaleinkommensentwicklung[25] und die Lebenshaltungskostenentwicklung[26]. Es ist:

$$\text{Realeinkommensindex} = \frac{\text{Nominaleinkommensindex}}{\text{Lebenshaltungskostenindex}} \cdot 100$$

Da der Index der Lebenshaltungskosten zur Basis 1998 gegeben ist, jedoch nach dem Realeinkommensindex zur Basis 1993 gefragt ist, muss zunächst eine Umrechnung vorgenommen werden (siehe auch R 6.2.11):

$$I_{93}^{98} = \frac{I_{98}^{98}}{I_{98}^{93}} \cdot 100 = \frac{100}{90} \cdot 100 = 111{,}11$$

und

$$I_{93}^{03} = \frac{I_{98}^{03}}{I_{98}^{93}} \cdot 100 = \frac{115}{90} \cdot 100 = 127{,}78$$

Der **Nominaleinkommensindex** wird berechnet nach der Formel:

$$IN_0^t = \frac{\sum p_t q_t}{\sum p_0 q_0} \cdot 100.$$

Es werden also sowohl Lohn- als auch Arbeitszeitveränderungen berücksichtigt. Man erhält als Nominaleinkommensindexzahlen:

$$IN_{93}^{98} = \frac{23{,}00 \cdot 1.800}{16{,}00 \cdot 2.000} \cdot 100 = 129{,}38; \qquad IN_{93}^{03} = \frac{33{,}00 \cdot 1.600}{16{,}00 \cdot 2.000} \cdot 100 = 165;$$

sowie als Realeinkommensindexzahlen:

$$IR_{93}^{98} = \frac{129{,}38}{111{,}11} \cdot 100 = 116{,}4; \qquad IR_{93}^{03} = \frac{165}{127{,}78} \cdot 100 = 129{,}13.$$

6.4 Konzentrationsmessung

Bei der Untersuchung von metrisch messbaren Merkmalen ist häufig die Frage von Interesse, ob sich die Summe der Merkmalswerte „gleichmäßig" auf die Merkmalsträger bzw. die statistischen Einheiten verteilt oder ob eine **Konzentration** auf wenige Merkmalsträger vorliegt. Das Problem sei zunächst an einem Beispiel veranschaulicht.

B 6.4.1 *In einer Stadt wird für 10 Baubetriebe und 20 Einzelhandelsgeschäfte an den statistischen Einheiten „Baubetrieb" bzw. „Einzelhandelsgeschäft" das Merkmal Jahresumsatz erfasst. Für die Baubetriebe erhält man:*

Betrieb Nr.	1	2	3	4	5	6	7	8	9	10
Umsatz in Mill. €	0,5	0,7	0,9	1	1,2	1,3	1,4	8	10	15

Der Gesamtumsatz der Baubetriebe beträgt 40 Mio. €. Bei den 20 Einzelhandelsgeschäften wird für jedes ein Jahresumsatz von 2 Mio. € ermittelt. Der Gesamtumsatz aller Geschäfte beträgt somit ebenfalls 40 Mio. €.
Aus den Angaben ist unmittelbar ersichtlich, dass sich der Umsatz bei den Baubetrieben auf drei große Betriebe konzentriert. 30% (3 von 10) der Betriebe tätigen 82,5% (33 von 40) des Umsatzes,

---

25 Eine Nominaleinkommenserhöhung bewirkt unter sonst gleichen Bedingungen eine Realeinkommenserhöhung.
26 Eine Erhöhung der Lebenshaltungskosten bewirkt unter sonst gleichen Bedingungen eine Verminderung des Realeinkommens.

d. h. auf einen verhältnismäßig kleinen Anteil der Merkmalsträger (30%) entfällt ein großer Anteil an der Summe der Merkmalswerte (82,5%). Die übrigen 70% der (kleineren) Betriebe erbringen nur 17,5% des Umsatzes.
Im Einzelhandel liegt demgegenüber keine Konzentration vor. Der Umsatz verteilt sich gleichmäßig auf die Betriebe.

Das Beispiel zeigt deutlich, dass der Begriff der Konzentration mit dem Begriff der Streuung zu tun hat. Stimmen die Beobachtungswerte x_i aller n untersuchten Einheiten überein, dann „verteilt" sich die Summe der Beobachtungswerte gleichmäßig auf die Einheiten (auf jede Einheit entfällt x_i), und es liegt keine Konzentration vor. Die Häufigkeitsverteilung des Merkmals X besteht dann aus nur **einer** Merkmalsausprägung. Für alle berechenbaren Streuungsmaße (siehe Abschnitt 3.3) ergibt sich der Wert 0. Sind, wie bei den Baubetrieben in B 6.4.1, die Beobachtungswerte unterschiedlich groß, dann verteilt sich die Summe der Beobachtungswerte (bei den Baubetrieben der Gesamtumsatz) nicht gleichmäßig auf die Einheiten, sondern **konzentriert** sich auf einen Teil.

Zur Erörterung der Konzentration werden folgende Begriffe eingeführt:

D 6.4.2

> **Merkmalssumme**
> Gegeben sei ein Merkmal mit den geordneten Beobachtungswerten $x_1, ..., x_i, ..., x_n$ bzw. den geordneten Ausprägungen $x_1, ..., x_j, ..., x_m$ mit den Häufigkeiten $h(x_j)$ bzw. $f(x_j)$.
>
> $$G = n\bar{x} = \sum_{i=1}^{n} x_i \quad \text{bzw.} \quad G = n\bar{x} = \sum_{j=1}^{m} x_j h(x_j)$$
>
> heißt Merkmalssumme.

D 6.4.3

> **Absolute und relative Merkmalssumme**
> Gegeben sei ein Merkmal mit den geordneten Beobachtungswerten $x_1, ..., x_i, ..., x_n$ bzw. den geordneten Ausprägungen $x_1, ..., x_j, ..., x_m$ mit den Häufigkeiten $h(x_j)$ bzw. $f(x_j)$.
>
> $$G(x_k) = \sum_{i=1}^{k} x_i \quad \text{bzw.} \quad G(x_k) = \sum_{j=1}^{k} x_j h(x_j)$$
>
> heißt anteilige **absolute Merkmalssumme** und
>
> $$g(x_k) = \frac{G(x_k)}{G} = \frac{1}{\bar{x}} \sum_{j=1}^{k} x_j f(x_j)$$
>
> anteilige **relative Merkmalssumme** bis zum Beobachtungswert bzw. bis zur Merkmalsausprägung x_k.

Es ist Folgendes unmittelbar einsichtig:
Liegt keine Konzentration vor, dann haben alle Einheiten denselben Merkmals- bzw. Beobachtungswert, und es muss für alle Werte x_i bzw. alle Ausprägungen x_j gelten: $F(x_i) = g(x_i)$ bzw. $F(x_j) = g(x_j)$, d. h. relative Summenhäufigkeiten und relative Merkmalssummen stimmen überein.

6.4 Konzentrationsmessung

R 6.4.4

Konzentration
Gegeben sei ein metrisch messbares Merkmal X. Gilt $F(x_i) = g(x_i)$ für $i = 1,...,n$ bzw. $F(x_j) = g(x_j)$ für $j = 1,...,m$, so liegt keine Konzentration der Merkmalsumme bezüglich der statistischen Einheiten vor.
Gilt für wenigstens ein i bzw. j $F(x_i) > g(x_i)$ bzw. $F(x_j) > g(x_j)$, so liegt Konzentration vor.

B 6.4.5 *Für die Angaben aus B 6.4.1 ergibt sich mit F als Abkürzung für $F(x_i)$ und g als Abkürzung für $g(x_i)$ sowie f als Abkürzung für die relativen Häufigkeiten $f(x_i)$:*

Baubetriebe G = 40 *(Mio. €)*

i	1	2	3	4	5	6	7	8	9	10
x_i	0,5	0,7	0,9	1	1,2	1,3	1,4	8	10	15
f	0,1	0,1	0,1	0,1	0,1	0,1	0,1	0,1	0,1	0,1
F	0,1	0,2	0,3	0,4	0,5	0,6	0,7	0,8	0,9	1
g	0,0125	0,03	0,0525	0,0775	0,1075	0,14	0,175	0,375	0,625	1

Einzelhandelsbetriebe G = 40 *(Mio. €)*

i	1	2	3	4	5	6	7	8	9	10
x_i	2	2	2	2	2	2	2	2	2	2
f	0,1	0,1	0,1	0,1	0,1	0,1	0,1	0,1	0,1	0,1
F	0,1	0,2	0,3	0,4	0,5	0,6	0,7	0,8	0,9	1
g	0,1	0,2	0,3	0,4	0,5	0,6	0,7	0,8	0,9	1

Bei den Einzelhandelsbetrieben gilt $F(x_i) = g(x_i)$ für alle i. Es liegt keine Konzentration vor. Bei den Baubetrieben gilt dagegen $F(x_i) > g(x_i)$ für i = 1,...,9. Es liegt Konzentration vor.

Aus R 6.4.4 und B 6.4.5 geht hervor, dass keine Konzentration vorliegt, wenn sich die Merkmalsumme gleichmäßig auf die untersuchten Einheiten verteilt. Ist das nicht der Fall, entfällt auf einen Anteil $F(x_j)$ der statistischen Einheiten ein kleinerer Anteil $g(x_i) < F(x_j)$ der Merkmalsumme. Die Merkmalsumme konzentriert sich auf „wenige" Einheiten.

Hinweis:
Der hier eingeführte Konzentrationsbegriff bezieht sich immer auf eine gegebene Verteilung. Wirtschaftliche Konzentrationsphänomene, die sich auf die Verringerung der Anzahl der Einheiten beziehen, werden durch diesen Konzentrationsbegriff nicht erfasst. Wenn z. B. in einer Branche 200 Betriebe existieren, die alle den gleichen Jahresumsatz tätigen und 10 Jahre später nur noch 5 Betriebe, die wiederum alle den gleichen (entsprechend größeren) Jahresumsatz haben, dann ergibt sich nach R 6.4.4 in beiden Fällen keine statistische Konzentration, obwohl volkswirtschaftlich durchaus Konzentration vorliegt.

Grafisch kann die Konzentration anhand einer so genannten Konzentrationskurve veranschaulicht werden.

D 6.4.6 **Konzentrationskurve**
Gegeben sei ein metrisch messbares Merkmal X, die relativen Summenhäufigkeiten $F(x_j)$ und die relativen Merkmalsummen $g(x_j)$ ($j = 1,...,m$).
Die grafische Darstellung der Punkte $(F(x_j);g(x_j))$ und deren geradlinige Verbindung heißt LORENZsche Konzentrationskurve oder LORENZkurve.

Es ist üblich, bei der Darstellung einer Konzentrationskurve $F(x_j)$ und $g(x_j)$ als Prozentwerte anzugeben. Es gilt:

R 6.4.7 **Konzentrationskurve bei nicht vorhandener Konzentration**
Liegt keine Konzentration vor, so gilt $g(x_j) = F(x_j)$ und es ergibt sich als Konzentrationskurve eine Ursprungsgerade mit der Steigung 1 (so genannte „45°-Linie").

B 6.4.8 *Für die Baubetriebe aus* B 6.4.1 *bzw.* B 6.4.5 *ergibt sich die Konzentrationskurve in* F 6.4.9.

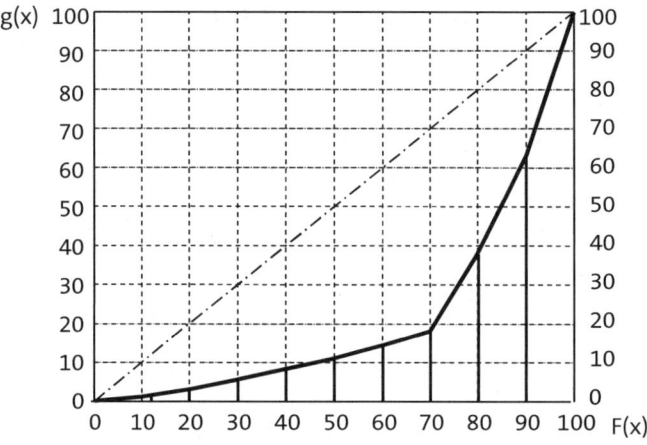

F 6.4.9 Konzentrationskurve

Man benutzt die Konzentrationskurve auch zur Bestimmung einer Kennzahl zur Messung der Stärke der Konzentration, indem man die Fläche zwischen 45°-Linie und Lorenzkurve bestimmt und durch die Fläche des Dreiecks zwischen 45°-Linie und Abszisse im Bereich **Fehler! Textmarke nicht definiert.** dividiert (siehe hierzu F 6.4.9). Diese Dreiecksfläche hat die Größe 5.000.

D 6.4.10 **Konzentrationsmaß**
Gegeben sei eine LORENZkurve, und es sei F die Fläche zwischen der 45°-Linie und der Konzentrationskurve.

$$L = \frac{F}{5000}$$

heißt LORENZsches Konzentrationsmaß und ist ein Maß für die Stärke der Konzentration.
Es gilt $0 \leq L \leq 1$.

Bei L = 0 liegt keine Konzentration vor. Bei L = 1 besteht völlige Konzentration (z. B. ein Betrieb tätigt den gesamten Umsatz einer Branche, während die übrigen Betriebe keinen Umsatz haben).

B 6.4.11 *Für die Angaben aus B 6.4.1, B 6.4.5 und B 6.4.8 ergibt sich F = 2905 und damit L = 0,581. (Bei der Berechnung von F bestimmt man zweckmäßigerweise die in F 6.4.9 angedeuteten Trapezflächen unterhalb der Konzentrationskurve und zieht deren Summe dann von 5.000 ab.)*

Ü 6.4.12 *Der Jahresumsatz betrug 1971 im Baugewerbe der Bundesrepublik ca. 67,5 Milliarden DM. Der Umsatz verteilte sich auf 14.500 Betriebe wie folgt (Umsätze in Millionen DM):*

Umsatz (von ... bis unter ...)	x_j	Anzahl Unternehmen $h(x_j)$
unter 1	0,5	4.000
1 - 5	3,0	8.300
5 - 10	7,5	1.300
10 - 50	30,0	800
50 - 90	70,0	100

Zeichnen Sie die Konzentrationskurve und bestimmen Sie näherungsweise das LORENZsche Konzentrationsmaß.

Ein anderes Maß für die Konzentration ist:

R 6.4.13

$$L^* = \frac{\sum_{j=1}^{m}(F(x_j) - g(x_j))}{\sum_{j=1}^{m} F(x_j)}$$

Liegt keine Konzentration vor, so gilt L* = 0. Es gilt $0 \leq L^* \leq 1$. Die Berechnung von L* ist einfacher als die Bestimmung des LORENZschen Konzentrationsmaßes. Für großes m gilt meistens $L^* \approx L$.

B 6.4.14 *Für die Baubetriebe aus B 6.4.1 und B 6.4.5 ergibt sich:*
$$L^* = \frac{2,905}{5,5} = 0,53.$$

Man beachte, dass sich für unterschiedliche Konzentrationsphänomene übereinstimmende LORENZsche Konzentrationsmaße L ergeben können, wie das folgende Beispiel zeigt.

B 6.4.15 *Die beiden Konzentrationskurven in F 6.4.16 mögen sich auf verschiedene Fälle von Umsatzkonzentration bei Unternehmungen beziehen. Der links dargestellten Konzentrationskurve könnte etwa folgender Sachverhalt zugrunde liegen: die Hälfte des Gesamtumsatzes einer Branche konzentriert sich auf eine Unternehmung, der Rest ist gleich auf die übrigen Unternehmen verteilt. Im anderen Fall tätigt die Hälfte der Unternehmungen keinen Umsatz, die anderen 50% haben alle den gleichen Umsatz. In beiden Fällen ergibt sich für das LORENZsche Konzentrationsmaß L = 0,5, obwohl sehr verschiedene Konzentrationsphänomene vorliegen.*

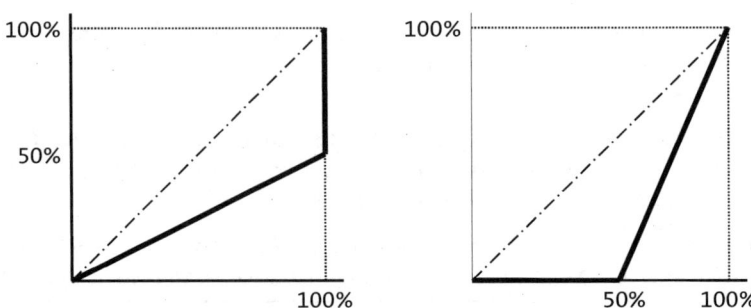

F **6.4.16** Verschiedene Konzentrationskurven mit übereinstimmendem Konzentrationsmaß

Eine ausführlichere Darstellung und Hinweise auf andere Konzentrationsmaße findet der Leser in der weiterführenden Literatur.

Anhang A: Grundzüge der Fehlerrechnung

a) Fehler in statistischen Daten

Bereits am Ende von Abschnitt 2.3 wurde kurz auf die Frage der Genauigkeit numerischer Ergebnisse statistischer Berechnungen unter Einführung des Begriffs der „geltenden Ziffern" einer Zahl eingegangen.

B A.1.1 *Hat ein Unternehmen in einem Jahr 121.318.519,23 € Umsatz und wird dieser auf volle Millionen € gerundet, so hat die gerundete Zahl 121.000.000 nur 3 geltende Ziffern (die ersten drei). Beträgt der Umsatz genau 121.000.000 €, so hat die Zahl 9 geltende Ziffern.*

Für die Ergebnisse numerischer Berechnungen gilt folgende **Faustregel**:

R A.1.2
> **Geltende Ziffern einer Zahl**
> Eine Summe (oder Differenz) bzw. ein Produkt (oder Quotient) hat so viele geltende Ziffern wie der Summand bzw. Faktor mit der kleinsten Anzahl geltender Ziffern.

Da diese Faustregel nur grob ist, statistische Daten andererseits häufig mit Fehlern behaftet sind, wird im Folgenden kurz auf die Grundzüge der Fehlerrechnung eingegangen.

Fehler in statistischen Daten können bewusst (durch Rundung) oder unbewusst (z. B. durch Mess- oder Beobachtungsfehler) entstehen. Anstelle von „statistischen Daten" wird im Folgenden kurz von „Größen" gesprochen.

D A.1.3
> **Fehler**
> Gegeben sei eine Größe x_0, die mit dem Wert x gemessen wird.
> $e_x = x - x_0$ heißt **absoluter Fehler** in x_0 und
> $f_x = \dfrac{e_x}{x_0}$ heißt **relativer Fehler** in x_0.

Der relative Fehler kann auch als Prozentwert $\dfrac{e_x}{x_0} \cdot 100\%$ angegeben werden.

Soweit nicht anders vermerkt, wird davon ausgegangen, dass $|e_x|$ im Vergleich zu $|x_0|$ sehr klein ist. Dafür wird $|e_x| << |x_0|$ geschrieben.
Es gilt:

$$x = x_0 + e_x = x_0(1 + f_x) \text{ und } \frac{x}{x_0} = 1 + f_x$$

Man unterscheidet zufällige Fehler und systematische Fehler.

Zufällige Fehler
treten ohne erkennbare Regelmäßigkeit auf. Sie können positiv oder negativ sein und entstehen meistens durch verschiedene regellose, zufallsartige, sich überlagernde Einflüsse, auf die der

Beobachter nicht einwirken kann. Die beim Messen ein und derselben Größe auftretenden Zufallsfehler ergeben im Allgemeinen eine Häufigkeitsverteilung, die nahezu symmetrisch um Null ist. Das arithmetische Mittel der Zufallsfehler ist (annähernd) Null, d. h. Abweichungen nach oben und unten vom wahren Wert gleichen sich (annähernd) aus, wenn oft genug gemessen wird. Eine Erörterung zufälliger Fehler erfordert Kenntnisse aus der Wahrscheinlichkeitsrechnung. Auf die „stochastisch" (d. h. im Sinne der Wahrscheinlichkeitsrechnung) ausgerichtete Fehlertheorie kann im Rahmen dieser Einführung in die beschreibende Statistik nicht eingegangen werden.

Systematische Fehler
sind dadurch gekennzeichnet, dass sie Regelmäßigkeiten aufweisen. Werden z. B. die Körpergewichte von Schulkindern auf einer falsch geeichten Waage, die immer zu geringe Werte anzeigt, gemessen, dann enthalten die Messwerte einen systematischen Fehler. In den meisten Fällen sind systematische Fehler dadurch gekennzeichnet, dass sie beim wiederholten Messen derselben Größe überwiegend positiv oder überwiegend negativ sind.

Häufig überlagern sich zufällige und systematische Fehler.

Sind statistische Daten fehlerhaft, dann ist es im Allgemeinen schwierig (wenn nicht sogar unmöglich), die Fehler anzugeben. Aus den fehlerhaften Daten selbst können sie nicht herausgelesen werden, es sei denn, man kann die betreffende Größe mehrmals mit demselben Instrument hintereinander messen, so dass aus den Schwankungen der Messwerte Rückschlüsse auf die Messfehler, und zwar speziell die Zufallsfehler, möglich sind.

B A.1.4 *Eine Person wird zehnmal hintereinander auf derselben Waage gewogen. Folgende Gewichte in kg werden abgelesen*: 75,1; 74,8; 74,9; 74,7; 75,2; 75,0; 74,8; 75,3; 75,1; 75,1. *Das arithmetische Mittel der Messwerte beträgt 75 und man kann annehmen, dass dieser Mittelwert dem tatsächlichen Gewicht „sehr nahe" kommt. Die Abweichungen der Messwerte von dem Wert 75 sind zufällige Fehler durch ungenaues Ablesen oder zufallsbestimmte Ungenauigkeiten im Messinstrument.*

Das Beispiel zeigt, dass gewisse Rückschlüsse auf Zufallsfehler bei wiederholter Messung einer Größe unter gleichen Bedingungen möglich sind. Informationen über einen systematischen Fehler kann man auf diese Weise nicht gewinnen. Aus den Messwerten in B A.1.4 kann man z. B. nicht erkennen, ob die Waage richtig geeicht ist oder falsch und z. B. durchschnittlich 2 kg zuviel anzeigt. Oft sind systematische Fehler aber bekannt, oder es können zumindest eine obere und eine untere Grenze dafür angegeben werden. Das ist z. B. der Fall, wenn man von einem Tachometer eines Autos weiß, dass die Geschwindigkeit 5 bis 8% zu hoch angezeigt wird.

b) Schätzung des Fehlers in zusammengesetzten Größen

Wird mit fehlerhaften Daten gerechnet, dann weisen auch die Ergebnisse einen Fehler auf. Unter der Voraussetzung, dass der Fehler e_x einer Größe x_0 sehr klein im Verhältnis zu x_0 ist $(|e_x| \ll x_0)$ und dass der Betrag des relativen Fehlers sehr klein gegenüber 1 ist $(|f| \ll 1)$, werden nachfolgend einfache Fehlerabschätzungen gegeben.

Weisen die Größen x_0 und y_0 die relativen Fehler f_x und f_y auf, gilt für die Messwerte $x = x_0(1+f_x)$ und $y = y_0(1+f_y)$ und für das Produkt ergibt sich

$xy = x_0(1+f_x)y_0(1+f_y) = x_0y_0(1+f_x+f_y+f_xf_y)$.

Da $|f_x| \ll 1$ und $|f_y| \ll 1$ vorausgesetzt wurde, ist f_xf_y sehr klein und damit vernachlässigbar.

R A.1.5

> **Relativer Fehler eines Produkts**
> Gegeben seien die Messwerte x und y der Größen x_0 und y_0 mit den relativen Fehlern f_x und f_y.
> Für den relativen Fehler f_{xy} des Produkts der Messwerte gilt[27]:
> $$f_{xy} \cong f_x + f_y.$$

Aus R A.1.5 folgt speziell: Der relative Fehler von x^2 ist annähernd doppelt so groß wie der von x ($f_{x^2} \cong 2f_x$) und von x^n annähernd das n-fache des Fehlers von x ($f_{x^n} \cong nf_x$).

Es gilt $(1+0{,}5f)^2 = 1+f+0{,}25f^2 \cong 1+f$ und somit $\sqrt{1+f} \cong 1+0{,}5f$. Daraus ergibt sich folgende Regel:

R A.1.6

> **Relativer Fehler beim Wurzelziehen**
> Gegeben sei ein Messwert x einer Größe x_0 mit dem relativen Fehler f_x. Für den relativen Fehler $f_{\sqrt{x}}$ der Quadratwurzel aus x gilt:
> $$f_{\sqrt{x}} \cong \frac{1}{2}f_x.$$
> Für die n-te Wurzel gilt entsprechend:
> $$f_{\sqrt[n]{x}} \cong \frac{1}{n}f_x.$$

Für eine unendliche geometrische Reihe mit dem Anfangsglied $a = 1$ und dem Quotienten $q = -f$ mit $|q| \ll 1$ gilt:

$$\sum_{i=1}^{\infty}(-f)^{i-1} = 1-f+f^2-f^3+f^4-\ldots = \frac{1}{1+f}$$

Daraus folgt $\frac{1}{1+f} \cong 1-f$, denn die Potenzen von f mit Exponenten von 2 und höher sind vernachlässigbar klein, da $|f| \ll 1$. Für den Quotienten der Messwerte $x = x_0(1+f_x)$ und $y = y_0(1+f_y)$ ergibt sich damit:

$$\frac{x}{y} = \frac{x_0(1+f_x)}{y_0(1+f_y)} \cong \frac{x_0}{y_0}(1+f_x)(1-f_y) = \frac{x_0}{y_0}(1+f_x-f_y-f_xf_y)$$

Wegen $|f_x| \ll 1$ und $|f_y| \ll 1$ ist f_xf_y vernachlässigbar klein.

---

[27] $\cong$ bedeutet: ist ungefähr gleich.

R A.1.7

> **Relativer Fehler eines Quotienten**
> Gegeben seien die Messwerte x und y der Größen x_0 und y_0 mit den relativen Fehlern f_x und f_y.
> Für den relativen Fehler $f_{x/y}$ des Quotienten der beiden Größen gilt:
> $$f_{x/y} \cong f_x - f_y$$
> Insbesondere gilt:
> Sind f_x und f_y (näherungsweise) gleich, so ist der Quotient annähernd fehlerfrei.

Bestimmt man die **Summe zweier fehlerhafter Messwerte** $x = x_0 + e_x$ und $y = y_0 + e_y$, so gilt $x + y = x_0 + e_x + y_0 + e_y = x_0 + y_0 + e_x + e_y$ und damit $e_{x+y} = e_x + e_y$.

Ferner gilt:
$$\frac{x+y}{x_0+y_0} = 1 + \frac{e_x + e_y}{x_0 + y_0} = 1 + f_{x+y}$$

Wegen $e_x = x_0 f_x$ bzw. $e_y = y_0 f_y$ (siehe D A.1.3) folgt:
$$f_{x+y} = \frac{e_{x+y}}{x_0 + y_0} = \frac{e_x + e_y}{x_0 + y_0} = \frac{x_0 f_x + y_0 f_y}{x_0 + y_0}$$

Ähnlich kann man den relativen Fehler der Differenz herleiten.

R A.1.8

> **Relativer Fehler einer Summe und einer Differenz**
> Gegeben seien die Messwerte x und y der Größen x_0 und y_0 mit den relativen Fehlern f_x und f_y.
> Für den relativen Fehler f_{x+y} der Summe der Messwerte erhält man das mit den Größen x_0 und y_0 gewogene arithmetische Mittel der beiden relativen Fehler:
> $$f_{x+y} = \frac{x_0 f_x + y_0 f_y}{x_0 + y_0}$$
> Für den relativen Fehler f_{x-y} der Differenz gilt:
> $$f_{x-y} = \frac{x_0 f_x - y_0 f_y}{x_0 - y_0}.$$

Man beachte, dass der Fehler der Differenz zwar ähnlich aussieht wie der der Summe, aber numerisch zu sehr großen Werten, auch bei kleinem f_x und f_y, führen kann, und zwar vor allem dann, wenn f_x und f_y entgegen gesetzte Vorzeichen haben und die Differenz von x_0 und y_0 klein ist.

Speziell folgt aus R A.1.8:
Ist $x_0 = y_0$, so gilt:
$$f_{x+y} = \frac{1}{2}(f_x + f_y)$$

Liegen für die Größe x_0 insgesamt n Messwerte $x_i = x_0(1+f_{x_i})$ vor, so gilt:

$$f_{\Sigma x_i} = \frac{1}{n}\sum_{i=1}^{n} f_{x_i}.$$

B A.1.9 *Die Größen $x_0 = 500$ und $y_0 = 490$ werden mit den Fehlern $f_x = 0{,}01$ und $f_y = -0{,}01$ gemessen. Für die Summe $x_0 + y_0$ ergibt sich der Fehler:*

$$f_{x+y} = \frac{500 \cdot 0{,}01 - 490 \cdot 0{,}01}{500 + 490} = \frac{0{,}1}{990} \cong 0{,}0001.$$

Für die Differenz erhält man:

$$f_{x-y} = \frac{500 \cdot 0{,}01 + 490 \cdot 0{,}01}{500 - 490} = \frac{9{,}9}{10} = 0{,}99.$$

Obwohl die relativen Fehler in x_0 und y_0 nur $\pm 0{,}01$ (oder $\pm 1\%$) betragen, ergibt sich für die Differenz ein Fehler von 0,99 oder 99%!

c) Fehler einer Größe, die von einer anderen abhängt

Oft werden Messwerte x dazu verwendet, mit Hilfe einer Formel oder Funktion Größen y zu bestimmen, die von den Messwerten x abhängen. Zur Bestimmung der Fläche y eines Kreises kann man z. B. den Radius x messen und dann mittels der Formel $y = \pi x^2$ die Fläche ausrechnen. Um abzuschätzen, wie sich der Fehler in der unabhängigen Größe x auf die abhängige Größe y auswirkt, kann man die Differentialrechnung verwenden.

Das **Differential** $dy = g'(x)dx$ einer Funktion $y = g(x)$ gibt näherungsweise an, um wie viel sich y ändert, wenn sich x um dx ändert.

R A.1.10

> **Fehler einer differenzierbaren Funktion**
> Gegeben sei der Messwert x einer Größe x_0 mit dem Fehler e_x, und es sei die Größe y_0 abhängig von x_0, also $y_0 = g(x_0)$.
> Die Funktion g sei differenzierbar.
> Der Fehler in y_0 beträgt dann näherungsweise:
> $$e_y \cong g'(x_0)e_x.$$

B A.1.11 *Es sei y_0 die Fläche eines Kreises mit dem Radius x_0, d. h. $y_0 = \pi x_0^2$. Dann ist $\frac{dy_0}{dx_0} = 2\pi x_0$. Wird der Radius mit dem Fehler e_x gemessen, dann gilt $e_y = 2\pi x_0 e_x$. Das ist näherungsweise die Fläche des Ringes mit den Radien x_0 und $x_0 + e_x$.*

Für die Funktion $y = g(x)$ ist die Elastizität von y in Bezug auf x wie folgt definiert[28]:

$$\varepsilon_{yx} = \frac{dy}{dx}\frac{x}{y} = \frac{g'(x)}{g(x)}x$$

---

[28] Einzelheiten zu Elastizitäten findet man z. B. in folgendem Buch:
SCHWARZE, J.: Mathematik für Wirtschaftswissenschaftler. Band 2: Differential- und Integralrechnung. Herne/Berlin, Kapitel 14.

Mit Hilfe des Elastizitätsbegriffs folgt aus R A.1.10 für den relativen Fehler:

$$f_y = \frac{e_y}{y_0} \cong \frac{g'(x_0)}{y_0} \frac{e_x}{x_0} x_0 = \frac{g'(x_0)}{g(x_0)} x_0 f_x = \varepsilon_{yx} f_x$$

Es sei $\varepsilon_{yx}(x_0)$ der Wert der Elastizitätsfunktion an der Stelle x_0.

R A.1.12
> **Relativer Fehler einer differenzierbaren Funktion**
> Gegeben sei ein Messwert x einer Größe x_0 mit dem relativen Fehler f_x. Die Größe y_0 sei von x_0 abhängig: $y_0 = g(x_0)$, und es sei ε_{yx} die Elastizität von y in Bezug auf x. Für den relativen Fehler in y_0 gilt:
> $$f_y \cong \varepsilon_{yx}(x_0) f_x$$

B A.1.13 *Für eine Exponentialfunktion* $y = ab^x$ *ergibt sich:*

$$\frac{dy}{dx} = a \ln b \, b^x \quad und \quad \varepsilon_{yx} = \frac{a \ln b \, b^x}{ab^x} x = x \ln b$$

Ist f_x der relative Fehler von x, so ist der relative Fehler von y:
$$f_y = x \ln b \, f_x$$

Für $y = 15 \cdot 1{,}2^x$ *und* $x_0 = 130$, $f_x = 0{,}01$ *gilt dann beispielsweise:*
$$f_y = 0{,}1823 \cdot 130 \cdot 0{,}01 = 0{,}237$$

Während x einen relativen Fehler von 0,01 bzw. 1% hat, beträgt dieser bei y 0,237 bzw. 23,7%. Diese „Fehlervergrößerung" bei Exponentialfunktionen macht sich z. B. bei der Bestimmung von Regressionsfunktionen dieses Typs bemerkbar.

Hängt die Größe y von mehreren fehlerhaft gemessenen Einflussgrößen $x_1, x_2, ..., x_n$ ab, d. h. gibt es eine Funktion $y = g(x_1,...,x_n)$, dann kann der Fehler in y mit Hilfe des totalen Differentials und unter Verwendung partieller Elastizitäten bestimmt werden. Für das **totale Differential** der Funktion $y = g(x_1,...,x_n)$ gilt:

$$dy = g'_{x_1} dx_1 + g'_{x_2} dx_2 + ... + g'_{x_n} dx_n$$

Die partielle Elastizität von y bezüglich x_i (i = 1,...,n) lautet $\varepsilon_{yx_i} = \frac{g'_{x_i}}{g} x_i$.

Die partiellen Ableitungen nach x_i bzw. die partiellen Elastizitäten an der Stelle $(x_{01}, x_{02},..., x_{0n})$ werden mit $g'_{x_i}(x_{01},...,x_{0n})$ bzw. $\varepsilon_{yx_i}(x_{01},...,x_{0n})$ bezeichnet.

R A.1.14
> Gegeben seien die Messwerte x_i der Größen x_{0i} mit den Fehlern e_{x_i} bzw. den relativen Fehlern f_{x_i} (i = 1,...,n), und es sei y_0 abhängig von $x_{01},...,x_{0n}$, d. h. es gibt eine Funktion $y_0 = g(x_{01},...,x_{0n})$. Dann gilt:
> $$e_y \cong \sum_{i=1}^n g'_{x_i}(x_{01},...,x_{0n}) e_{x_i} \quad und \quad f_y \cong \sum_{i=1}^n \varepsilon_{yx_i}(x_{01},...,x_{0n}) f_{x_i}.$$

d) Ergänzungen

Die vorstehenden Ausführungen sind nur eine kurze Einführung in die Fehlerrechnung. Eine ausführliche Behandlung erfordert Kenntnisse aus der Wahrscheinlichkeitstheorie. Mit den Mitteln der beschreibenden Statistik ist es aber möglich, bei wiederholter Messung derselben Größe unter gleichen Bedingungen die Messwerte und ihre Verteilung zu analysieren. Von Interesse ist dabei vor allem die Standardabweichung der Verteilung der Messwerte, die auch als **Standardfehler** bezeichnet wird. Im Einzelnen sei der Leser hierzu auf die weiterführende Literatur verwiesen.

Zur praktischen Bedeutung der Formeln in den vorhergehenden Abschnitten sei gesagt, dass sie auch dann angewendet werden können, wenn die tatsächlichen Fehler unbekannt sind, aber durch obere und/oder untere Grenzen abgeschätzt werden können. Die Formeln ermöglichen es dann, den Fehler in den Ergebnissen numerischer Berechnungen durch (näherungsweise) Bestimmung oberer und/oder unterer Grenzen abzuschätzen.

Anhang B: Lösungen der Übungsaufgaben

2.1.8 a) sachlich: wahlberechtigter Bürger;
räumlich: Niedersachsen;
zeitlich: Tag der Wahl und Tag der Umfrage.
b) sachlich: Absolvent einer Universität;
räumlich: Bundesrepublik;
zeitlich: Zeitraum, für den die durchschnittliche Studiendauer untersucht wird.

2.1.15 Wenn sich der Bestand in dem Zeitraum nicht verändert.

2.1.19 Bestandsmassen: a), c), d), f), h);
Ereignismassen: b), e), g).

2.1.22 a) Gutschriften, Lastschriften;
b) Einstellungen, Abgänge (Kündigungen, Entlassungen);
c) eingehende Aufträge, erledigte Aufträge;
d) einsteigende Reisende, aussteigende Reisende.

2.1.30 a) blond, mittelblond, braun, grau;
b) 1.375,84 €, 2.984,20 €, 4.312,43 €;
c) 1, 2, 3, 4, 5;
d) 58 kg, 62 kg, 74 kg, 75 kg;
e) Medizin, Betriebswirtschaftslehre, Mathematik;
f) 0, 1, 2, 3.

2.3.15 a) Verhältnisskala; b) Absolutskala; c) Rangskala;
d) Intervallskala; e) Absolutskala; f) Intervallskala;
g) Nominalskala; h) Nominalskala; i) Verhältnisskala;
j) Nominalskala; k) Verhältnisskala; l) Rangskala.

2.3.25 häufbar: b); d); f); g); h); nicht häufbar: a); c); e).

2.3.29 diskret: b); d); f); g); stetig: a); c); e).

2.5.5 a)

Zulassungsjahr \ Fabrikat Typ	A				B			...	gesamt
	I	II	III	gesamt	I	II	gesamt		
2010									
2011									
⋮									
	*	*	*	**	*	*	**		***

* ~ Gesamtzahl je Typ und Zeitraum,
** ~ Gesamtzahl je Fabrikat und Zeitraum;
*** ~ Gesamtzahl

Anhang B: Lösungen der Übungsaufgaben

b)

Monat \ Zeitschrift/Gebiet	Zeitschrift A				Zeitschrift B			...	gesamt
	I	II	III	gesamt	I	II	gesamt		
Januar									
Februar									
⋮									
Gesamt									

(I, II, ... bezeichnen die Regionen)

3.1.2 a) Merkmalsträger: die befragten 40 Personen;
Merkmal: Berufsgruppen;
Merkmalsausprägungen: Arbeiter (A), Angestellter (K), Beamter (B), Selbständiger (S).

b)

x_j	A	K	B	S
$h(x_j)$	16	10	10	4
$f(x_j)$	0,4	0,25	0,25	0,1

c)

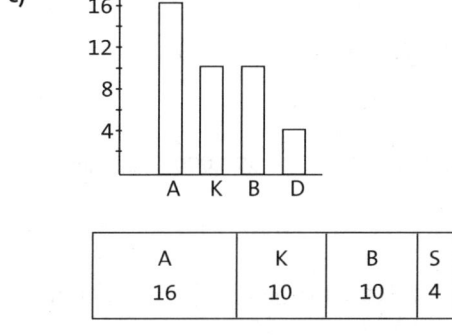
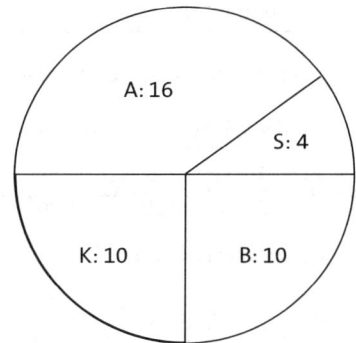

3.1.7 a) Merkmalsträger: Perlen;
Merkmal: Durchmesser;
Merkmalsausprägungen: die möglichen Werte für den Perlendurchmesser.

b)

Durchmesser	über 3 bis 4	über 4 bis 5	über 5 bis 6	über 6 bis 7	über 7 bis 8
$h(x_j)$	21	21	16	8	3
$f(x_j)$	30,4%	30,4%	23,2%	11,6%	4,4%

c)

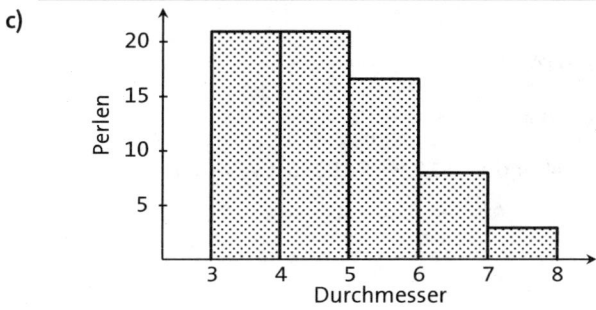

Anhang B: Lösungen der Übungsaufgaben

3.1.18		a)	b)	c)	d)	e)	f)
	A:	60%	90%	90%	70%	70%	$x_j = 25$
	B:	70%	70%	90%	60%	40%	$20 \leq x_j < 30$

3.2.9 $\bar{x}_Z = \frac{511+520}{2} = 515{,}50 \, (€)$

3.2.13 $\bar{x}_Z = 500 + \frac{600-500}{0{,}256}(0{,}5 - 0{,}322) = 569{,}53 \, (€)$

3.2.19 $\bar{x} = \frac{1}{7}(0{,}7 + 1{,}6 + 2{,}5 + 3{,}2 + 1{,}6 + 2{,}4 + 2{,}8) = 2{,}11 \, (\ell/\text{Tag})$

3.2.24

Altersklasse	x_j	$h(x_j)$
unter 25	20	11
25 bis unter 35	30	5
35 bis unter 45	40	6
45 bis unter 55	50	5
55 und älter	60	3

$\bar{x} = \frac{1}{30}(11 \cdot 20 + 5 \cdot 30 + 6 \cdot 40 + 5 \cdot 50 + 3 \cdot 60) = \frac{1}{30} \cdot 1040 = 34{,}67 \, (\text{Jahre})$

3.2.28 Anfangskapital: K_0; Endkapital nach 6 Jahren: K_6

$K_6 = (1 + \frac{4}{100})^2 (1 + \frac{5{,}5}{100})^3 (1 + \frac{5}{100}) K_0 = 1{,}0816 \cdot 1{,}17424 \cdot 1{,}05 \cdot 1000 = 1333{,}56$

Durchschnittsverzinsung: $\bar{z}$

$K_6 = (1 + \frac{\bar{z}}{100})^6 K_0 \Rightarrow (1 + \frac{\bar{z}}{100})^6 = \frac{K_6}{K_0} \Rightarrow \bar{z} = \left(\sqrt[6]{\frac{K_6}{K_0}} - 1\right) \cdot 100 = \left(\sqrt[6]{1{,}33356} - 1\right) \cdot 100 = 4{,}91448$

$\bar{z} = 4{,}91448 \, [\%]$

3.2.33 $\bar{x}_H = \frac{1}{\frac{1/6}{100} + \frac{1/3}{80} + \frac{1/2}{50}} = 63{,}16 \, (\text{km/h})$

3.3.6 $w = 57 - 9 = 48$

3.3.10 $\bar{x}_Z = 9{,}5; \, d = 3{,}9$

3.3.15 $\bar{x} = 1{,}60; \, s^2 = 0{,}02; \, s = 0{,}1414$

3.3.17 $\bar{x} = 500; \, s^2 = 14500; \, s = 120{,}42$

3.3.31 $\bar{x} = 128; \, s_X = 5{,}09902; \, v_X = 0{,}04$ und $\bar{y} = 51{,}2; \, s_Y = 2{,}03961; \, v_Y = 0{,}04$

4.1.11

		Einkommen			
		700 bis unter 900	900 bis unter 1.100	1.100 bis unter 1.300	1.300 bis unter 1.500
Konsumausgaben	500 bis unter 700	1	1	–	–
	700 bis unter 900	2	3	2	–
	900 bis unter 1.100	–	1	4	1
	1.100 bis unter 1.300	–	–	1	3
	1.300 bis unter 1.500	–	–	–	1

4.2.3 a)

	y_1	y_2	y_3
x_1	0,2	0,3	0,5
x_2	0,25	0,35	0,4
x_3	0,55	0,35	0,1

	y_1	y_2	y_3
x_1	0,2	0,3	0,5
x_2	0,25	0,35	0,4
x_3	0,55	0,35	0,1

X und Y sind abhängig.

b)

	y_1	y_2	y_3	y_4
x_1	0,45	0,27	0,18	0,09
x_2	0,45	0,27	0,18	0,09
x_3	0,45	0,27	0,18	0,09

	y_1	y_2	y_3	y_4
x_1	0,57	0,57	0,57	0,57
x_2	0,29	0,29	0,29	0,29
x_3	0,14	0,14	0,14	0,14

X und Y sind unabhängig.

4.2.8

	y_1	y_2	y_3	y_4
x_1	1	4	2	1
x_2	5	20	10	5
x_3	2	8	4	2

4.3.10

i	x_i	y_i	x_i^2	$x_i y_i$
1	2	5	4	10
2	2	7	4	14
3	4	4	16	16
4	4	6	16	24
5	5	4,5	25	22,5
6	6	3	36	18
7	6	5	36	30
8	8	3	64	24
	37	37,5	201	158,5

$a = \dfrac{201 \cdot 37{,}5 - 37 \cdot 158{,}5}{8 \cdot 201 - 37^2} = 7;$

$b = \dfrac{8 \cdot 158{,}5 - 37 \cdot 37{,}5}{8 \cdot 201 - 37^2} = -0{,}5$

Die Regressionsgerade lautet: $\hat{y} = 7 - 0{,}5x$

4.3.19 Es ist $\sum x_i = 24$; $\sum y_i = 33$; $\sum x_i^2 = 134$; $\sum y_i^2 = 201$; $\sum x_i y_i = 151$.

$$a = \frac{134 \cdot 33 - 24 \cdot 151}{6 \cdot 134 - 24^2} = 3{,}5; \qquad b = \frac{6 \cdot 151 - 24 \cdot 33}{6 \cdot 134 - 24^2} = 0{,}5$$

$$a' = \frac{201 \cdot 24 - 33 \cdot 151}{6 \cdot 201 - 33^2} = -1{,}36; \qquad b' = \frac{6 \cdot 151 - 24 \cdot 33}{6 \cdot 201 - 33^2} = 0{,}97$$

Die Regressionsfunktionen lauten $\hat{y} = 3{,}5 + 0{,}5x$ und $\hat{x} = -1{,}36 + 0{,}97y$.

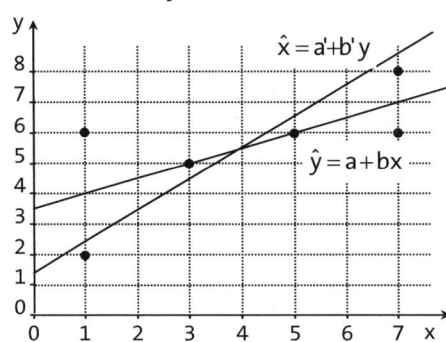

4.3.27 $S(a,b) = \sum (y_i - a - bx_i^2)^2$

Notwendige Bedingungen (partielle Differentiation nach a und b)

$$\frac{\partial S}{\partial a} = \sum 2(y_i - a - bx_i^2)(-1) = 0 \quad \text{und} \quad \frac{\partial S}{\partial b} = \sum 2(y_i - a - bx_i^2)(-x_i^2) = 0$$

Normalgleichungen: $\sum y_i = na + b\sum x_i^2$ und $\sum y_i x_i^2 = a\sum x_i^2 + b\sum x_i^4$

4.3.33 Die Lösung geschieht wie in B 4.3.32 mit der Einschränkung, dass die Bereinigung der Preise entfällt.

p_i	$\log p_i$	m_i	$\log m_i$	$\log p_i \log m_i$	$(\log p_i)^2$
20	1,30	220	2,34	3,04	1,69
18	1,26	260	2,41	3,04	1,59
15	1,18	350	2,54	3,00	1,39
12	1,08	480	2,68	2,89	1,17
10	1	600	2,78	2,78	1
	5,82		12,75	14,75	6,84

Es ist n = 5 und $(\sum \log p_i)^2 = 33{,}87$. Setzt man diese Werte und die Hilfssummen in die Formeln für log a und b ein, so ergibt sich (gerundet):

log a = 4,13636 oder a = 13.689 und b = −1,37879.
Die gesuchte Funktion lautet also: $\hat{m} = 13.689 \, p^{-1{,}37879}$.

4.4.21 a) $\bar{x} = 4$; $\bar{y} = 6{,}2$

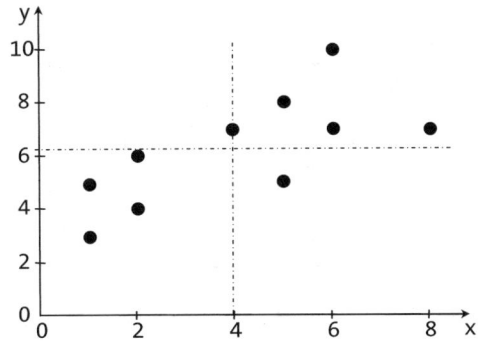

b) $n^+ = 8{,}5$; $n^- = 1{,}5$; $k = \frac{8{,}5-1{,}5}{8{,}5+1{,}5} = \frac{7}{10} = 0{,}7$;

c) $\hat{y} = 3{,}815 + 0{,}596x$

d) $r = 0{,}7011$;

4.5.8 $\hat{y} = -1 + x_1 + 2x_2$

4.6.10

Verein	Platz	Prämie pro Spieler	Rangziffer Prämie	d_i	d_i^2
K	1	10	12	−11	121
B	2	180	2	0	0
E	3	150	3	0	0
A	4	200	1	3	9
C	5	120	4	1	1
D	6	50	8	−2	4
L	7	100	5	2	4
M	8	80	6	2	4
G	9	60	7	2	4
H	10	40	9	1	1
F	11	30	10	1	1
J	12	20	11	1	1

$r_s = 1 - \frac{6 \cdot 150}{12(144-1)} = 1 - \frac{900}{1716} = 0{,}4755$

4.6.17 $nk = 28$; $nd = 2$; $nx = 4$; $ny = 2$; $nxy = 0$

$K = \frac{2(nk - nd)}{n(n-1)} = \frac{2(28-2)}{9 \cdot 8} = \frac{52}{72} = 0{,}722$

4.7.18 a)

	A		B		C		D		
A	40	306,25	10	25	0	56,25	0	25	50
	17,5	22,5	−5	15	−7,5	7,5	−5	5	
B	40	16	25	1	5	49	10	4	80
	4	36	1	24	−7	12	2	8	
C	10	289	25	49	25	256	0	36	60
	−17	27	7	18	16	9	−6	6	
D	0	20,25	0	9	0	2,25	10	81	10
	−4,5	4,5	−3	3	−1,5	1,5	9	1	
	90		60		30		20		200

$\chi^2 = 170{,}72$

b) $C_P = \sqrt{\frac{170{,}72}{200+170{,}72}} = \sqrt{0{,}461} = 0{,}679$; $C^* = 4$; $C_{korr} = 0{,}679\sqrt{\frac{4}{4-1}} = 0{,}784$

c) $C_C = \sqrt{\frac{170{,}72}{200(4-1)}} = \sqrt{0{,}28453} = 0{,}53341$

d) $A_{yx} = 0{,}167$; $A_{xy} = 0{,}227$; $A = 0{,}196$

5.2.9

Zeitpunkt t_i	11:00	11:30	12:00	12:30	13:00
Bestand B_j	480	340	270	180	0

5.2.13

t_j	13:00	14:00	15:00	16:00	17:00	18:00	19:00
Z_j	700	860	1260	1580	1830	1890	1890
A_j	650	670	780	950	1230	1640	1890
B_j	50	190	480	630	600	250	0

5.2.21 $\overline{B} = 7{,}23$

5.2.28 a) Blue Willie: $\overline{B} = 137$, Lagerkosten $137 \cdot 0{,}03 = 4{,}11$

Frank Josie: $\overline{B} = 94$, Lagerkosten $94 \cdot 0{,}03 = 2{,}82$

b) Blue Willie: $\overline{d} = 7{,}21, U = 1{,}39$; Frank Josie: $\overline{d} = 1{,}30, U = 7{,}71$.

c) Das Lager der Sorte Blue Willie wird in 10 Wochen 1,39mal umgeschlagen, das von High Frank Josie 7,71mal. Lagert man x Flaschen ein, so kann man bei Blue Willie 1,39·1,70x an Gewinn erwirtschaften, bei High Frank Josie dagegen 7,71·1,20x. Die Whiskysorte High Frank Josie ist günstiger.

5.3.8

t	1	2	3	4	5	6	7	8	9	10	11	12
$\overline{x}3_t$	−	5	6	7	8	9	10	11	12	13	14	−

5.3.12

t	1	2	3	4	5	6	7	8	9	10	11	12
$\overline{x}4_t$	−	−	4	5	6	7	8	9	10	11	−	−

Anhang B: Lösungen der Übungsaufgaben

5.3.20 $\hat{x} = 10 + 2t$

5.3.23 $\hat{x} = 7{,}29 \cdot 1{,}099^t$

(Falls nicht mit zweistelligen Logarithmen gerechnet wurde, können sich stark abweichende Resultate ergeben.)

5.3.34

Jahr p	Quartal j	Umsatz $x_{p,j} = x_i$	gleitende Durchschnitte $\hat{x}_{p,j}$	$x_{p,j} - \hat{x}_{p,j}$			
2005	1	11.000.000					
	2	4.000.000					
	3	5.000.000	8.875.000		-3.875.000		
	4	15.000.000	9.062.500				5.937.500
2006	1	12.000.000	9.187.500	2.812.500			
	2	4.500.000	9.187.500		-4.687.500		
	3	5.500.000	9.062.500			-3.562.500	
	4	14.500.000	9.062.500				5.437.500
2007	1	11.500.000	9.125.000	2.375.000			
	2	5.000.000	9.250.000		-4.250.000		
	3	5.500.000	9.500.000			-4.000.000	
	4	15.500.000	9.625.000				5.875.000
2008	1	12.500.000	9.687.500	2.812.500			
	2	5.000.000	9.750.000		-4.750.000		
	3	6.000.000					
	4	15.500.000					
			Mittelwerte	2.666.667	-4.562.500	-3.812.500	5.750.000

Es ergeben sich folgende Schwankungskomponenten:
1. Quartal: $s_1 =$ 2.666.667, 2. Quartal: $s_2 =$ -4.562.500,
3. Quartal: $s_3 =$ -3.812.500, 4. Quartal: $s_4 =$ 5.750.000.

5.5.5

	$\hat{x}_1$	$\hat{x}_2$	$\hat{x}_3$	$\hat{x}_4$	$\hat{x}_5$	$\hat{x}_6$
$\alpha = 0{,}1$	11,8	12,0	12,4	11,6	11,4	11,7
$\alpha = 0{,}5$	11	12,5	14,25	9,1	9,6	11,8

6.3.9 a) $_L IP_{2002}^{2004} = \dfrac{39 \cdot 125 + 6 \cdot 3100 + 23 \cdot 200 + 160 \cdot 50}{30 \cdot 125 + 5 \cdot 3100 + 18 \cdot 200 + 120 \cdot 50} \cdot 100 = 125$;

b) $_P IM_{2002}^{2004} = \dfrac{120 \cdot 39 + 3200 \cdot 6 + 225 \cdot 23 + 35 \cdot 160}{125 \cdot 39 + 3100 \cdot 6 + 200 \cdot 23 + 50 \cdot 160} \cdot 100 = 96$;

c) $_{Lo} IP_{2002}^{2004} = \dfrac{39 \cdot 125 + 6 \cdot 3083{,}33 + 23 \cdot 211{,}67 + 160 \cdot 41{,}67}{30 \cdot 125 + 5 \cdot 3083{,}33 + 18 \cdot 211{,}67 + 120 \cdot 41{,}67} \cdot 100 = 124{,}8$.

6.4.12

x	0,5	3	7,5	30	70
$h(x_j)$	4.000	8.300	1.300	800	100
$g(x_j)$	2,9	39,8	54,2	89,7	100
$F(x_j)$	27,6	84,8	93,8	99,3	100

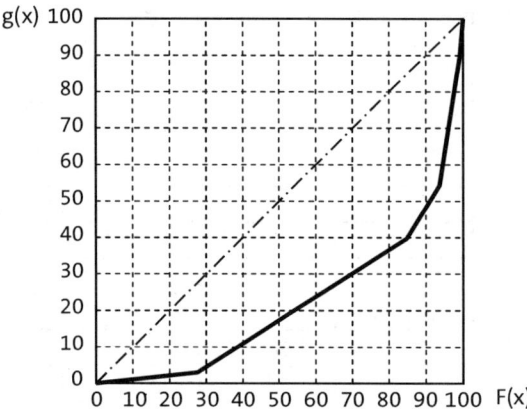

L=0,571

Literaturverzeichnis

Es gibt im deutschen Sprachraum einige hundert Monographien, die sich mit statistischer Methodenlehre oder Teilgebieten der Statistik beschäftigen, aber nur wenige Bücher behandeln ausschließlich bzw. ausführlich deskriptive Statistik. Die folgenden Bücher können zur **Ergänzung und Vertiefung** verwendet werden.

BUTTLER, G.; FICKEL, N.: Einführung in die Statistik. Reinbek bei Hamburg 2002.

DIEHL, J. M., KOHR, H.-U.: Deskriptive Statistik. Frankfurt, 13. Aufl. 2004.

FERSCHL, F.: Deskriptive Statistik. Würzburg/Wien, 3. Aufl. 1985.

LIPPE, P. von der: Deskriptive Statistik. München/Wien, 7. Aufl. 2006.

PFLAUMER, P.; HEINE, B.; HARTUNG, J.: Statistik für Wirtschafts- und Sozialwissenschaften: Deskriptive Statistik. München/Wien, 3. Aufl. 2005.

Das folgende Buch ist vor allem wegen seiner zahlreichen Beispiele und Übungsaufgaben zur Ergänzung geeignet.

SPIEGEL, M. R.; STEPHENS, L. J.: Statistik. Bonn 2003.

Aufgabensammlungen bzw. Übungsbücher

DEGEN, H.; LORSCHEID, P.: Statistik-Aufgabensammlung. München/Wien, 5. Aufl. 2005.

HARTUNG, J.; HEINE, B.: Statistik-Übungen, Deskriptive Statistik. München/Wien, 6. Aufl. 1999.

SCHWARZE, J.: Aufgabensammlung zur Statistik. Herne/Berlin, 6. Aufl. 2008.

VOGEL, F.: Beschreibende und schließende Statistik - Aufgaben und Beispiele. München/Wien, 9. Aufl. 2001.

Nachschlagewerke, Formelsammlungen, Tabellensammlungen

BOSCH, K.: Lexikon der Statistik. München/Wien, 2. Aufl. 1997.

GRAF, U.; HENNING H.-J.; STANGE, K; WILRICH, P.-T.: Formeln und Tabellen der angewandten mathematischen Statistik. Berlin u. a., 13. Aufl. 2005.

VOGEL, F.: Beschreibende und schließende Statistik. Formeln, Definitionen, Erläuterungen, Stichwörter und Tabellen. München/Wien, 12. Aufl. 2000.

Zu einzelnen Gebieten der beschreibenden Statistik eignen sich die folgenden Bücher zur Ergänzung bzw. Vertiefung.

Missbrauch mit Statistik

HUFF, D.: How to Lie with Statistics. Harmondsworth/Middlesex 1991.

Graphische Darstellung von Daten

ABELS, H.: Handbuch des statistischen Schaubilds: Konstruktion, Interpretation und Manipulation von graphischen Darstellungen. Herne/Berlin 1981.

SCHÖN, W.: Schaubildtechnik. Stuttgart 1969.

Zusammenhangsmaße

BENNINGHAUS, H.: Deskriptive Statistik. Wiesbaden, 11. Aufl. 2007.

Zeitreihenanalyse und Prognoseverfahren

HÜTTNER, M.: Prognoseverfahren und ihre Anwendung. Berlin/New York 1986.

MERTENS, P., RÄSSLER, S. (Hrsg.): Prognoserechnung. Würzburg/Wien, 6. Aufl. 2004.

RUDOLPH, A.: Prognoseverfahren in der Praxis, Heidelberg 1998.

SCHLITTGEN, R.: Angewandte Zeitreihenanalyse. München/Wien 2001.

HANKE, J. E.; REITSCH, A. G.; WICHERN, D. W.: Business Forecasting, Englewood Cliffs u. a., 7. Ed. 2001.

Konzentrationsmaße

PIESCH, W.: Statistische Konzentrationsmaße. Tübingen 1975.

Schließlich sei auf folgende **englischsprachige Literatur** verwiesen.

ANDERSON, T. W.: The Statistical Analysis of Time Series. New York 1971.

EZEKIEL, M.; FOX, K. A.: Methods of Correlation and Regression Analysis. New York 1970.

YULE, G. U.; KENDALL, M. G.: An Introduction to the Theory of Statistics. London 1965.

Verzeichnis häufig vorkommender Symbole

$\bar{a}$	Abgangsrate; S. 170
a_j	Abgang einer Bestandsmasse im j-ten Zeitintervall; S. 165
A	symmetrischer Assoziationskoeffizient; S. 159
A_j	Abgangssumme; S. 168
A_{yx}	Assoziationskoeffizient für die Merkmale Y und X; S. 158
B	Bestimmtheitskoeffizient; S. 134
B^2	Bestimmtheitsmaß; S. 134
$\bar{B}$	Durchschnittsbestand; S. 171
B_0	Anfangsbestand zum Zeitpunkt 0 bzw. t_0; S. 164
B_j	Bestand zum Zeitpunk j bzw. t_j; S. 164
B_m	Endbestand zum Zeitpunkt m bzw. t_m; S. 164
C	Kontingenzkoeffizient; S. 156
C_C	Kontingenzkoeffizient nach Cramér; S. 156
C_P	Kontingenzkoeffizient nach Pearson; S. 155
C_{korr}	korrigierter Kontingenzkoeffizient nach Pearson; S. 156
$COV(X,Y)$	Kovarianz der gemeinsamen Verteilung von X und Y; S. 101
d	mittlere absolute Abweichung; S. 79 und Verweildauer; S. 165
$\bar{d}$	mittlere Verweildauer; S. 173
d_i	Rangdifferenz der Rangzahlen des i-ten Wertepaares; S. 148
e_x	Fehler des Messwertes x; S. 227
€	Euro
f_x	relativer Fehler des Messwertes x; S. 227
$f(x_j)$	relative Häufigkeit der Merkmalsausprägung x_j bzw. der Merkmalsklasse mit der Klassenmitte x_j; S. 39, 52
$f(x_j;y_k)$	relative Häufigkeit für $(x_j;y_k)$; S. 96
$f(x_j\|y_k)$	bedingte relative Häufigkeit für x_j unter der Bedingung, dass das Merkmal Y mit dem Wert y_k auftritt; S. 100
$F(x_j)$	relative Summenhäufigkeit der Merkmalsausprägung x_j; S. 55

Verzeichnis häufig vorkommender Symbole

$FR(x_j)$	relative Resthäufigkeit der Merkmalsausprägung x_j; S. 57
g_1	Schiefemaß nach PEARSON; S. 91
g_2	Schiefemaß nach YULE-PEARSON; S. 91
g_3	Schiefemaß nach dem 3. zentralen Moment; S. 91
$g(x_k)$	relative Merkmalssumme bis zum Beobachtungswert bzw. zur Merkmalsausprägung x_k; S. 222
G	Merkmalssumme; S. 222
$G(x_k)$	anteilige Merkmalssumme bis zum Beobachtungswert bzw. zur Merkmalsausprägung x_k; S. 222
$h(x_j)$	absolute Häufigkeit der Merkmalsausprägung x_j bzw. der Merkmalsklasse mit der Klassenmitte x_j; S. 39, 52
$h(x_j;y_k)$	absolute Häufigkeit für $(x_j;y_k)$; S. 96
$h(x_j|y_k)$	oder $h(x_j|Y=y_k)$ bedingte absolute Häufigkeit für x_j unter der Bedingung y_k; S. 100
$he(x_j;y_k)$	absolute Häufigkeit für $(x_j;y_k)$ bei Unabhängigkeit von x_j und y_k; S. 154
$H(x_j)$	absolute Summenhäufigkeit der Ausprägung x_j; S. 55
$HR(x_j)$	absolute Resthäufigkeit der Merkmalsausprägung x_j; S. 57
IM_0^t	Mengenindex für die Berichtsperiode t zur Basis 0; S. 216
IP_0^t	Preisindex für die Berichtsperiode t zur Basis 0; S. 215
$_FI_0^t$	Index nach FISHER für die Periode t zur Basis 0; S. 217
$_LI_0^t$	Index nach LASPEYRES für die Periode t zur Basis 0; S. 217
$_{Lo}I_0^t$	Index nach LOWE für die Periode t zur Basis 0; S. 217
$_PI_0^t$	Index nach PAASCHE für die Periode t zur Basis 0; S. 217
k	Korrelationsindex; S. 136
K	Konkordanzkoeffizient; S. 151
K^*	Zusammenhangsmaß auf der Basis konkordanter und diskordanter Beobachtungspaare; S. 152
L	LORENZsches Konzentrationsmaß; S. 224
m	Anzahl der Merkmalsausprägungen
M_k^a	k-tes Moment in Bezug auf a; S. 90
M_0^t	Messzahl für die Periode oder den Zeitpunkt t zur Basis 0; S. 207

Verzeichnis häufig vorkommender Symbole

n	Anzahl der Beobachtungswerte
$\mathbb{N}$	Menge der natürlichen Zahlen
n^+	Anzahl der Beobachtungen mit $(x_i - \bar{x})(y_i - \bar{y}) > 0$; S. 136
n^-	Anzahl der Beobachtungen mit $(x_i - \bar{x})(y_i - \bar{y}) < 0$; S. 136
nd	Anzahl der diskordanten Paare; S. 149
nk	Anzahl der konkordanten Paare; S. 149
nx	Anzahl der Paare, die bezüglich des Merkmals X übereinstimmen und bezüglich Y verschieden sind; S. 149
nxy	Anzahl der Paare, die bezüglich beider Merkmale übereinstimmen; S. 149
ny	Anzahl der Paare, die bezüglich des Merkmals Y übereinstimmen und bezüglich X verschieden sind; S. 149
p_i^0	Preis des Gutes i im Basisjahr 0; S. 217
p_i^t	Preis des Gutes i im Berichtsjahr t; S. 217
q_i^0	Menge des Gutes i im Basisjahr 0; S. 217
q_i^t	Menge des Gutes i im Berichtsjahr t; S. 217
r oder r_{XY}	Korrelationskoeffizient der Merkmale X und Y; S. 129
$\mathbb{R}$	Menge der reellen Zahlen
r_s	Rangkorrelationskoeffizient; S. 148
s oder s_X	Standardabweichung der Verteilung des Merkmals X; S. 80
s^2 oder s_X^2	Varianz der Verteilung des Merkmals X; S. 80
s_j	Schwankungskomponente der Unterperiode j; S. 190
$s_{p,j}$	Schwankungskomponente in Unterperiode j von Periode p; S. 189
s_u^2	Varianz der Residuen u_i; S. 126
t	t-ter Zeitpunkt bzw. t-tes Zeitintervall
t_0	Anfangszeitpunkt eines Betrachtungszeitraums; S. 164
t_a	Zeitpunkt des Abgangs einer Einheit aus einem Bestand; S. 165
t_j	j-ter Zeitpunkt bzw. j-tes Zeitintervall; S. 164
t_m	Endzeitpunkt eines Betrachtungszeitraums; S. 164
t_z	Zeitpunkt des Zugangs einer Einheit zu einem Bestand; S. 165

Verzeichnis häufig vorkommender Symbole

u_i	Residuum des i-ten Beobachtungswerts; S. 125
U	Umschlagshäufigkeit; S. 174
v	Variationskoeffizient; S. 86
v_Z	Variationskoeffizient bezogen auf den Zentralwert; S. 86
W	Wölbungskoeffizient; S. 92
w oder w_X	Spannweite der Verteilung des Merkmals X; S. 78
$\bar{x}$	arithmetisches Mittel der Verteilung des Merkmals X; S. 64
$(x_j; y_k)$	Ausprägungskombination; S. 96
x_j	Merkmalsausprägung (j = 1,...,m); S. 24
$x_{p,j}$	Beobachtungswert in Unterperiode j von Periode p; S. 189
$\hat{x}_{p,j}$	Trendwert in Unterperiode j von Periode p; S. 189
x_t	Beobachtungswert für Periode t; S. 179
$\hat{x}_t$	Trendwert für Periode t; S. 182
x_i^*	Rangzahl des i-ten Beobachtungswerts; S. 146
x_j^*	obere Grenze der j-ten Merkmalsklasse; S. 35
$\bar{x}_D$	häufigster Wert bzw. Modalwert der Verteilung von X; S. 60
$\bar{x}_G$	geometrisches Mittel der Verteilung des Merkmals X; S. 69
$\bar{x}_H$	harmonisches Mittel der Verteilung des Merkmals X; S. 72
$\bar{x}_{p/k}$	p-tes k-Quantil der Verteilung des Merkmals X; S. 64
$\bar{x}_Z$	Zentralwert bzw. Median der Verteilung von X; S. 61
$\bar{x}k_t$	gleitender Durchschnitt k-ter Ordnung für Periode t; S. 179
X	Merkmal; S. 23
$\hat{y}$	Regressionswert; S. 110
$\hat{y} = g(x)$	Regressionsfunktion; S. 110
$\bar{z}$	Zugangsrate; S. 170
z_j	Zugang einer Bestandsmasse im j-ten Zeitintervall; S. 165
Z_j	Zugangssumme; S. 168
α	Glättungsparameter der exponentiellen Glättung; S. 200

χ^2	Chi-Quadrat; S. 154
a << b	a ist wesentlich kleiner als b; S. 227
a ≺ b	a liegt in der Rangordnung nach b
a ≻ b	a liegt in der Rangordnung vor b

Stichwortverzeichnis

Abgang 22, 165, 167
Abgangsrate 170
Abgangssumme 168
Abgrenzung
 -, räumliche 19
 -, sachliche 19
 -, zeitliche 19
Abgrenzungskriterien 19
abhängig
 -, eindeutig 107
 -, empirisch 104
 -, statistisch 108
abhängige Merkmale 104
Abhängigkeit 104
 -, statistische 108
absolute Häufigkeit 39, 52, 96
absolute Merkmalssumme 222
absolute Resthäufigkeit 57
absolute Summenhäufigkeit 55
absoluter Fehler 227
absolutes Streuungsmaß 88
Absolutskala 31
Abweichung
 -, mittlere absolute 79
 -, mittlere quadratische 80
additive Saisonkomponente 192
additive Schwankungskomponente 190
amtliche Statistik 27
Anfangsbestand 164
Anfangszeitpunkt 164
anteilige Merkmalssumme 222
arithmetisches Mittel 64, 75, 206, 216
 -, einfaches 64
 -, gewogenes 65, 74
 -, ungewogenes 65
Assoziation 95
Assoziationskoeffizient 158
 -, symmetrischer 159
asymmetrisch 90
Ausgeprägtheit eines Zusammenhangs 95, 118

Basis 208
Basisperiode 207, 215
bedingte Prognose 194
bedingte Verteilung 100

Befragung 25
 -, persönliche 25
 -, schriftliche 25
Beobachtung 25, 26
Beobachtungsfehler 227
Beobachtungswert 24
Berichtsperiode 207, 215
BERNOULLI 14
beschreibende Statistik 14
Bestand 22, 164
Bestandsanalyse 162
Bestandsdiagramm 166, 167
Bestandsermittlung 166
Bestandsfortschreibung 164, 167
Bestandsfunktion 166
Bestandskurve 171
Bestandsmasse 21, 164
 -, abgeschlossene 164
 -, offene 164
Bestimmtheitskoeffizient 134
Bestimmtheitsmaß 134
 -, multiples 144
Beziehungszahl 205
Bildsymbol 46
Bundesamt, Statistisches 27

Chi-Quadrat 154

Datenanalyse 12
Datenaufbereitung 12
Datenauswertung 12
Datendarstellung 12
Datenerhebung 12, 24
Datenquelle 27
deskriptive Statistik 14
Dezentil 63
Diagramm 44
dichtester Wert 60
Differential 231
diskordant 149
diskordantes Paar 149, 152
Diskordanz 149
diskret 34
diskretes Merkmal 34
Durchschnitt, gleitender 177
durchschnittlicher Zusammenhang 117
Durchschnittsbestand 171, 173

eindeutig abhängig 107
eindeutiger Zusammenhang 107
eindimensionale Häufigkeitsverteilung 41
eineindeutige Transformation 75
einfaches arithmetisches Mittel 64
Einheit
 -, natürliche 30
 -, statistische 19
Elastizität 231
 -, partielle 232
Elastizitätsfunktion 232
empirisch abhängig 104
empirisch unabhängig 104
Endbestand 164
endliche Masse 21
Endzeitpunkt 164
Ereignis, statistisches 22
Ereignismasse 22, 164
Erhebung, statistische 25
erklärte Varianz 134
Erklärungswert der Regressionsfunktion 134
EULER 15
Experiment 25, 26
Exponentialfunktion 111, 123
Exponentialtrend 184
exponentielle Glättung 197
 -, erster Ordnung 197
 -, zweiter Ordnung 200
exponentielle Trendfunktion 184

Fehler 227
 -, absoluter 227
 -, Beobachtungs- 227
 -, einer Differenz 230
 -, einer differenzierbaren Funktion 231
 -, einer Summe 230
 -, eines Produkts 229
 -, eines Quotienten 230
 -, relativer 227
 -, systematischer 228
 -, zufälliger 227
Fehlprognose 195
feinberechneter Zentralwert 62
FERMAT 14
FISHER 217
Flächendiagramm 45, 52
flächenproportionale Darstellung 45
Fortschreibung 23, 164, 166
Fragebogen 25

ganze rationale Funktion 120
GAUSS 15
geltende Ziffer 37, 227
gemeinsame Verteilung 110
geometrisches Mittel 67, 69, 76
 -, gewogenes 69
 -, ungewogenes 69
geordnete statistische Reihe 38
gesamte Varianz 134
Gesamtvarianz 135
Gewicht 65
gewogenes arithmetisches Mittel 65, 74
gewogenes geometrisches Mittel 69
gewogenes harmonisches Mittel 72, 74
Glättung, exponentielle 197
gleitender Durchschnitt 177
 -, gerader Ordnung 180
 -, ungerader Ordnung 179
 -, ungerader Ordnung 178
Gliederungszahl 205
grafische Darstellung 44

harmonisches Mittel 71, 72, 76
 -, gewogenes 72, 74
 -, ungewogenes 72
häufbar 34
häufbares Merkmal 34
Häufbarkeit 34
Häufigkeit 39
 -, absolute 39, 52, 96
 -, relative 39, 52, 96, 205
Häufigkeitstabelle 52, 97
Häufigkeitsverteilung 40, 52
 -, eindimensionale 41
 -, mehrdimensionale 41
 -, p-dimensionale 137
 -, zweidimensionale 96
häufigster Wert 60, 75
Histogramm 48, 54

Identifikationskriterien 19, 20
 -, räumliche 20
 -, sachliche 20
 -, zeitliche 20
Index 213
 -, nach FISHER 217
 -, nach LASPEYRES 217
 -, nach LOWE 217
 -, nach PAASCHE 217

Indexzahl 213
induktive Statistik 14
intensitätsmäßiges Merkmal 30
Intervallprognose 196
Intervallskala 30
Interview 25

Jahrbuch, Statistisches 27

kardinal messbar 30
Kardinalskala 30, 53
Kartogramm 47
kausaler Zusammenhang 137
Klasse 35, 52
Klassenbreite 36
Klassengrenze 35, 52
   -, obere 35
   -, untere 35
Klassenmitte 36, 52
Klassierung 35
Kleinste-Quadrate-Regressionsfunktion 111
Kleinste-Quadrate-Trendfunktion 182
KOLMOGOROFF 15
konditionale Verteilung 100
konkordant 149
konkordantes Paar 149, 152
Konkordanz 149
Konkordanzkoeffizient 151
Kontingenz 95
Kontingenzkoeffizient 155, 156
   -, korrigierter 156
   -, nach CRAMÉR 156
   -, nach PEARSON 155
Kontingenztabelle 97, 153
Konzentration 221, 223
Konzentrationskurve, LORENZsche 224
Konzentrationsmaß 225
   -, LORENZsches 224
Korrektur, SHEPPARDsche 83
Korrelation 95
Korrelationskoeffizient 129
   -, multipler 144
   -, partieller 144
   -, PEARSONscher 129
Korrelationsrechnung 128
Korrelationstabelle 97
korrespondierende Masse 23
korrigierter Kontingenzkoeffizient 156
Kovarianz 101

KQ-Kriterium 111
KQ-Regressionsfunktion 111
KQ-Trendfunktion 182, 189
k-Quantil 63
Kreisdiagramm 46, 52
Kriterium der Kleinsten Quadrate 111
k-tes Moment 90
Kurvendiagramm 47

Lageparameter 59
LAPLACE 15
LASPEYRES 217
leptokurtische Verteilung 92
lexikographische Ordnung 96
lineare KQ-Regressionsfunktion 114
lineare Mehrfachregression 144
lineare Regressionsfunktion 113
lineare Transformation 32, 75, 132
lineare Trendfunktion 183
linearer Zusammenhang 129
linearisierte Potenzfunktion 122
Linearisierung 121
Liniendiagramm 45
linksschief 90
linkssteil 90
Logarithmierung 122
logistische Funktion 111, 124
logistische Trendfunktion 185
LORENZsche Konzentrationskurve 224
LORENZsches Konzentrationsmaß 224
LOWE 217

marginale Verteilung 98
MARKOFF 15
Masse
   -, endliche 21
   -, korrespondierende 23
   -, statistische 20
   -, unendliche 21
Maßzahl 89, 204
Maximum-Likelihood-Regression 127
Median 61
mehrdeutiger Zusammenhang 107
mehrdimensionale Häufigkeitsverteilung 41
Mehrfachregression 138, 140, 144
   -, lineare 144
Mengenindex 216

Merkmal 23
- , diskretes 34
- , häufbares 34
- , intensitätsmäßiges 30
- , qualitatives 29
- , quantitatives 30
- , stetiges 34

Merkmale
- , abhängige 104
- , unabhängige 103, 104, 105

Merkmalsausprägung 24
Merkmalsklasse 35
Merkmalssumme 222
- , absolute 222
- , anteilige 223
- , relative 222

Merkmalsträger 23
Merkmalswert 24
mesokurtische Verteilung 92
messbar
- , kardinal 30
- , metrisch 30
- , nominal 29
- , ordinal 29

Messbarkeit 28
Messfehler 227
Messskala 28
Messvorschrift 29
Messzahl 207
Messzahlenreihe 207
metrisch messbar 30
metrische Skala 30, 53
Mittel
- , arithmetisches 64, 75, 206, 216
- , einfaches arithmetisches 64
- , geometrisches 67, 69, 76
- , gewogenes arithmetisches 65, 74
- , gewogenes geometrisches 69
- , gewogenes harmonisches 72, 74
- , harmonisches 71, 72, 76
- , ungewogenes arithmetisches 65
- , ungewogenes geometrisches 69
- , ungewogenes harmonisches 72

Mittelwert 59, 76
Mittelwertzerlegung 74
mittlere absolute Abweichung 79
mittlere quadratische Abweichung 80
mittlere Verweildauer 173

mittlerer Quartilsabstand 88
Modalwert 60
Modus 60
MOIVRE 15
Moment 89
- , einer Verteilung 90
- , k-tes 90
- , zentrales 90

multipler Korrelationskoeffizient 144
multiples Bestimmtheitsmaß 144
multiplikative Schwankungskomponente 188

naives Prognoseverfahren 194
natürliche Einheit 30
Nichtbeantwortung 25
nichtlineare Regression 119
Niveauverschiebung 193
nominal messbar 29
Nominaleinkommensindex 221
Nominalskala 29, 52
Normalgleichung 113, 141
Normalstruktur 211
Nullpunkt 30

obere Klassengrenze 35
offene Randklasse 37
ordinal messbar 29
Ordinalskala 29, 53
Ordnung, lexikographische 96
Ordnungseigenschaft 29, 32
Ordnungskriterien 29

Paar
- , diskordantes 149, 152
- , konkordantes 149, 152

PAASCHE 217
Parabel 111
partielle Elastizität 232
partieller Korrelationskoeffizient 144
PASCAL 14
p-dimensionale Häufigkeitsverteilung 137
PEARSON 129
PEARSONscher Korrelationskoeffizient 129
periodische Schwankung 177, 181, 188
persönliche Befragung 25
Perzentile 63
Piktogramm 46
platykurtische Verteilung 92
Polygonzug 48

Potenzfunktion 111, 121
-, linearisierte 122
Preisindex 214, 216
Primärerhebung 12, 25, 27
Produktivitätsindex 220
Prognose 193, 198, 202
-, bedingte 194
-, qualitative 193
-, quantitative 193
-, unbedingte 193
Prognosefehler 199
Prognoseverfahren, naives 194
Proportionalität 132
Pseudokardinalskala 33
Punktprognose 196

qualitative Prognose 193
qualitatives Merkmal 29
Quantil 64
quantitative Prognose 193
quantitatives Merkmal 30
Quartil 63
Quartilsabstand 88
-, mittlerer 88

Randklasse 37
Randverteilung 98, 153
Rangdifferenz 148
Rangkorrelation 146
Rangkorrelationskoeffizient 148
Rangordnung 28
Rangskala 29
Rangzahl 146
räumliche Abgrenzung 19
räumliche Identifikationskriterien 20
rechtsschief 90
rechtssteil 90
Regression 95
- von x auf y 110
- von y auf x 110
-, nichtlineare 119
Regressionsfunktion 95, 110
-, lineare 113
Regressionskoeffizient 113, 140
Regressionsrechnung 95
-, schrittweise 144
Regressionsschätzwert 133
Regressionswert 133

Reihe
-, geordnete statistische 37
-, ungeordnete statistische 37
relative Häufigkeit 39, 52, 96, 205
relative Resthäufigkeit 57
relative Summenhäufigkeit 55
relativer Fehler 227
relatives Streuungsmaß 88
Residualvarianz 125
Residuum 125
Resthäufigkeit 57
-, absolute 57
-, relative 57
Restschwankung 177

sachliche Abgrenzung 19
sachliche Identifikationskriterien 20
Sachzusammenhang 108
Saisonkomponente, additive 192
Sättigungsgrenze 185
Säulendiagramm 44
Scheinkorrelation 137
Schiefe 90
Schiefemaß 91
- nach dem 3. zentralen Moment 91
- nach PEARSON 91
- nach YULE-PEARSON 91
schließende Statistik 14
schriftliche Befragung 25
schrittweise Regressionsrechnung 144
Schwankung
-, periodische 177, 181, 188
-, zyklische 177
Schwankungskomponente 188, 189
Sekundärerhebung 12, 24, 27
SHEPPARDsche Korrektur 83
Skala 29
-, Kardinal- 30
-, metrische 30, 53
-, Nominal- 29
-, Ordinal- 29
-, Rang- 29
Skalentransformation 32
Skalenwert 29
Skalierung 29
Spannweite 77, 78
Stabdiagramm 44, 52
Standardabweichung 80
Standardfehler 233

standardisierte Verhältniszahl 212
Standardisierung 211
Statistik
  -, amtliche 27
  -, beschreibende 14
  -, deskriptive 14
  -, induktive 14
  -, schließende 14
statistisch abhängig 108
statistische Abhängigkeit 108
statistische Einheit 19
statistische Erhebung 25
statistische Masse 20
statistische Reihe 38
statistischer Zusammenhang 108, 109, 137
Statistisches Bundesamt 27
Statistisches Jahrbuch 27
stetig 34
stetiges Merkmal 34
Stichprobe 14, 21
Stichprobenerhebung 27
Stichprobenuntersuchung 21
Stichprobenverfahren 14
streng monotone Transformation 75
Streuung 77, 102
Streuungsdiagramm 94, 98
Streuungsmaß
  -, absolutes 88
  -, relatives 88
Streuungsparameter 76
Streuungszerlegung 85, 133
Strukturbruch 187, 197
Summenhäufigkeit 55
  -, absolute 55
  -, relative 55
Summenhäufigkeitsverteilung 56
Symmetrie, einer Verteilung 90
symmetrischer Assoziationskoeffizient 159
systematischer Fehler 228

Tabelle 42
Teilerhebung 27
Teilmasse 21
Tendenz einer Abhängigkeit 109
Tendenz eines Zusammenhangs 95, 117
totales Differential 232
Transformation
  -, eineindeutige 75
  -, lineare 32, 75, 132

-, streng monotone 75
-, von Merkmalen 75
Trend 176, 181
Trendextrapolation 195
Trendfunktion 182
  -, exponentielle 184
  -, Kleinste-Quadrate- 182
  -, lineare 183
  -, logistische 185
Trendprognose 195, 202
TSCHEBYSCHEFF 15

Umbasierung 209
Umschlagshäufigkeit 174
unabhängige Merkmale 103, 104, 105
Unabhängigkeit 104
unbedingte Prognose 193
unendliche Masse 21
ungeordnete statistische Reihe 38
ungewogenes arithmetisches Mittel 65
ungewogenes geometrisches Mittel 69
ungewogenes harmonisches Mittel 72
untere Klassengrenze 34
Unterperiode 189

Variabilität 102
Varianz 80, 102
  -, der Regressionswerte 134
  -, der Residuen 126, 134
  -, erklärte 134, 135
  -, gesamte 134
Variationskoeffizient 86
Verhältnisskala 30
Verhältniszahl 205
  -, standardisierte 212
Verkettung 210
Verteilung 40
  -, bedingte 100
  -, gemeinsame 110
  -, konditionale 100
  -, leptokurtische 92
  -, marginale 98
  -, mesokurtische 92
  -, platykurtische 92
  -, Schiefe 90
  -, Symmetrie 90
Verweildauer 165
  -, mittlere 173
Verweildiagramm 165

Volkszählung 26
Vollerhebung 26

Wachstum 184
Wachstumsfaktor 70
Wachstumsgröße 184
Wahrscheinlichkeitsrechnung 14, 21
Warenkorb 214
Wert
 -, dichtester 60
 -, häufigster 60, 75
Wölbung 91
Wölbungskoeffizient 92

x-y-Regressionsfunktion 110

y-x-Regressionsfunktion 110

zeitliche Abgrenzung 19
zeitliche Identifikationskriterien 20
Zeitreihe 38, 162, 175, 207
Zeitreihenanalyse 175
zentrales Moment 90

Zentralwert 61, 75
 -, feinberechneter 62
Zentralwert-Regression 127
Ziffer, geltende 227
Zinsfaktor 70
zufälliger Fehler 227
Zugang 22, 165, 167
Zugangsrate 170
Zugangssumme 168
Zusammenhang 93
 -, Ausgeprägtheit 95
 -, durchschnittlicher 117
 -, eindeutiger 107
 -, kausaler 137
 -, linearer 129, 130
 -, mehrdeutiger 107
 -, statistischer 108, 109, 137
 -, Tendenz 95
Zuwachsfaktor 70
Zuwachsrate 68, 70
zweidimensionale Häufigkeitsverteilung 96
zyklische Schwankung 177